高等数学

Gaodeng Shuxue

（上册）

陈文彦　潮小李　王　静　编

高等教育出版社·北京

内容提要

本书是根据教育部高等学校大学数学课程教学指导委员会制订的“工科类本科数学基础课程教学基本要求”，并结合东南大学多年教学改革实践经验编写而成的。全书叙述清晰，结构合理，题目丰富，便于自学，分为上、下两册，上册主要包括极限与连续、一元函数微分学、一元函数积分学、微分方程等内容，下册主要包括级数、向量代数与空间解析几何、多元函数微分学、多元函数积分学和向量函数积分学等内容。

本书可作为高等学校工科类专业本科生使用的高等数学（微积分）教材，也可供其他专业选用和社会读者阅读。

图书在版编目（CIP）数据

高等数学．上册 / 陈文彦，潮小李，王静主编．-- 北京：高等教育出版社，2020.8（2021.7重印）
ISBN 978-7-04-054700-9

Ⅰ.①高… Ⅱ.①陈… ②潮… ③王… Ⅲ.①高等数学－高等学校－教材 Ⅳ.①O13

中国版本图书馆 CIP 数据核字（2020）第 135450 号

策划编辑 李 蕊　　责任编辑 张彦云　　封面设计 张 楠　　版式设计 杨 树
插图绘制 于 博　　责任校对 陈 杨　　责任印制 朱 琦

出版发行	高等教育出版社	网　　址	http://www.hep.edu.cn
社　　址	北京市西城区德外大街 4 号		http://www.hep.com.cn
邮政编码	100120	网上订购	http://www.hepmall.com.cn
印　　刷	三河市华骏印务包装有限公司		http://www.hepmall.com
开　　本	787mm×1092mm　1/16		http://www.hepmall.cn
印　　张	15.25		
字　　数	370 千字	版　　次	2020 年 8 月第 1 版
购书热线	010-58581118	印　　次	2021 年 7 月第 2 次印刷
咨询电话	400-810-0598	定　　价	29.80 元

物 料 号　54700-00

前　言

本书是根据教育部高等学校大学数学课程教学指导委员会制订的“工科类本科数学基础课程教学基本要求”, 结合东南大学原有的两本高等数学教材, 并在总结多年教学实践经验的基础上编写而成的。全书分为上、下两册。上册包括极限与连续、一元函数微分学、一元函数积分学、微分方程等内容, 下册包括级数、向量代数与空间解析几何、多元函数微分学、多元函数积分学和向量函数积分学等内容。

高等数学是工科类各专业的一门重要的基础理论课程。本书的宗旨是使学生系统地获得微积分与常微分方程的基本知识, 培养学生的运算能力、抽象思维和形象思维能力、逻辑推理能力、自学能力以及一定的数学建模能力, 掌握一些重要的数学思想方法, 以提高抽象概括问题的能力和应用数学知识解决实际问题的能力, 同时为学习后续课程和知识的自我更新奠定必要的基础。本书在保证教学要求、遵循教学规律的前提下, 在教材的体系、选材和编写中突出了以下特点:

1. 围绕课程培养目标, 合理整合教材内容体系, 使得内容结构严谨, 逻辑清晰。对教学内容的深度和广度进行适度的调整, 使其更适合当前教学的需要; 注重数学概念的解释, 奉行将数学概念的四个方面: 图像、数值、语言和符号同时展现的“四原则”。

2. 内容安排突出重点, 概念、定理分析细致, 例题典型。在教材内容的选取上做到重点突出; 在概念、定理的论述上采用启发式的方式, 尽力做到水到渠成, 通俗易懂; 在例题的选择上力求全面、典型, 突出对问题难点的分析以及解决问题的思想方法的阐述, 紧密结合物理应用, 用现代的方法和术语描述问题。

3. 习题配比合理。各章节习题作了分类编排, 为便于学生复习和巩固所学知识, 每章均配有总习题。适当选取了一些具有启发性和探究性的习题, 同时增加应用题以及能利用数学理论和数学方法解决的综合性问题。

本书可作为高等学校工科类专业本科生使用的高等数学教材, 也可供其他专业选用和社会读者阅读。

本书在编写过程中得到了东南大学教务处和数学学院的大力支持, 在此一并表示感谢。由于编者水平有限, 书中疏漏在所难免, 欢迎各位读者批评指正。

编者

2020 年 3 月

目　录

第一章　极限与连续

微积分是高等数学的核心内容, 本章介绍微积分的基本概念: 函数、极限和连续. 函数是微积分的研究对象, 极限理论是微积分的基础, 极限思想是微积分中最重要的思想方法.

§1.1　函　　数

本节给出函数的定义, 并且讨论在微积分中经常用到的函数.

1.1.1　映射

定义 1　设 A,B 是两个非空集合. 若存在一个对应法则 f, 使得对每一个 $x\in A$, 按照 f, 在 B 中有唯一的一个元素与之对应, 则称 f 是一个**映射**, 记为

$$f:A\to B,\text{或}f:x|\to y,x\in A.$$

称 y 为 x 在映射 f 下的**像**, x 为 y 在映射 f 下的一个**原像**, 集合 A 称为映射 f 的**定义域**, 记为 $D(f)$. A 中所有元素的像所组成的集合称为 f 的**值域**, 记为 $R(f)$ 或 $f(A)$, 即

$$R(f)=f(A)=\{y|y=f(x),x\in A\}.$$

映射概念中有三个基本要素, 即定义域、对应法则以及值域. 定义域表示映射存在的范围, 对应法则是集合 A 与 B 之间对应关系的具体表现, 值域是映射的取值范围.

设有映射 $f:A\to B$, 若 $B=f(A)$, 则称 f 是 A 到 B 的**满射**; 若对于任意的 $x_1,x_2\in A$, $x_1\neq x_2$, 必有 $f(x_1)\neq f(x_2)$, 则称 f 是 A 到 B 的**单射**; 若 f 既是单射又是满射, 则称 f 是 A 到 B 的**一一映射**.

例 1　设 $A=\mathbb{N}_+=\{1,2,\cdots,n,\cdots\}$, $B=\{2,4,\cdots,2n,\cdots\}$. 令

$$f(n)=2n,n\in A,$$

则 f 是一个从 A 到 B 的映射, 而且是一一映射.

例 2　设 $A=\mathbb{R}^2$, $B=\mathbb{R}$. 令

$$f(x,y)=x,\quad (x,y)\in\mathbb{R}^2,$$

则 f 是一个从 A 到 B 的映射, 且是满射, 但非单射. 在几何上, 它就是平面上的点在 x 轴上的投影.

设有映射 $g: A \to B_1$, $f: B_2 \to C$, 其中 $B_1 \subseteq B_2$, 则对每个 $x \in A$, 有 $u = g(x) \in B_1 \subseteq B_2$, 从而有唯一的 $y = f(u) = f[g(x)]$ 与 x 对应, 因此由映射 f 和 g 可确定一个从 A 到 C 的映射, 称此映射为 f 与 g 的**复合映射**, 记为 $f \circ g: A \to C$, 即

$$(f \circ g)(x) = f[g(x)], \quad x \in A.$$

设 $f(x) = \dfrac{x-3}{2}$ 和 $g(x) = \sqrt{x}$, 则可以复合成两个不同的映射:

$$(g \circ f)(x) = g[f(x)] = g\left(\frac{x-3}{2}\right) = \sqrt{\frac{x-3}{2}},$$

$$(f \circ g)(x) = f[g(x)] = f(\sqrt{x}) = \frac{\sqrt{x}-3}{2},$$

上面两个复合映射 $g \circ f$ 与 $f \circ g$ 不相同. 因此映射的复合运算不具有交换律.

设 f 是一个从 A 到 B 的一一映射, 则对每一个 $y \in B$, 有唯一的 $x \in A$, 使得 $f(x) = y$. 于是可以得到一个从 B 到 A 的映射, 称该映射为 f 的**逆映射**, 记作 f^{-1}, 即有

$$x = f^{-1}(y), \quad y \in B.$$

只有一一映射才有逆映射. 例如例 1 中的映射有逆映射, 其逆映射为从 B 到 A 的一个映射, 记为 $f^{-1}(2n) = n$.

若 f 有逆映射 f^{-1}, 则 f^{-1} 也有逆映射 f. 因此, f 和 f^{-1} 互为逆映射, 称其复合映射为**恒同映射**, 即

$$f^{-1}[f(x)] = x, \quad 且 \quad f[f^{-1}(y)] = y.$$

1.1.2 一元函数

定义 2 设 A, B 是实数集合 $\mathbb{R}$ 中的两个非空集合, 称映射 $f: A \to B$ 为定义在 A 上的**一元函数**, 简记为

$$y = f(x), \quad x \in A.$$

其中 x 称为**自变量**, y 称为**因变量**, $f(x)$ 称为函数 f 在 x 处的**函数值**, A 称为**定义域**, $f(A)$ 称为**值域**.

若函数 $y = f(x)$ 是用数学表达式表示的函数, 则在没有指明定义域时, 我们约定函数的定义域就是使该表达式有意义的一切实数构成的集合, 此时称其为自然定义域.

若函数 $y = f(x)$ 的定义域是 D_1, 函数 $u = g(x)$ 的定义域是 D_2, 且 $g(D_2) \subset D_1$, 则由 $y = f[g(x)]$, $x \in D_2$ 定义的函数称为由 $u = g(x)$, $y = f(u)$ 构成的复合函数, u 称为中间变量. 复合函数是复合映射的特例.

例 3 求下列函数的定义域与值域:

(1) $y = x + \dfrac{1}{x}$; (2) $y = \arccos \dfrac{2x}{1+x}$.

解 (1) 显然, 定义域 $D=(-\infty,0)\cup(0,+\infty)$. 当 $x>0$ 时, $f(x)=x+\dfrac{1}{x}\geqslant 2$, 且 $f(x)=2$ 当且仅当 $x=1$, 而当 $x<0$ 时, $f(x)=x+\dfrac{1}{x}\leqslant -2$, 且 $f(x)=-2$ 当且仅当 $x=-1$, 因此, 值域 $R=(-\infty,-2]\cup[2,+\infty)$.

(2) 按照复合函数求定义域, 要求 $-1\leqslant\dfrac{2x}{1+x}\leqslant 1$, 由此解得定义域 $D=\left[-\dfrac{1}{3},1\right]$. 由于当 x 取遍 $D=\left[-\dfrac{1}{3},1\right]$ 时, $\dfrac{2x}{1+x}$ 取遍 $[-1,1]$, 所以函数的值域 $R=[0,\pi]$.

为了研究函数, 必须采用适当的形式把自变量和因变量之间的对应法则表示出来. 通常有下列三种表示方法:

(1) **列表表示法** 把一系列自变量值 x 及对应的因变量值 y 列成表格形式来表示它们之间的函数关系.

(2) **图形表示法** 用坐标平面上的曲线来表示函数.

(3) **解析表示法** 用关于自变量 x 的具体数学表达式 $f(x)$ 来表示因变量 y.

函数也可以分段表示, 即在不同的范围上用不同的解析式来表示, 这样表示的函数称为**分段函数**. 下面列举一些分段函数的例子.

例 4 符号函数

$$y=\operatorname{sgn}x=\begin{cases}-1, & x<0,\\ 0, & x=0,\\ 1, & x>0.\end{cases}$$

符号函数 (如图 1.1) 是分段函数, 它的定义域 $D=(-\infty,+\infty)$, 值域 $R=\{-1,0,1\}$.

例 5 取整函数 $y=[x]$, 其中 $[x]$ 表示不超过 x 的最大整数.

取整函数 (如图 1.2) 是分段函数. 由

$$y=[x]=n,\quad n\leqslant x<n+1,\ n\in\mathbb{Z}$$

易知 $[1.6]=1$ 和 $[-5.4]=-6$. 它的定义域 $D=(-\infty,+\infty)$, 值域 $R=\mathbb{Z}$, 且满足不等式

$$x-1<[x]\leqslant x.$$

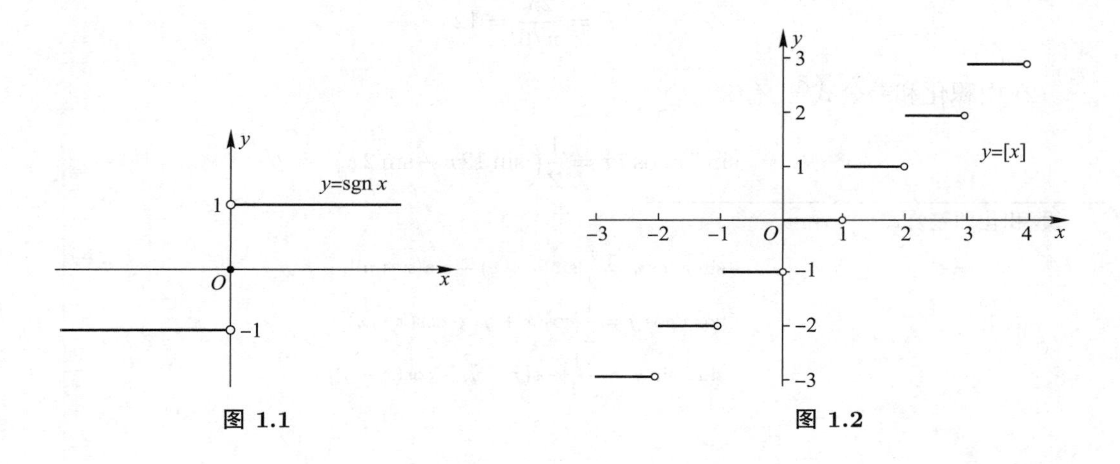

图 1.1　　图 1.2

例 6 **Dirichlet (狄利克雷) 函数**

$$D(x)=\begin{cases}1, & x\text{ 是有理数},\\ 0, & x\text{ 是无理数}.\end{cases}$$

Dirichlet 函数是分段函数, 它的定义域 $D=\mathbb{R}$, 值域 $R=\{0,1\}$.

为了进一步认识函数的变化规律, 常常需要研究函数的基本性质.

(I) **奇偶性** 设 f 在 $(-l,l)$ (l 可以是 ∞) 内有定义. 若对于任意 $x\in(-l,l)$, 有 $f(x)=f(-x)$, 则称 f 是**偶函数**, 偶函数的图形关于 y 轴对称; 若对于任意 $x\in(-l,l)$, 有 $f(x)=-f(-x)$, 则称 f 是**奇函数**, 奇函数的图形关于原点对称.

例 7 判断下列函数的奇偶性:

(1) $f(x)=\sqrt{1+x}+\sqrt{1-x}$, $|x|\leqslant 1$; (2) $f(x)=\dfrac{1}{2}\log_2\dfrac{1+x}{1-x}$, $|x|<1$.

解 (1) 因为

$$f(-x)=\sqrt{1-x}+\sqrt{1+x}=f(x),$$

所以 f 是 $[-1,1]$ 上的偶函数.

(2) 因为

$$f(-x)=\frac{1}{2}\log_2\frac{1-x}{1+x}=\frac{1}{2}\log_2\left(\frac{1+x}{1-x}\right)^{-1}=-\frac{1}{2}\log_2\frac{1+x}{1-x}=-f(x),$$

所以 f 是 $(-1,1)$ 内的奇函数.

(II) **周期性** 设 f 的定义域为 D. 若存在 $T\in\mathbb{R}$, 使得对于任意 $x\in D$, 有 $x+T\in D$, 且 $f(x+T)=f(x)$, 则称 f 是**周期函数**, T 为 f 的周期, 通常我们所说的周期是指最小正周期, 但是周期函数未必总有最小正周期, 例如任何实数都是常数函数的周期; 任何有理数都是 Dirichlet 函数的周期.

例 8 求下列周期函数的 (最小正) 周期:

(1) $f(x)=\cos\dfrac{\pi x}{6}$; (2) $f(x)=\sin 5x\cos 7x$.

解 (1) 因为余弦函数的周期为 2π, 所以 $\cos\dfrac{\pi x}{6}$ 的周期为

$$T=\frac{2\pi}{\pi/6}=12.$$

(2) 由积化和差公式①, 有

$$\sin 5x\cos 7x=\frac{1}{2}\Big(\sin 12x-\sin 2x\Big),$$

① 积化和差公式:

$$\sin x\cos y=\frac{1}{2}[\sin(x+y)+\sin(x-y)],$$

$$\cos x\cos y=\frac{1}{2}[\cos(x+y)+\cos(x-y)],$$

$$\sin x\sin y=-\frac{1}{2}[\cos(x+y)-\cos(x-y)].$$

$\sin 12x$ 的周期为 $\dfrac{\pi}{6}$, $\sin 2x$ 的周期为 π, 所以 $\sin 5x\cos 7x$ 的周期为 π.

(III) **单调性** 设 f 的定义域为 D, x_1 和 x_2 是 D 中的任意两点. 如果

$$x_1 < x_2 \Longrightarrow f(x_1) < f(x_2),$$

则称 f 在 I 上**单调增加**; 如果

$$x_1 < x_2 \Longrightarrow f(x_2) < f(x_1),$$

则称 f 在 I 上**单调减少**. 单调增加函数与单调减少函数统称为**单调函数**.

若有函数 f, 如果对每一个 $y \in R(f)$, 有唯一的 $x \in D(f)$ 满足 $y = f(x)$, 则称这个定义在 $R(f)$ 上的对应关系 $y \mapsto x$ 为函数 f 的反函数, 记作 f^{-1}, 即 $x = f^{-1}(y)$.

定理 1 如果函数 f 是 D 上的单调函数, 则 f 必存在反函数.

证 设 x_1 和 x_2 是 D 中的任意两点, 且 $x_1 < x_2$. 由于 f 是单调函数, 则 $f(x_1) < f(x_2)$ 或 $f(x_2) < f(x_1)$, 也就是 $f(x_1) \neq f(x_2)$, 即 f 是 D 到 $f(D)$ 上的一一映射, 从而必存在反函数.

根据反函数的定义, 函数 f 与其反函数 f^{-1} 的定义域与值域是互换的. 因此, 函数 $y = f(x)$ 与其反函数 $x = f^{-1}(y)$ 表示同一条曲线. 但是习惯上, 总是用 x 表示自变量, 用 y 表示因变量. 因此将反函数改写成 $y = f^{-1}(x)$, 对应法则未变, 只是自变量和因变量交换了记号. 这样, 函数 $y = f(x)$ 的图形和反函数 $y = f^{-1}(x)$ 的图形关于直线 $y = x$ 对称.

例如, 指数函数 $y = 10^x$ 在其定义域 $(-\infty, +\infty)$ 内单调增加, 它的反函数为对数函数 $y = \lg x$, 在定义域 $(0, +\infty)$ 内也单调增加 (如图 1.3). 有些函数 f 在它的定义域内不是单调的, 但是在定义域的某个子区间上单调, 我们就将 f 限制在它的单调区间上再求其反函数. 例如正弦函数 $y = \sin x$, 限制在区间 $\left[-\dfrac{\pi}{2}, \dfrac{\pi}{2}\right]$ 上是一一映射, 得到其反函数 $y = \arcsin x$, 其定义域为 $[-1, 1]$, 值域为 $\left[-\dfrac{\pi}{2}, \dfrac{\pi}{2}\right]$ (如图 1.4).

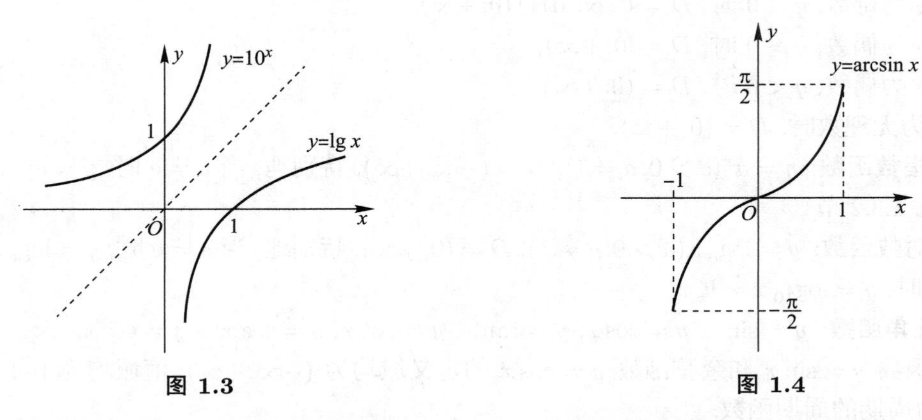

图 1.3 图 1.4

(IV) **有界性** 设函数 f 的定义域为 D, 若存在 N, 使得对于任意 $x \in D$, 都有 $f(x) \leqslant N$, 则称函数 f 在 D 上有上界, 并称 N 为 f 在 D 上的一个**上界**. 若存在 L, 使得对于任意 $x \in D$, 都有 $f(x) \geqslant L$, 则称函数 f 在 D 上有下界, 并称 L 为 f 在 D 上的一个**下界**. 若 f 在 D 上既有上界又有下界, 则称 f 在 D 上**有界**.

容易证明 f 在 D 上有界的充分必要条件是: 存在 M, 使得对于任意 $x \in D$, 都有

$$|f(x)| \leqslant M.$$

例如, $\sin\dfrac{1}{x}$ 在定义域 $(-\infty,0)\cup(0,+\infty)$ 内有界, 因为对于任意 $x\in(-\infty,0)\cup(0,+\infty)$, $\left|\sin\dfrac{1}{x}\right|\leqslant 1$.

同样易知 f 在 D 上无界的充分必要条件是: 对于任意 $M>0$, 存在 $x_0\in D$, 使得

$$|f(x_0)| \geqslant M.$$

例 9 证明 $f(x)=\dfrac{1}{x}\cos\dfrac{1}{x}$ 在其定义域内无界.

证 对于任意 $M>0$, 取 $k=[M]+1$, $x_0=\dfrac{1}{k\pi}$, 则

$$f(x_0)=\frac{1}{x_0}\cos\frac{1}{x_0}=k\pi|\cos k\pi|=k\pi>M\pi>M.$$

因此 $f(x)=\dfrac{1}{x}\cos\dfrac{1}{x}$ 在其定义域 $(-\infty,0)\cup(0,+\infty)$ 内无界.

1.1.3 初等函数

我们在中学阶段已经系统学习过下面的六类**基本初等函数**:

(I) **常数函数**: $y=C$, C 为常数, $D=(-\infty,+\infty)$.

(II) **幂函数**: $y=x^{\mu}$, $\mu\neq 0$. 其定义域 D 要视 μ 而定.

当 μ 为有理数时, 可记 $\mu=\dfrac{q}{p}$, $p>0$, 其中 p,q 为互素的整数.

- 当 p 为奇数, $q>0$ 时, $D=(-\infty,+\infty)$;
- 当 p 为奇数, $q<0$ 时, $D=(-\infty,0)\cup(0,+\infty)$;
- 当 p 为偶数, $q>0$ 时, $D=[0,+\infty)$;
- 当 p 为偶数, $q<0$ 时, $D=(0,+\infty)$;

当 μ 为无理数时, $D=(0,+\infty)$.

(III) **指数函数**: $y=a^x(a>0,a\neq 1)$, $D=(-\infty,+\infty)$, 特别地, 当 $a=\mathrm{e}$ 时, $y=\mathrm{e}^x$, e 是一个无理数 (见 1.3.2 节).

(IV) **对数函数**: $y=\log_a x(a>0,a\neq 1)$, $D=(0,+\infty)$, 特别地, 当 $a=\mathrm{e}$ 时, $y=\log_{\mathrm{e}}x=\ln x$; 当 $a=10$ 时, $y=\log_{10}x=\lg x$.

(V) **三角函数**: $y=\sin x$, $y=\cos x$, $y=\tan x$, $y=\cot x$, $y=\sec x$, $y=\csc x$.

正弦函数 $y=\sin x$ 和余弦函数 $y=\cos x$ 的定义域均为 $(-\infty,+\infty)$, 值域均为 $[-1,1]$, 且都是以 2π 为周期的周期函数.

正切函数 $y=\tan x=\dfrac{\sin x}{\cos x}$, $x\neq(2n+1)\dfrac{\pi}{2}$, $n\in\mathbb{Z}$; 余切函数 $y=\cot x=\dfrac{\cos x}{\sin x}$, $x\neq n\pi$, $n\in\mathbb{Z}$. 它们的值域均为 $(-\infty,+\infty)$, 都是以 π 为周期的周期函数.

正割函数 $y=\sec x=\dfrac{1}{\cos x}$, $x\neq(2n+1)\dfrac{\pi}{2}$, $n\in\mathbb{Z}$. 这是一个周期为 2π 的周期函数, 且既无

上界也无下界. 容易验证下列恒等式成立:

$$\sec^2 x = 1 + \tan^2 x, \quad x \neq (2n+1)\frac{\pi}{2}, n \in \mathbb{Z}.$$

余割函数 $y = \csc x = \dfrac{1}{\sin x}, x \neq n\pi, n \in \mathbb{Z}$. 这也是一个周期为 2π 的周期函数, 且既无上界也无下界. 容易验证下列恒等式成立:

$$\csc^2 x = 1 + \cot^2 x, \quad x \neq n\pi, n \in \mathbf{Z}.$$

(VI) **反三角函数**: $y = \arcsin x$, $y = \arccos x$, $y = \arctan x$, $y = \operatorname{arccot} x$.

正弦函数 $y = \sin x, x \in \left[-\dfrac{\pi}{2}, \dfrac{\pi}{2}\right]$ 的反函数是 $y = \arcsin x$, 其定义域是 $[-1,1]$, 值域是 $\left[-\dfrac{\pi}{2}, \dfrac{\pi}{2}\right]$. 余弦函数 $y = \cos x, x \in [0,\pi]$ 的反函数是 $y = \arccos x$, 其定义域是 $[-1,1]$, 值域是 $[0,\pi]$. 正切函数 $y = \tan x, x \in \left(-\dfrac{\pi}{2}, \dfrac{\pi}{2}\right)$ 的反函数是 $y = \arctan x$, 其定义域是 $(-\infty,+\infty)$, 值域是 $\left(-\dfrac{\pi}{2}, \dfrac{\pi}{2}\right)$. 余切函数 $y = \cot x, x \in (0,\pi)$ 的反函数是 $y = \operatorname{arccot} x$, 其定义域是 $(-\infty,+\infty)$, 值域是 $(0,\pi)$.

定义 3 由基本初等函数经过有限次的四则运算 (加、减、乘、除) 和函数复合而得到的可用一个式子表示的函数称为**初等函数**.

双曲函数在工程技术中有很多的应用, 它们是由指数函数 $y = \mathrm{e}^x$ 和 $y = \mathrm{e}^{-x}$ 所产生的初等函数, 如双曲正弦函数、双曲余弦函数、双曲正切函数分别是

$$\sinh x = \frac{\mathrm{e}^x - \mathrm{e}^{-x}}{2}, \quad \cosh x = \frac{\mathrm{e}^x + \mathrm{e}^{-x}}{2}, \quad \tanh x = \frac{\sinh x}{\cosh x} = \frac{\mathrm{e}^x - \mathrm{e}^{-x}}{\mathrm{e}^x + \mathrm{e}^{-x}},$$

它们的定义域都是 $(-\infty,+\infty)$, 并且满足与三角函数等式相似的一些等式, 诸如:

$$\sinh 2x = 2\sinh x \cosh x, \quad \cosh 2x = \sinh^2 x + \cosh^2 x,$$

$$\cosh^2 x - \sinh^2 x = 1, \quad 1 - \tanh^2 x = \frac{1}{\cosh^2 x}.$$

习 题 1.1

1. 确定下列初等函数的定义域:

(1) $y = \dfrac{\sqrt{2x+3}}{x^2+2x-3}$;　　(2) $y = \arccos \dfrac{2x}{1+x^2} + \ln \sin x$;

(3) $y = \dfrac{1}{[1+x]}$;　　(4) $y = \log_2(\cos\theta)$.

2. 设函数 $f(x) = \dfrac{1}{1-x}$, 求 $f[f(x)], f\{f[f(x)]\}$.

3. 试问下列函数是由哪些基本初等函数复合而成的:

(1) $y=(1+x)^{20}$; (2) $y=(\arcsin x^2)^2$;

(3) $y=\lg(1+\sqrt{1+x^2})$; (4) $y=2^{\sin^2 x}$.

4. 问下列函数 f 和 g 是否等同?

(1) $f(x)=\dfrac{x^2-1}{x-1}$, $g(x)=x+1$; (2) $f(x)=\sqrt{x^2}$, $g(x)=|x|$;

(3) $f(x)=\log_a x^2$, $g(x)=2\log_a x$ $(a>0$ 且 $a\neq 1)$;

(4) $f(x)=\sin^2(x+1)$, $g(x)=1-\cos^2(x+1)$.

5. (1) 设 $f\left(x+\dfrac{1}{x}\right)=x^2+\dfrac{1}{x^2}+3$, 求 $f(x)$;

(2) 设 $f\left(\sin\dfrac{x}{2}\right)=1+\cos x$, 求 $f(\cos x)$.

6. 证明 $f(x)=x-[x]$ 是以 1 为周期的周期函数.

7. 证明:

(1) 当 $x>0$ 时, $1-x<x\left[\dfrac{1}{x}\right]\leqslant 1$;

(2) 当 $x<0$ 时, $1\leqslant x\left[\dfrac{1}{x}\right]<1-x$.

8. 证明定义在 $(-\infty,+\infty)$ 上的任何函数都可以表示为某个偶函数与某个奇函数之和.

9. 如果函数满足 $f(a-x)=f(a+x)$, 那么称 $f(x)$ 关于 $x=a$ 对称. 证明: 如果 $f(x)$ 关于 $x=a$ 对称, 那么 $g(x)=f(x+a)$ 是偶函数.

§1.2 极限的概念与性质

极限是描述函数在自变量的变化过程中相应变化趋势的一个重要概念, 本节将用精确的数学语言来描述极限的概念和性质.

1.2.1 数列极限的概念

所谓数列 $\{a_n\}$ 就是按照正整数顺序排列的一列数:

$$a_1,\ a_2,\ \cdots,\ a_n,\ \cdots$$

其中 a_n 称为数列的**通项**, a_n 中的 n 称为下标. 当然, 数列 $\{a_n\}$ 也可以视为定义在正整数集上的一个函数. 例如

$$\{(-1)^n\},\ \{\sqrt{n}\},\ \left\{(-1)^{n+1}\frac{1}{n}\right\}$$

等都是数列.

容易看出, 数列 $\{(-1)^n\}$ 取值两个不同的数 -1 和 1, 但是没有确定的变化趋势. 数列 $\{\sqrt{n}\}$ 的通项随着 n 无限增大而无限增大; 数列 $\left\{(-1)^{n+1}\dfrac{1}{n}\right\}$ 当 n 无限增大时, 通项越来越无限接近

常数 0, 这个常数就称为该数列的极限. 但是, 仅凭直观得到的极限是远远不够的. 为此, 下面给出极限精确的、定量的数学语言的定义.

定义 1 设 $\{a_n\}$ 是一给定数列, a 是一个给定的实数. 若对于任意给定的 $\varepsilon>0$, 总可以找到正整数 N, 使得当 $n>N$ 时, 有

$$|a_n-a|<\varepsilon,$$

则称数列 $\{a_n\}$**收敛**于 a (或称 a 是数列 $\{a_n\}$ 的**极限**), 记为

$$\lim_{n\to\infty} a_n=a,$$

有时也记为

$$a_n\to a\ (n\to\infty).$$

如果不存在实数 a, 使 $\{a_n\}$ 收敛于 a, 则称数列 $\{a_n\}$**发散**.

数列极限定义的几何意义是: 在数轴上, 对于以 a 为中心、长为 2ε 的小区间 $(a-\varepsilon,a+\varepsilon)$, 必定存在相应的正整数 N, 使得下标超过 N 的每个 a_n 都落在小区间 $(a-\varepsilon,a+\varepsilon)$ 内, 如图 1.5 所示.

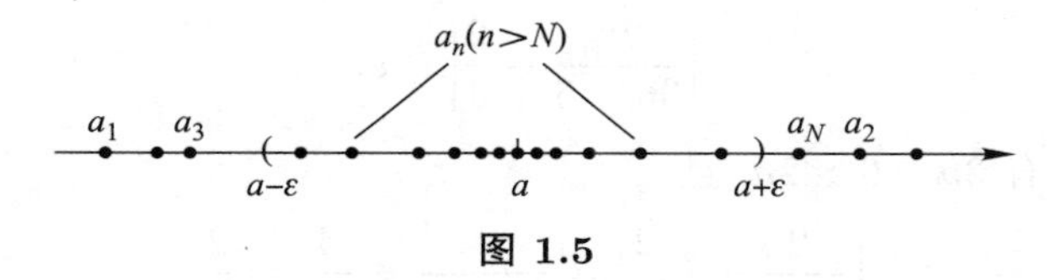

图 1.5

例 1 证明 $\lim\limits_{n\to\infty}\dfrac{1}{n}=0$.

证 对任意给定的 $\varepsilon>0$, 要找到正整数 N, 使得当 $n>N$ 时, 有

$$\left|\frac{1}{n}-0\right|<\varepsilon,$$

只要 $n>\dfrac{1}{\varepsilon}$. 于是, 取 $N=\left[\dfrac{1}{\varepsilon}\right]$, 则当 $n>N$ 时, 有 $\left|\dfrac{1}{n}-0\right|<\varepsilon$, 因此 $\lim\limits_{n\to\infty}\dfrac{1}{n}=0$.

例 2 设 $|q|<1$, 证明 $\lim\limits_{n\to\infty}q^n=0$.

证 当 $q=0$ 时, 对任意 n 都有 $q^n=0$, 显然数列的极限为 0.

当 $0<|q|<1$ 时, 对任意给定的 $\varepsilon>0$, 要找到正整数 N, 使得当 $n>N$ 时, 有

$$|q^n-0|=|q|^n<\varepsilon,$$

对上式两边取以 10 为底的对数, 即得

$$n>\frac{\lg\varepsilon}{\lg|q|}.$$

于是 N 只要取大于 $\dfrac{\lg\varepsilon}{\lg|q|}$ 的任意正整数即可. 为保证 N 为正整数, 取 $N=\max\left\{\left[\dfrac{\lg\varepsilon}{\lg|q|}\right],1\right\}$, 则当 $n>N$ 时, 有

$$|q^n-0|=|q|^n<|q|^{\frac{\lg\varepsilon}{\lg|q|}}=\varepsilon$$

成立, 因此 $\lim\limits_{n\to\infty} q^n = 0$.

例 3 证明 $\lim\limits_{n\to\infty} \sqrt[n]{a} = 1\,(a > 1)$.

证 令 $\sqrt[n]{a} = 1 + y_n$, $y_n > 0\,(n = 1, 2, \cdots)$, 应用二项式定理, 有

$$a = (1 + y_n)^n = 1 + ny_n + \frac{n(n-1)}{2}y_n^2 + \cdots + y_n^n > 1 + ny_n,$$

从而

$$|\sqrt[n]{a} - 1| = |y_n| < \frac{a-1}{n}.$$

于是, 对任意给定的 $\varepsilon > 0$, 取 $N = \left[\frac{a-1}{\varepsilon}\right]$, 当 $n > N$ 时, 有

$$|\sqrt[n]{a} - 1| < \frac{a-1}{n} < \varepsilon$$

成立, 因此 $\lim\limits_{n\to\infty} \sqrt[n]{a} = 1$.

例 4 证明 $\lim\limits_{n\to\infty} \frac{2n}{3n-6} = \frac{2}{3}$.

证 对任意给定的 $\varepsilon > 0$, 要找到正整数 N, 使得当 $n > N$ 时, 有

$$\left|\frac{2n}{3n-6} - \frac{2}{3}\right| < \varepsilon.$$

注意到, 当 $n > 6$ 时, 有 $3n - 6 > 2n$, 且

$$\left|\frac{2n}{3n-6} - \frac{2}{3}\right| = \frac{4}{3n-6} < \frac{4}{2n} = \frac{2}{n}.$$

我们可以取 $N = \max\left\{\left[\frac{2}{\varepsilon}\right], 6\right\}$. 则当 $n > N$ 时, 就有

$$\left|\frac{2n}{3n-6} - \frac{2}{3}\right| < \frac{2}{n} < \varepsilon,$$

因此 $\lim\limits_{n\to\infty} \frac{2n}{3n-6} = \frac{2}{3}$.

在数列极限的定义中, 如果把 “任意” 改为它的相反意义 “某个”, 将 “$<$” 改为它的相反意义 “$\geqslant$”, 则得**数列 $\{a_n\}$ 不以 a 为极限的叙述**:

定义 2 若存在 $\varepsilon_0 > 0$, 对于任意的正整数 N, 都存在 $n_0 > N$, 使得 $|a_{n_0} - a| \geqslant \varepsilon_0$, 则称 $\{a_n\}$ 不以 a 为极限.

例 5 证明数列 $\{(-1)^n\}$ 发散.

证 只要证明任意实数 a 都不是数列 $\{(-1)^n\}$ 的极限.

取 $\varepsilon_0 = 1$, 若 $a \geqslant 0$, 则对任意正整数 N, 存在奇数 $n_0 > N$, 有

$$|(-1)^{n_0} - a| = |-1 - a| = |1 + a| \geqslant 1 = \varepsilon_0;$$

若 $a < 0$, 则对任意正整数 N, 存在偶数 $n_0 > N$, 有

$$|(-1)^{n_0} - a| = |1 - a| > 1 = \varepsilon_0,$$

因此数列 $\{(-1)^n\}$ 发散.

1.2.2 函数极限的概念

考虑函数

$$f(x)=x^2,\quad g(x)=\frac{1}{x},\quad h(x)=\sin\frac{1}{x},$$

当 x 趋向于 0 时, $f(x)=x^2$ 也接近 0, 而函数 $g(x)=\dfrac{1}{x}$ 的绝对值越来越大, 不接近任何一个有限的数. $h(x)$ 的函数值在 -1 和 1 之间振荡, 例如

$$h\left(\frac{1}{2n\pi}\right)=0,\qquad h\left[\frac{1}{\left(2n+\dfrac{1}{2}\right)\pi}\right]=1,$$

因此 $h(x)$ 也不接近任何一个有限的数. 函数 $f(x),g(x),h(x)$ 当 x 趋向于 0 时可以分别和数列 $\left\{\dfrac{1}{n^2}\right\}$, $\{(-1)^n n\}$, $\{(-1)^n\}$ 当 n 趋于无穷时的过程作对比, 只有第一个函数 $f(x)$ 当 x 趋向于 0 时收敛. 下面给出函数极限的定义.

定义 3 设函数 $y=f(x)$ 在点 x_0 的某个去心邻域① 内有定义. 若存在某个常数 a, 对于任意给定的 $\varepsilon>0$, 可以找到 $\delta>0$, 使得当 $0<|x-x_0|<\delta$ 时, 有

$$|f(x)-a|<\varepsilon,$$

则称 a 是 $f(x)$ 当 x 趋向于 x_0 时的**极限**, 记为

$$\lim_{x\to x_0} f(x)=a,\quad 或\quad f(x)\to a\ (x\to x_0).$$

若不存在满足上式的实数 a, 则称函数 $f(x)$ 当 x 趋向于 x_0 时的极限不存在.

函数 $f(x)$ 当 x 趋向于 x_0 时的极限为 a 的几何解释是 (如图 1.6): 对于任意 $\varepsilon>0$, 存在 $\delta>0$, 当 $x\in(x_0-\delta,x_0+\delta)\backslash\{x_0\}$ 时, $f(x)$ 落在带形区域 $(a-\varepsilon,a+\varepsilon)$ 内.

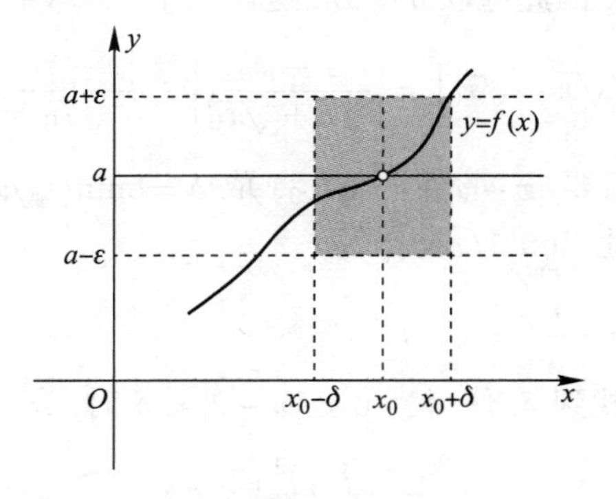

图 1.6

① 以 x_0 为中心的开区间 $(x_0-\delta,x_0+\delta)$ 称为点 x_0 的邻域, 在 $(x_0-\delta,x_0+\delta)$ 中去掉 x_0 后称为点 x_0 的去心邻域, 区间 $(x_0-\delta,x_0)$ 与 $(x_0,x_0+\delta)$ 分别称为点 x_0 的左邻域与右邻域.

例 6 证明 $\lim\limits_{x\to x_0}(ax+b)=ax_0+b$.

证 对于任意 $\varepsilon>0$, 要找到 $\delta>0$, 使得当 $0<|x-x_0|<\delta$ 时, 有

$$|(ax+b)-(ax_0+b)|<\varepsilon.$$

当 $a=0$ 时, 上式对于一切 x 成立, 可以取 δ 为任意实数.

当 $|a|\neq 0$ 时, 可以取 $\delta=\dfrac{\varepsilon}{|a|}$, 则当 $0<|x-x_0|<\delta$ 时, 就有

$$|(ax+b)-(ax_0+b)|=|a||x-x_0|<|a|\frac{\varepsilon}{|a|}=\varepsilon.$$

因此 $\lim\limits_{x\to x_0}(ax+b)=ax_0+b$.

当 $a=0$ 时及当 $a=1,b=0$ 时, 我们分别得到本例结果的特例:

$$\lim_{x\to x_0}b=b,\quad \lim_{x\to x_0}x=x_0.$$

例 7 证明 $\lim\limits_{x\to 0}a^x=1$, 其中 $a>1$.

证 对于任意 $\varepsilon>0$, 这里不妨假设 $0<\varepsilon<1$. 要找到 $\delta>0$, 使得当 $0<|x|<\delta$ 时, 有

$$|a^x-1|<\varepsilon,$$

由于

$$|a^x-1|<\varepsilon\Leftrightarrow 1-\varepsilon<a^x<1+\varepsilon\Leftrightarrow \log_a(1-\varepsilon)<x<\log_a(1+\varepsilon),$$

取 $\delta=\min\{-\log_a(1-\varepsilon),\log_a(1+\varepsilon)\}$, 则当 $0<|x|<\delta$ 时, 就有 $|a^x-1|<\varepsilon$. 因此 $\lim\limits_{x\to 0}a^x=1$.

例 8 设 $x_0>0$, 证明 $\lim\limits_{x\to x_0}\sqrt{x}=\sqrt{x_0}$.

证 对于任意 $\varepsilon>0$, 要找到 δ, 使得当 $0<|x-x_0|<\delta$ 时, 有

$$|\sqrt{x}-\sqrt{x_0}|<\varepsilon.$$

由于 $\sqrt{x}$ 的定义域是 $[0,+\infty)$, 因此选取 $\delta<x_0$, 这样 $(x_0-\delta,x_0+\delta)\subseteq[0,+\infty)$. 又由于

$$|\sqrt{x}-\sqrt{x_0}|=\left|\frac{x-x_0}{\sqrt{x}+\sqrt{x_0}}\right|\leqslant\frac{|x-x_0|}{\sqrt{x_0}}.$$

要使 $|\sqrt{x}-\sqrt{x_0}|<\varepsilon$ 成立, 只要 $|x-x_0|<\varepsilon\sqrt{x_0}$. 取 $\delta=\min\{\varepsilon\sqrt{x_0},x_0\}$, 则当 $0<|x-x_0|<\delta$ 时, 就有 $|\sqrt{x}-\sqrt{x_0}|<\varepsilon$. 因此 $\lim\limits_{x\to x_0}\sqrt{x}=\sqrt{x_0}$.

例 9 证明 $\lim\limits_{x\to 2}\dfrac{x-3}{x+1}=-\dfrac{1}{3}$.

证 对于任意 $\varepsilon>0$. 要找到 δ, 使得当 $0<|x-2|<\delta$ 时, 有

$$\left|\frac{x-3}{x+1}+\frac{1}{3}\right|<\varepsilon.$$

由于

$$\left|\frac{x-3}{x+1}+\frac{1}{3}\right|=\left|\frac{3x-9+x+1}{3(x+1)}\right|=\left|\frac{4x-8}{3(x+1)}\right|=\frac{4}{3}\frac{|x-2|}{|x+1|},$$

又因为 $x \to 2$, 因此只需在 2 的邻域内考虑. 比如限定 $|x-2|<1$, 此时

$$|x+1| = |x-2+3| \geqslant \Big|3-|x-2|\Big| > 2,$$

从而

$$\left|\frac{x-3}{x+1}+\frac{1}{3}\right| < \frac{4}{3}\frac{|x-2|}{|x+1|} < \frac{4}{3}\cdot\frac{1}{2}|x-2| < |x-2|.$$

因此取 $\delta = \min\{1,\varepsilon\}$, 当 $0<|x-2|<\delta$ 时, 就有 $\left|\dfrac{x-3}{x+1}+\dfrac{1}{3}\right|<\varepsilon$. 因此 $\lim\limits_{x\to 2}\dfrac{x-3}{x+1} = -\dfrac{1}{3}$.

在极限的定义中, 自变量 x 趋于定点 x_0 的方式是任意的, x 既可以从 x_0 的左侧趋于 x_0, 也可以从 x_0 的右侧趋于 x_0, 但有时函数 f 只在 x_0 的某一侧附近有定义或者当 x 从 x_0 的不同侧趋于 x_0 时, $f(x)$ 有不同的变化趋势, 这就引出了单侧极限的概念.

定义 4 设函数 $f(x)$ 在 $(x_0-\rho, x_0)$ $(\rho>0)$ 内有定义. 若存在实数 a, 对于任意给定的 $\varepsilon>0$, 总可以找到 $\delta>0$, 使得当 $-\delta<x-x_0<0$ 时, 有 $|f(x)-a|<\varepsilon$, 则称 a 是函数 $f(x)$ 当 x 趋向于 x_0 时的**左极限**, 记为

$$\lim_{x\to x_0^-} f(x) = a \quad \text{或} \quad f(x_0-0) = a.$$

类似地, 设 $f(x)$ 在 $(x_0, x_0+\rho)$ $(\rho>0)$ 内有定义, 若存在实数 a, 对于任意给定的 $\varepsilon>0$, 总可以找到 $\delta>0$, 使得当 $0<x-x_0<\delta$ 时, 有 $|f(x)-a|<\varepsilon$, 则称 a 是函数 $f(x)$ 当 x 趋向于 x_0 时的**右极限**, 记为

$$\lim_{x\to x_0^+} f(x) = a \quad \text{或} \quad f(x_0+0) = a.$$

函数在一点处的左极限和右极限统称为**单侧极限**.

定理 1 函数 $f(x)$ 当 x 趋向于 x_0 时极限存在的充分必要条件是 $f(x)$ 当 x 趋向于 x_0 时的左、右极限都存在且相等, 即

$$\lim_{x\to x_0} f(x) = a \Longleftrightarrow f(x_0-0) = f(x_0+0) = a.$$

证 必要性是显然的. 只证充分性.

设 $\lim\limits_{x\to x_0^-} f(x) = \lim\limits_{x\to x_0^+} f(x) = a$, 则由左、右极限的定义, 对于任意 $\varepsilon>0$, 分别存在 $\delta_1>0$ 和 $\delta_2>0$, 使得当 $0<x_0-x<\delta_1$ 时, 有

$$|f(x)-a|<\varepsilon,$$

当 $0<x-x_0<\delta_2$ 时, 有

$$|f(x)-a|<\varepsilon,$$

取 $\delta = \min\{\delta_1,\delta_2\}$, 则有

$$0<|x-x_0|<\delta \Rightarrow |f(x)-a|<\varepsilon.$$

由极限的定义可知, $\lim\limits_{x\to x_0} f(x) = a$.

例 10 设 $f(x)=\begin{cases}x+1, & x\leqslant 0,\\ 2x, & x>0,\end{cases}$ 求 $f(0-0), f(0+0)$.

解 根据定理 1 和例 6 知

$$f(0-0)=\lim_{x\to 0^-}f(x)=\lim_{x\to 0^-}(x+1)=\lim_{x\to 0}(x+1)=1,$$

$$f(0+0)=\lim_{x\to 0^+}f(x)=\lim_{x\to 0^+}2x=\lim_{x\to 0}2x=0.$$

同样, 对于符号函数

$$f(x)=\operatorname{sgn}x=\begin{cases}-1, & x<0,\\ 0, & x=0,\\ 1, & x>0,\end{cases}$$

有 $f(0-0)=-1$, $f(0+0)=1$, 因此 $f(x)$ 当 x 趋向于 0 时极限不存在.

考察函数 $f(x)=\dfrac{1}{x}$ 的图形, 从图上看出, 当自变量 x 沿 x 轴正向无限增大时, 相应的函数值 $f(x)=\dfrac{1}{x}$ 无限接近常数 0; 同样地, 当自变量 x 的绝对值沿 x 轴负向无限增大 (即 $-x$ 无限增大) 时, 相应的函数值 $f(x)=\dfrac{1}{x}$ 也无限接近常数 0. 为了刻画这种确定的变化趋势, 我们引入函数在无穷远处的极限概念.

我们约定: 用记号 $x\to+\infty$, $x\to-\infty$ 和 $x\to\infty$ 分别表示 x, $-x$, $|x|$ 无限增大的过程, 并分别称为 x 趋于正无穷大, x 趋于负无穷大, x 趋于无穷大.

定义 5 设函数 $f(x)$ 在 $(\alpha,+\infty)$ 内有定义, 若存在常数 a, 对任意的正数 ε, 存在 $X>0$, 使得当 $x>X$ 时, 有

$$|f(x)-a|<\varepsilon,$$

则称函数 $f(x)$ 当 $x\to+\infty$ 时以 a 为极限, 记为

$$\lim_{x\to+\infty}f(x)=a, \quad 或 \quad f(x)\to a\,(x\to+\infty).$$

若不存在满足上式的实数 a, 则称函数 $f(x)$ 当 $x\to+\infty$ 时的极限不存在.

例 11 设 $a\neq 0$, 证明 $\lim\limits_{x\to+\infty}(\sqrt{x^2+a^2}-x)=0$.

证 对于任意 $\varepsilon>0$, 要选取 X, 使得当 $x>X$ 时, 有

$$|(\sqrt{x^2+a^2}-x)-0|<\varepsilon.$$

当 $x>0$ 时, 有

$$\left|(\sqrt{x^2+a^2}-x)-0\right|=\sqrt{x^2+a^2}-x=\frac{a^2}{\sqrt{x^2+a^2}+x}<\frac{a^2}{x}.$$

只要 $\dfrac{a^2}{x}<\varepsilon$, 即 $x>\dfrac{a^2}{\varepsilon}$. 取 $X=\dfrac{a^2}{\varepsilon}$, 则当 $x>X$ 时, 有

$$\left|(\sqrt{x^2+a^2}-x)-0\right|<\frac{a^2}{x}<\varepsilon.$$

因此 $\lim\limits_{x\to+\infty}(\sqrt{x^2+a^2}-x)=0$.

类似地我们有 $x\to-\infty$ 和 $x\to\infty$ 时极限的定义:

定义 6 设函数 $f(x)$ 在 $(-\infty,\beta)$ 内有定义, 若存在常数 a, 对任意的正数 ε, 存在 $X>0$, 使得当 $x<-X$ 时, 有

$$|f(x)-a|<\varepsilon,$$

则称函数 $f(x)$ 当 $x\to-\infty$ 时以 a 为极限, 记为

$$\lim_{x\to-\infty}f(x)=a,\quad 或\quad f(x)\to a\,(x\to-\infty).$$

定义 7 设函数 $f(x)$ 在 $(-\infty,+\infty)$ 内有定义, 若存在常数 a, 对任意的正数 ε, 存在 $X>0$, 使得当 $|x|>X$ 时, 有

$$|f(x)-a|<\varepsilon,$$

则称函数 $f(x)$ 当 $x\to\infty$ 时以 a 为极限, 记为

$$\lim_{x\to\infty}f(x)=a,\quad 或\quad f(x)\to a\,(x\to\infty).$$

容易证明

定理 2 $\lim\limits_{x\to\infty}f(x)=a$ 的充分必要条件是 $\lim\limits_{x\to+\infty}f(x)=\lim\limits_{x\to-\infty}f(x)=a$.

例 12 证明 $\lim\limits_{x\to\infty}\dfrac{\sin x}{x}=0$.

证明 对于任意 $\varepsilon>0$, 要找 $X>0$, 使得当 $|x|>X$ 时, 有

$$\left|\frac{\sin x}{x}-0\right|<\varepsilon.$$

由于 $\left|\dfrac{\sin x}{x}\right|<\dfrac{1}{|x|}$, 取 $X=\dfrac{1}{\varepsilon}$, 则当 $|x|>X$ 时, 就有 $\left|\dfrac{\sin x}{x}\right|<\varepsilon$. 因此 $\lim\limits_{x\to\infty}\dfrac{\sin x}{x}=0$.

1.2.3 极限的性质

函数极限和数列极限的性质类似. 本节我们以函数在有限点处的极限 $\lim\limits_{x\to x_0}f(x)$ 为例说明极限的性质, 对于其他情形可类似推广.

性质 1 (唯一性) 如果 $\lim\limits_{x\to x_0}f(x)$ 存在, 则极限必唯一.

证 用反证法. 假设极限不唯一, 设 $\lim\limits_{x\to x_0}f(x)=a$ 且 $\lim\limits_{x\to x_0}f(x)=b$, 而 $a\neq b$. 对于 $\varepsilon=\dfrac{|b-a|}{2}$. 由于 $\lim\limits_{x\to x_0}f(x)=a$, 故存在 $\delta_1>0$, 使得当 $0<|x-x_0|<\delta_1$ 时, 有

$$|f(x)-a|<\varepsilon.$$

由于 $\lim\limits_{x\to x_0}f(x)=b$, 故存在 $\delta_2>0$, 使得当 $0<|x-x_0|<\delta_2$ 时, 有

$$|f(x)-b|<\varepsilon.$$

取 $\delta=\min\{\delta_1,\delta_2\}$, 则当 $0<|x-x_0|<\delta$ 时, 有

$$|b-a|\leqslant|f(x)-a|+|f(x)-b|<2\varepsilon=|b-a|.$$

矛盾. 因此必有 $a=b$.

性质 2 (局部有界性) 若 $\lim\limits_{x\to x_0}f(x)$ 存在, 则在 x_0 的某个去心邻域内函数 f 有界.

证 设 $\lim\limits_{x\to x_0}f(x)=a$. 则对于 $\varepsilon=1$, 存在 $\delta>0$, 使得当 $0<|x-x_0|<\delta$ 时, 有

$$|f(x)-a|<1.$$

从而,

$$|f(x)|\leqslant|f(x)-a|+|a|<1+|a|.$$

性质 3 (局部保序性) 若 $\lim\limits_{x\to x_0}f(x)=a$, $\lim\limits_{x\to x_0}g(x)=b$, 且 $a<b$, 则存在 $\delta>0$, 当 $0<|x-x_0|<\delta$ 时, $f(x)<g(x)$.

证 取 $\varepsilon=\dfrac{b-a}{2}$. 由 $\lim\limits_{x\to x_0}f(x)=a$, 存在 $\delta_1>0$, 使得当 $0<|x-x_0|<\delta_1$ 时, 有

$$|f(x)-a|<\frac{b-a}{2},$$

则

$$f(x)<a+\frac{b-a}{2}=\frac{a+b}{2}.$$

由 $\lim\limits_{x\to x_0}g(x)=b$, 存在 $\delta_2>0$, 使得当 $0<|x-x_0|<\delta_2$ 时, 有

$$|g(x)-b|<\frac{b-a}{2},$$

则

$$g(x)>b-\frac{b-a}{2}=\frac{a+b}{2}.$$

取 $\delta=\min\{\delta_1,\delta_2\}$. 从而当 $0<|x-x_0|<\delta$ 时, 有

$$f(x)<\frac{a+b}{2}<g(x).$$

推论 1 (局部保号性) 如果 $\lim\limits_{x\to x_0}f(x)<0$, 则在 x_0 的某个去心邻域内有 $f(x)<0$.

推论 2 如果 $\lim\limits_{x\to x_0}f(x)=a$, $\lim\limits_{x\to x_0}g(x)=b$ 且在 x_0 的某个去心邻域内有 $f(x)\leqslant g(x)$, 则 $a\leqslant b$.

函数极限与数列极限之间确实有密切的联系, 下面的 Heine (海涅) 定理反映了这种联系.

定理 3 (Heine 定理) $\lim\limits_{x\to x_0}f(x)=a$ 的充分必要条件是: 对于任意满足条件 $\lim\limits_{n\to\infty}a_n=x_0$ 且 $a_n\neq x_0\ (n\in\mathbb{N}_+)$ 的数列 $\{a_n\}$, 有

$$\lim_{n\to\infty}f(a_n)=a.$$

证 必要性. 设 $\lim\limits_{x\to x_0} f(x)=a$. 对于任意 $\varepsilon>0$, 存在 $\delta>0$, 使得当 $0<|x-x_0|<\delta$ 时, 有

$$|f(x)-a|<\varepsilon.$$

由于 $a_n\to x_0\ (n\to\infty)$, $a_n\neq x_0$, 对于上面的 $\delta>0$, 存在 $N\in\mathbb{N}_+$, 使得当 $n>N$ 时, 有

$$0<|a_n-x_0|<\delta.$$

综上, 对于任意 $\varepsilon>0$, 存在 $N\in\mathbb{N}_+$, 使得当 $n>N$ 时, $0<|a_n-x_0|<\delta$, 从而

$$|f(a_n)-a|<\varepsilon.$$

故 $\lim\limits_{n\to\infty} f(a_n)=a$.

充分性. 用反证法. 假设 $\lim\limits_{x\to x_0} f(x)\neq a$, 则存在 $\varepsilon_0>0$, 对任意 $n\in\mathbb{N}_+$, 存在 a_n, 虽然有 $0<|a_n-x_0|<\dfrac{1}{n}$, 但是

$$|f(a_n)-a|\geqslant\varepsilon_0.$$

由此得到数列 $\{a_n\}$ 满足 $a_n\neq x_0$ 和 $a_n\to x_0\ (n\to\infty)$, 但是 $\lim\limits_{n\to\infty} f(a_n)\neq a$. 矛盾.

Heine 定理是沟通函数极限和数列极限之间的桥梁. 特别地, Heine 定理的必要性条件可以用来判断函数极限不存在.

推论 3 若在 x_0 的某个去心邻域中有一个收敛于 x_0 的数列 $\{a_n\}(a_n\neq x_0)$, 使 $\{f(a_n)\}$ 不收敛; 或有两个都收敛于 x_0 的数列 $\{a_n'\}(a_n'\neq x_0)$, $\{a_n''\}(a_n''\neq x_0)$, 使 $\{f(a_n')\},\{f(a_n'')\}$ 都收敛, 但极限不相等, 则函数 $f(x)$ 当 x 趋向于 x_0 时的极限不存在.

例 13 证明函数 $\sin\dfrac{1}{x}$ 当 x 趋向于 0 时的极限不存在.

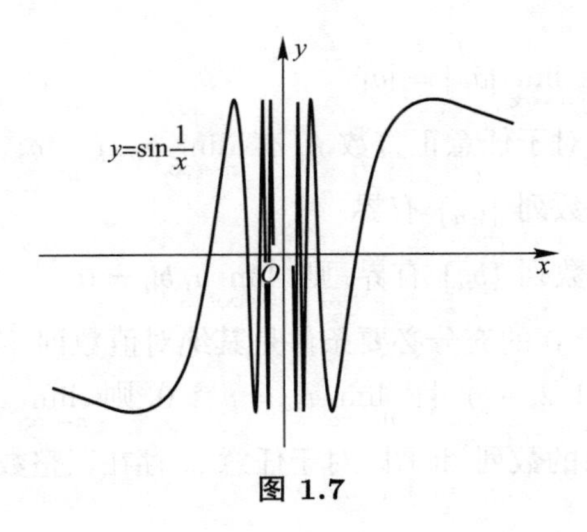

图 1.7

证 取

$$a_n'=\frac{1}{n\pi},\quad a_n''=\frac{1}{2n\pi+\dfrac{\pi}{2}}\quad (n=1,2,\cdots),$$

则 a_n', a_n'' 都不等于 0 且当 n 趋于无穷大时收敛于 0, 但

$$\lim_{n\to\infty}\sin\frac{1}{a_n'}=0,\quad \lim_{n\to\infty}\sin\frac{1}{a_n''}=1,$$

因此由推论 3 知 $\sin\frac{1}{x}$ 当 x 趋向于 0 时的极限不存在.

从函数 $y=\sin\frac{1}{x}$ 的图形 (如图 1.7) 可以看到, 当 x 无限趋向于 0 时, 函数值在 -1 与 1 之间无限次振荡.

习 题 1.2

1. 回答下列问题, 并说明理由:

(1) 若对于任意 $\varepsilon\in(0,1)$, 存在正整数 N, 当 $n>N$ 时, 有 $|x_n-a|<\varepsilon$. 是否有 $\lim\limits_{n\to\infty}x_n=a$?

(2) 若对于任意 ε, 存在正整数 N, 当 $n>N$ 时, 有 $|x_n-a|<\sqrt{\varepsilon}$ $\left(\text{或 } 2\varepsilon, \text{ 或 } \frac{\varepsilon}{3}\right)$, 是否有 $\lim\limits_{n\to\infty}x_n=a$?

(3) 对任意正整数 k, 总存在正整数 N_k, 当 $n>N_k$ 时, 有 $|x_n-a|<\frac{1}{k}$, 是否有 $\lim\limits_{n\to\infty}x_n=a$?

(4) 对任意 $\varepsilon>0$, 总存在无穷多个 x_n, 使得 $|x_n-a|<\varepsilon$, 是否有 $\lim\limits_{n\to\infty}x_n=a$?

(5) 对任意正整数 k, 只存在有限多个 x_n 位于区间 $\left(a-\frac{1}{k},a+\frac{1}{k}\right)$ 之外, 是否有 $\lim\limits_{n\to\infty}x_n=a$?

2. 用定义证明下列极限:

(1) $\lim\limits_{n\to\infty}\frac{4n}{3n+1}=\frac{4}{3}$; (2) $\lim\limits_{n\to\infty}\frac{\sin 2n}{n}=0$;

(3) $\lim\limits_{n\to\infty}\frac{6n}{7-12n}=-\frac{1}{2}$; (4) $\lim\limits_{n\to\infty}0.\underbrace{99\cdots9}_{n\text{ 个}}=1$.

3. 证明:

(1) 如果 $\lim\limits_{n\to\infty}a_n=a$, 则 $\lim\limits_{n\to\infty}|a_n|=|a|$;

(2) 如果 $\lim\limits_{n\to\infty}a_n=a$, 则对于任意正整数 k, 有 $\lim\limits_{n\to\infty}a_{n+k}=a$;

(3) 如果 $\lim\limits_{n\to\infty}a_n=a$, 则数列 $\{a_n\}$ 有界;

(4) 如果 $\lim\limits_{n\to\infty}a_n=0$, 且数列 $\{b_n\}$ 有界, 则 $\lim\limits_{n\to\infty}a_nb_n=0$.

4. 证明数列 $\{a_n\}$ 收敛于 0 的充分必要条件是其绝对值数列 $\{|a_n|\}$ 收敛于 0.

5. 证明: 若 $x_n>0\,(n=1,2,\cdots)$, 且 $\lim\limits_{n\to\infty}x_n=a\geqslant0$, 则 $\lim\limits_{n\to\infty}\sqrt{x_n}=\sqrt{a}$.

6. 如果 $\{a_n\}$ 是一个收敛的数列, 证明: 对于任意 ε, 存在正整数 N, 使得对于任意的 $m>N$ 和 $n>N$, 有

$$|a_n-a_m|<\varepsilon.$$

7. 证明 $\lim\limits_{n\to\infty}x_n=a$ 的充分必要条件是 $\lim\limits_{n\to\infty}x_{2n-1}=\lim\limits_{n\to\infty}x_{2n}=a$.

8. 设 $a>1$, 利用关系式

$$(1+h)^n=1+nh+\frac{n(n-1)}{2!}h^2+\cdots+h^n,$$

证明: (1) $\lim\limits_{n\to\infty}\dfrac{n}{a^n}=0$;　　(2) $\lim\limits_{n\to\infty}\dfrac{n^2}{a^n}=0$.

9. 下面哪些命题与函数极限的定义等价?

(1) 对于某些 $\varepsilon>0$ 和任意 $\delta>0$, 使得当 $0<|x-x_0|<\delta$ 时, 有 $|f(x)-a|<\varepsilon$.

(2) 对任意 $\delta>0$, 存在 $\varepsilon>0$, 使得当 $0<|x-x_0|<\varepsilon$ 时, 有 $|f(x)-a|<\delta$.

(3) 对任意正整数 N, 存在正整数 M, 使得当 $0<|x-x_0|<\dfrac{1}{M}$ 时, 有 $|f(x)-a|<\dfrac{1}{N}$.

(4) 对任意 $\varepsilon>0$, 存在 $\delta>0$, 使得当 $0<|x-x_0|<\delta$ 时, 对某些 x 有 $|f(x)-a|<\varepsilon$.

10. 用定义证明下列极限:

(1) $\lim\limits_{x\to 2}(3x-1)=5$;　　(2) $\lim\limits_{x\to 0}\sin x=0$;

(3) $\lim\limits_{x\to 0}\cos x=1$;　　(4) $\lim\limits_{x\to 0}x\sin\dfrac{1}{x}=0$;

(5) $\lim\limits_{x\to 3}\dfrac{x^2-9}{x-3}=6$;　　(6) $\lim\limits_{x\to 3}\dfrac{9}{x}=3$;

(7) $\lim\limits_{x\to 0^-}2^{\frac{1}{x}}=0$;　　(8) $\lim\limits_{x\to 2^+}\sqrt{x-2}=0$.

11. 证明 $\lim\limits_{x\to x_0}f(x)=0$ 的充分必要条件是 $\lim\limits_{x\to x_0}|f(x)|=0$.

12. 设

$$f(x)=\begin{cases}-ax, & x<2,\\ x^2, & x\geqslant 2.\end{cases}$$

(1) 求 $f(2+0), f(2-0)$;

(2) 当 a 为何值时, $\lim\limits_{x\to 2}f(x)$ 存在?

13. 求下列函数在指定点处的单侧极限, 并作出函数的图形:

(1) $f(x)=\dfrac{|x|}{2x}$, 在 $x=0$ 处;

(2) $f(x)=[x]$, 在 $x=n$ (n 为整数) 处;

(3) $f(x)=x-[x]$, 在 $x=n$ (n 为整数) 处.

14. 证明 $\lim\limits_{x\to\infty}f(x)=a$ 的充分必要条件是

$$\lim_{x\to+\infty}f(x)=\lim_{x\to-\infty}f(x)=a.$$

15. 用定义证明下列极限:

(1) $\lim\limits_{x\to+\infty}\dfrac{\sqrt{x^2+1}}{x}=1$;　　(2) $\lim\limits_{x\to-\infty}\dfrac{\sqrt{x^2+1}}{x}=-1$;

(3) $\lim\limits_{x\to+\infty}\dfrac{1}{a^x}=0\ (a>1)$;　　(4) $\lim\limits_{x\to\infty}\dfrac{x^2-1}{x^2+1}=1$.

16. 用极限定义证明: 若 $\lim\limits_{x\to x_0}f(x)=a>0$, 则存在 $\delta>0$, 使得当 $0<|x-x_0|<\delta$ 时, $f(x)>0$.

17. 证明:

(1) 若 $\lim\limits_{n\to\infty}x_n=a$, $\lim\limits_{n\to\infty}y_n=b$, 且 $x_n\leqslant y_n$, 则 $a\leqslant b$.

(2) 若 $\lim\limits_{n\to\infty}x_n=a$, 且 $a<b$ (或 $a>b$), 则存在正整数 N, 使得当 $n>N$ 时, 有 $x_n<b$ (或

$x_n > b$).

18. 用定义证明: 若 $\lim\limits_{x\to x_0} f(x) = a \neq 0$, 则 $\lim\limits_{x\to x_0} \dfrac{1}{f(x)} = \dfrac{1}{a}$.

19. 证明: 当 $x \to +\infty$ 时, 函数 $y = \cos x$ 不存在极限.

§1.3 极限的运算

1.3.1 极限的运算法则

函数极限与数列极限有相同的四则运算法则, 且证明方法也类似, 我们以函数极限 $\lim\limits_{x\to x_0} f(x)$ 为例来说明, 这些运算法则也适用于其他情形.

定理 1 (函数极限的四则运算法则) 设 $\lim\limits_{x\to x_0} f(x) = a$, $\lim\limits_{x\to x_0} g(x) = b$, 则

(1) $\lim\limits_{x\to x_0} [\alpha f(x) \pm \beta g(x)] = \alpha a \pm \beta b$, 其中 α, β 是常数;

(2) $\lim\limits_{x\to x_0} [f(x)g(x)] = ab$;

(3) $\lim\limits_{x\to x_0} \dfrac{f(x)}{g(x)} = \dfrac{a}{b} \quad (b \neq 0)$.

证 只证明 (3), (1) 和 (2) 的证明留给读者.

设 $b \neq 0$, 由于 $\lim\limits_{x\to x_0} g(x) = b$, 取 $\varepsilon = \dfrac{|b|}{2} > 0$, 存在 $\delta_1 > 0$, 使得当 $0 < |x - x_0| < \delta_1$ 时, 有

$$|g(x) - b| < \frac{|b|}{2},$$

于是

$$|g(x)| = |g(x) - b + b| \geqslant |b| - |g(x) - b| > \frac{|b|}{2}.$$

对于 $\varepsilon > 0$, 存在 $\delta_2 > 0$, 使得当 $0 < |x - x_0| < \delta_2$ 时, 有

$$|g(x) - b| < \varepsilon,$$

又由于 $\lim\limits_{x\to x_0} f(x) = a$, 存在 $\delta_3 > 0$, 使得当 $0 < |x - x_0| < \delta_3$ 时, 有

$$|f(x) - a| < \varepsilon.$$

取 $\delta = \min\{\delta_1, \delta_2, \delta_3\}$, 则当 $0 < |x - x_0| < \delta$ 时, 有

$$\left|\frac{f(x)}{g(x)} - \frac{a}{b}\right| = \frac{|bf(x) - ag(x)|}{|b||g(x)|} \leqslant \frac{2}{|b|^2}\Big[|b||f(x) - a| + |a||g(x) - b|\Big] < \frac{2}{|b|^2}[|b| + |a|]\varepsilon.$$

由于 $\dfrac{2}{|b|^2}[|b| + |a|]\varepsilon$ 仍是任意小的正数, 因此结论成立.

由函数极限的四则运算法则可以得到多项式函数和有理式函数当 $x \to x_0$ 的极限.

多项式函数的极限 如果 $P(x) = a_n x^n + a_{n-1}x^{n-1} + \cdots + a_0\ (a_n \neq 0)$, 则由 §1.2 例 6 和极限的乘法法则可得

$$\lim_{x \to x_0} P(x) = P(x_0) = a_n x_0^n + a_{n-1} x_0^{n-1} + \cdots + a_0,$$

即多项式 $P_n(x)$ 在 x_0 处的极限就等于 $P_n(x)$ 在 x_0 处的函数值 $P_n(x_0)$.

分母不为零的有理式函数的极限 如果 $P(x)$ 和 $Q(x)$ 都是多项式函数, 且 $Q(x_0) \neq 0$, 则

$$\lim_{x \to x_0} \frac{P(x)}{Q(x)} = \frac{P(x_0)}{Q(x_0)}.$$

例 1 求 $\displaystyle\lim_{x \to -3} \frac{x^2 - x - 12}{x^2 + 7x + 12}$.

解

$$\lim_{x \to -3} \frac{x^2 - x - 12}{x^2 + 7x + 12} = \lim_{x \to -3} \frac{(x+3)(x-4)}{(x+3)(x+4)} = -7.$$

在本例中, 当 $x \to -3$ 时, 分式中的分子、分母趋于零, 此时不能直接用商的运算法则, 在因式分解后消去零因子再取极限.

例 2 求下列极限:

(1) $\displaystyle\lim_{x \to +\infty} \frac{x-1}{4x^2+1}$; (2) $\displaystyle\lim_{x \to +\infty} \frac{3x^2+1}{2x^2+x+1}$.

解 (1)

$$\lim_{x \to +\infty} \frac{x-1}{4x^2+1} = \lim_{x \to +\infty} \frac{\dfrac{1}{x} - \dfrac{1}{x^2}}{4 + \dfrac{1}{x^2}} = \frac{\lim\limits_{x \to +\infty}\left(\dfrac{1}{x} - \dfrac{1}{x^2}\right)}{\lim\limits_{x \to +\infty}\left(4 + \dfrac{1}{x^2}\right)} = \frac{0}{4} = 0.$$

(2)

$$\lim_{x \to +\infty} \frac{3x^2+1}{2x^2+x+1} = \lim_{x \to +\infty} \frac{3 + \dfrac{1}{x^2}}{2 + \dfrac{1}{x} + \dfrac{1}{x^2}} = \frac{\lim\limits_{x \to +\infty}\left(3 + \dfrac{1}{x^2}\right)}{\lim\limits_{x \to +\infty}\left(2 + \dfrac{1}{x} + \dfrac{1}{x^2}\right)} = \frac{3}{2}.$$

一般地, 当 $n \leqslant m,\ a_n, b_m \neq 0$ 时, 有

$$\lim_{x \to +\infty} \frac{a_n x^n + a_{n-1}x^{n-1} + \cdots + a_0}{b_m x^m + b_{m-1}x^{m-1} + \cdots + b_0} = \begin{cases} \dfrac{a_n}{b_m}, & n = m, \\ 0, & n < m. \end{cases}$$

定理 2 (复合函数求极限定理) 设 $y = (f \circ g)(x) = f[g(x)]$ 由 $y = f(u), u = g(x)$ 复合而成, $f \circ g$ 在 x_0 的某个去心邻域内有定义. 若

$$\lim_{x \to x_0} g(x) = u_0, \quad \lim_{u \to u_0} f(u) = a,$$

且当 $x \neq x_0$ 时, $g(x) \neq u_0$, 则

$$\lim_{x \to x_0} (f \circ g)(x) = a = \lim_{u \to u_0} f(u).$$

证 对于任意给定的 $\varepsilon>0$, 由于 $\lim\limits_{u\to u_0}f(u)=a$, 所以存在 $\eta>0$, 使得当 $0<|u-u_0|<\eta$ 时, 有

$$|f(u)-a|<\varepsilon.$$

即当 $0<|g(x)-u_0|<\eta$ 时, 有

$$|f[g(x)]-a|<\varepsilon.$$

对上面这个 $\eta>0$, 由于 $\lim\limits_{x\to x_0}g(x)=u_0$, 所以存在 $\delta>0$, 当 $0<|x-x_0|<\delta$ 时, 有

$$|g(x)-u_0|<\eta.$$

且当 $x\neq x_0$ 时, $g(x)\neq u_0$, 由此得出

$$0<|g(x)-u_0|<\eta.$$

从而, 当 $0<|x-x_0|<\delta$ 时, 有

$$|(f\circ g)(x)-a|=|f[g(x)]-a|<\varepsilon,$$

即

$$\lim_{x\to x_0}(f\circ g)(x)=a.$$

注意定理中的条件 "当 $x\neq x_0$ 时, $g(x)\neq u_0$" 是必不可少的. 例如设

$$y=f(u)=\begin{cases}2, & u\neq 0,\\ 1, & u=0,\end{cases}$$

$u=g(x)=0$, 则 $y=f[g(x)]=1$, 且 $\lim\limits_{x\to 0}g(x)=0$, $\lim\limits_{u\to 0}f(u)=2$, 显然 $\lim\limits_{x\to 0}f[g(x)]\neq\lim\limits_{u\to 0}f(u)$.

例 3 求 $\lim\limits_{x\to 0}\dfrac{\sqrt[3]{1+x}-1}{x}$.

解 令 $t=\sqrt[3]{1+x}$, 则当 $x\to 0$ 时, $t\to 1$, 且当 $x\neq 0$ 时, $t\neq 1$. 于是,

$$\lim_{x\to 0}\frac{\sqrt[3]{1+x}-1}{x}=\lim_{t\to 1}\frac{t-1}{t^3-1}=\lim_{t\to 1}\frac{1}{t^2+t+1}=\frac{1}{3}.$$

例 4 证明 $\lim\limits_{x\to x_0}a^x=a^{x_0}\quad(a>0,a\neq 1)$.

证 已经由定义证得: 当 $a>1$ 时, 有 $\lim\limits_{x\to 0}a^x=1$.

当 $a<1$ 时, 则 $\dfrac{1}{a}>1$, 由极限的除法运算法则可得

$$\lim_{x\to 0}a^x=\lim_{x\to 0}\frac{1}{\left(\dfrac{1}{a}\right)^x}=1.$$

下面证明 $\lim\limits_{x\to x_0}a^x=a^{x_0}\quad(a>0,a\neq 1)$.

令 $t=x-x_0$, 则

$$\lim_{x\to x_0}a^x=\lim_{x\to x_0}(a^{x_0}a^{x-x_0})=a^{x_0}\lim_{x\to x_0}a^{x-x_0}=a^{x_0}\lim_{t\to 0}a^t=a^{x_0}.$$

1.3.2 极限准则

定理 3 (夹逼定理) 假设在 x_0 的某个去心邻域中, 有

$$g(x) \leqslant f(x) \leqslant h(x),$$

且 $\lim\limits_{x\to x_0} g(x) = \lim\limits_{x\to x_0} h(x) = a$, 则 $\lim\limits_{x\to x_0} f(x) = a$.

证 对于任意给定的 $\varepsilon > 0$, 由 $\lim\limits_{x\to x_0} g(x) = \lim\limits_{x\to x_0} h(x) = a$, 可知存在 δ_1, 使得当 $0 < |x-x_0| < \delta_1$ 时, 有

$$a-\varepsilon < g(x) < a+\varepsilon,$$

存在 δ_2, 使得当 $0 < |x-x_0| < \delta_2$ 时, 有

$$a-\varepsilon < h(x) < a+\varepsilon,$$

取 δ_3, 使得当 $0 < |x-x_0| < \delta_3$ 时, 有

$$g(x) \leqslant f(x) \leqslant h(x),$$

令 $\delta = \min\{\delta_1, \delta_2, \delta_3\}$, 则当 $0 < |x-x_0| < \delta$ 时, 有

$$a-\varepsilon < g(x) \leqslant f(x) \leqslant h(x) < a+\varepsilon,$$

即 $\lim\limits_{x\to x_0} f(x) = a$.

例 5 若 $1-\dfrac{x^2}{2} \leqslant f(x) \leqslant 1+\dfrac{x^3}{3}\ (x \neq 0)$, 求 $\lim\limits_{x\to 0} f(x)$.

解 因为

$$\lim_{x\to 0}\left(1-\frac{x^2}{2}\right) = 1, \quad \lim_{x\to 0}\left(1+\frac{x^3}{3}\right) = 1.$$

所以由夹逼定理得

$$\lim_{x\to 0} f(x) = 1.$$

例 6 证明: 如果 $\lim\limits_{x\to x_0} |f(x)| = 0$, 则 $\lim\limits_{x\to x_0} f(x) = 0$.

证 因为 $-|f(x)| \leqslant f(x) \leqslant |f(x)|$, 且 $\lim\limits_{x\to x_0} |f(x)| = 0$, 故由夹逼定理可得 $\lim\limits_{x\to x_0} f(x) = 0$.

对于数列极限也有类似的夹逼定理.

定理 4 (夹逼定理) 如果存在 $N \in \mathbb{N}_+$, 使得当 $n > N$ 时, 有 $y_n \leqslant a_n \leqslant z_n$, 且 $\lim\limits_{n\to\infty} y_n = \lim\limits_{n\to\infty} z_n = a$, 则 $\lim\limits_{n\to\infty} a_n = a$.

例 7 求 $\lim\limits_{n\to\infty} (\sqrt{n+5}-\sqrt{n+2})$.

解 因为

$$0 \leqslant (\sqrt{n+5}-\sqrt{n+2}) = \frac{3}{\sqrt{n+5}+\sqrt{n+2}} < \frac{3}{\sqrt{n+2}} < \frac{3}{\sqrt{n}}.$$

且

$$\lim_{n\to\infty} 0 = 0, \quad \lim_{n\to\infty} \frac{3}{\sqrt{n}} = 0,$$

所以由夹逼定理得

$$\lim_{n\to\infty} (\sqrt{n+5}-\sqrt{n+2}) = 0.$$

例 8 求 $\lim\limits_{n\to\infty} \sqrt[n]{3^n+4^n}$.

解 因为

$$4 = \sqrt[n]{4^n} \leqslant \sqrt[n]{3^n+4^n} \leqslant \sqrt[n]{2\cdot 4^n} = 4\sqrt[n]{2},$$

且 $\lim\limits_{n\to\infty} 4\sqrt[n]{2} = 4$, 由夹逼定理得

$$\lim_{n\to\infty} \sqrt[n]{3^n+4^n} = 4.$$

一般地, 可以证明: 对任意 k 个正数 $a_1, a_2, \cdots, a_k$, 有

$$\lim_{n\to\infty} \sqrt[n]{a_1^n+a_2^n+\cdots+a_k^n} = \max\{a_1, a_2, \cdots, a_k\}.$$

例 9 证明 $\lim\limits_{n\to\infty} \sqrt[n]{n} = 1$.

证 令 $h_n = \sqrt[n]{n}-1$, 则 $h_n \geqslant 0 (n=1,2,\cdots)$, 于是由二项式定理得

$$n = (1+h_n)^n = 1 + nh_n + \frac{n(n-1)}{2!}h_n^2 + \cdots + h_n^n > \frac{n(n-1)}{2!}h_n^2.$$

当 $n>2$ 时, 有

$$0 \leqslant h_n < \sqrt{\frac{2}{n-1}} < \frac{2}{\sqrt{n}},$$

从而

$$1 \leqslant \sqrt[n]{n} < 1 + \frac{2}{\sqrt{n}}.$$

而 $\lim\limits_{n\to\infty} \frac{2}{\sqrt{n}} = 0$, 因此由夹逼定理可得 $\lim\limits_{n\to\infty} \sqrt[n]{n} = 1$.

定义 1 若数列 $\{a_n\}$ 满足

$$a_n \leqslant a_{n+1}, \quad n = 1, 2, \cdots,$$

则称 $\{a_n\}$ 为**单调不减数列**; 若 $\{a_n\}$ 满足

$$a_n \geqslant a_{n+1}, \quad n = 1, 2, \cdots,$$

则称 $\{a_n\}$ 为**单调不增数列**.

定义 2 若存在 M, 使得对于所有 n, 有 $a_n \leqslant M$, 则称数列 $\{a_n\}$ 有**上界**, M 是 $\{a_n\}$ 的**上界**. 若 M 是 $\{a_n\}$ 的上界, 并且没有比 M 更小的数是 $\{a_n\}$ 的上界, 则称 M 是 $\{a_n\}$ 的**上确界**. 若存在 N, 使得对于所有 n, 有 $a_n \geqslant N$, 则称数列 $\{a_n\}$ 有**下界**, N 是 $\{a_n\}$ 的**下界**. 若 N 是 $\{a_n\}$ 的下界, 并且没有比 N 更大的数是 $\{a_n\}$ 的下界, 则称 N 是 $\{a_n\}$ 的**下确界**.

不加证明地给出实数的确界原理: 若一个实数集合有上界, 则一定有上确界; 若一个实数集合有下界, 则一定有下确界.

如果一个单调不减的数列有上确界 a, 则数列收敛于 a. 这是因为

(i) 对于所有 n 有, $a_n \leqslant a$;

(ii) 对于任意 $\varepsilon > 0$, 存在正整数 N, 使得 $a_N > a - \varepsilon$.

而 $\{a_n\}$ 单调不减, 故对 $n \geqslant N$, 有

$$a_n \geqslant a_N > a - \varepsilon.$$

从而说明 $\{a_n\}$ 收敛于 a.

对于单调不增的数列也有类似的原理. 总之, 可得如下单调有界原理:

定理 5 (单调有界原理) 单调有界数列必收敛, 即

(1) 若 $\{a_n\}$ 单调不减且有上界, 则 $\lim\limits_{n\to\infty} a_n$ 必存在, 且极限值为 $\{a_n\}$ 的上确界;

(2) 若 $\{a_n\}$ 单调不增且有下界, 则 $\lim\limits_{n\to\infty} a_n$ 必存在, 且极限值为 $\{a_n\}$ 的下确界.

例 10 设 $a_1 = \sqrt{2}, a_{n+1} = \sqrt{2 + a_n}, n = 2, 3, \cdots$. 证明 $\lim\limits_{n\to\infty} a_n$ 存在, 并求其极限.

证 现用数学归纳法证明数列单调增加且有上界. 首先,

$$a_1 = \sqrt{2} < 2 \quad 且 \quad a_2 = \sqrt{2 + \sqrt{2}} > a_1,$$

其次假设

$$a_k < 2 \quad 且 \quad a_{k+1} > a_k,$$

则有

$$a_{k+1} = \sqrt{2 + a_k} < \sqrt{2 + 2} = 2,\ a_{k+2} = \sqrt{2 + a_{k+1}} > \sqrt{2 + a_k} = a_{k+1}.$$

从而 $\{a_n\}$ 单调增加且 $a_n < 2$. 由单调有界原理, 数列 $\{a_n\}$ 收敛. 设极限为 a, 对 $a_{n+1} = \sqrt{2 + a_n}$ 两边取极限可得

$$a^2 = 2 + a,$$

因此 $a = 2$ 或 -1. 由于 $a_n > 0$, 由极限的保号性知 $a \geqslant 0$. 从而可得 $\lim\limits_{n\to\infty} a_n = 2$.

例 11 证明 $\left\{\left(1 + \dfrac{1}{n}\right)^n\right\}$ 收敛.

证 令 $x_n = \left(1 + \dfrac{1}{n}\right)^n$, 由二项式定理展开 x_n 和 x_{n+1}, 有

$$\begin{aligned} x_n &= \left(1 + \frac{1}{n}\right)^n \\ &= 1 + n\frac{1}{n} + \frac{n(n-1)}{2!}\left(\frac{1}{n}\right)^2 + \cdots + \frac{n(n-1)\cdots 3 \cdot 2 \cdot 1}{n!}\left(\frac{1}{n}\right)^n \end{aligned}$$

$$=1+\frac{1}{1!}+\frac{1}{2!}\left(1-\frac{1}{n}\right)+\cdots+\frac{1}{n!}\left(1-\frac{1}{n}\right)\left(1-\frac{2}{n}\right)\cdots\left(1-\frac{n-1}{n}\right),$$

$$\begin{aligned}x_{n+1}&=\left(1+\frac{1}{n+1}\right)^{n+1}\\&=1+1+\frac{1}{2!}\left(1-\frac{1}{n+1}\right)+\cdots+\frac{1}{n!}\left(1-\frac{1}{n+1}\right)\left(1-\frac{2}{n+1}\right)\cdots\left(1-\frac{n-1}{n+1}\right)+\\&\quad\frac{1}{(n+1)!}\left(1-\frac{1}{n+1}\right)\left(1-\frac{2}{n+1}\right)\cdots\left(1-\frac{n}{n+1}\right).\end{aligned}$$

比较上面两个展开式, 容易看出数列 $\{x_n\}$ 单调增加.

下面证明数列 $\{x_n\}$ 有界.

$$\begin{aligned}x_n&\leqslant 1+1+\frac{1}{2!}+\cdots+\frac{1}{n!}\\&\leqslant 1+1+\frac{1}{1\cdot 2}+\frac{1}{2\cdot 3}+\cdots+\frac{1}{n(n-1)}\\&=1+1+\left(1-\frac{1}{2}\right)+\left(\frac{1}{2}-\frac{1}{3}\right)+\cdots+\left(\frac{1}{n-1}-\frac{1}{n}\right)<3-\frac{1}{n}<3,\end{aligned}$$

由单调有界原理知数列 $\{x_n\}$ 收敛, 其极限记为 e, 即

$$\lim_{n\to\infty}\left(1+\frac{1}{n}\right)^n=\mathrm{e}.$$

1.3.3 两个重要极限

现在讨论在微积分学中起着重要作用的两个极限.

例 12 (重要极限一) 证明 $\lim\limits_{x\to 0}\dfrac{\sin x}{x}=1$.

证 作单位圆在 A 点的切线 AC (如图 1.8), 设圆心角 $\angle AOB=x\left(0<x<\dfrac{\pi}{2}\right)$. 因为

$$\triangle AOB \text{ 的面积} < \text{扇形} AOB \text{的面积} < \triangle AOC \text{ 的面积},$$

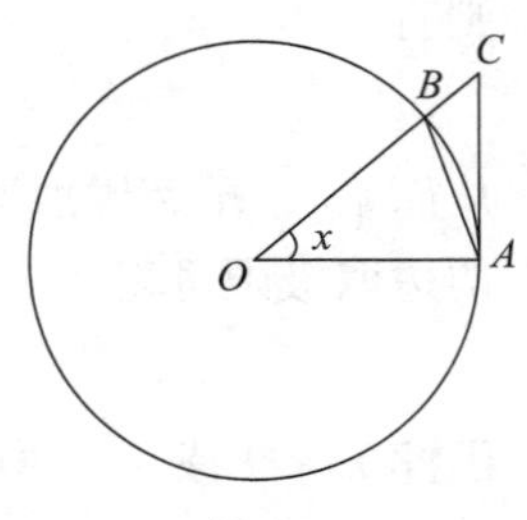

图 1.8

即当 $0<x<\dfrac{\pi}{2}$ 时,

$$\frac{1}{2}\sin x<\frac{1}{2}x<\frac{1}{2}\tan x,$$

则

$$1<\frac{x}{\sin x}<\frac{1}{\cos x},$$

即得

$$\cos x<\frac{\sin x}{x}<1,$$

又因为 $\cos x$, $\dfrac{\sin x}{x}$ 都是偶函数, 所以当 $-\dfrac{\pi}{2}<x<0$ 时不等式也成立. 总而言之,

$$\cos x<\frac{\sin x}{x}<1,\qquad 0<|x|<\frac{\pi}{2}.$$

从而

$$0<1-\frac{\sin x}{x}<1-\cos x=2\sin^2\frac{x}{2}<2\left(\frac{x}{2}\right)^2=\frac{x^2}{2},\quad 0<|x|<\frac{\pi}{2}.$$

由于 $\lim\limits_{x\to 0}\dfrac{x^2}{2}=0$, 由夹逼定理可得 $\lim\limits_{x\to 0}\left(1-\dfrac{\sin x}{x}\right)=0$, 即 $\lim\limits_{x\to 0}\dfrac{\sin x}{x}=1$.

在上面的证明中还可以看到, 下面两个不等式也成立:

$$|\sin x|<|x|,\quad 0<1-\cos x<\frac{x^2}{2},\quad 0<|x|<\frac{\pi}{2}.$$

因此还可以得到下面两个极限:

$$\lim_{x\to 0}\sin x=0,\qquad \lim_{x\to 0}\cos x=1.$$

例 13 求 $\lim\limits_{x\to 0}\dfrac{\tan x}{x}$.

解

$$\lim_{x\to 0}\frac{\tan x}{x}=\lim_{x\to 0}\left(\frac{\sin x}{x}\cdot\frac{1}{\cos x}\right)=\lim_{x\to 0}\frac{\sin x}{x}\cdot\lim_{x\to 0}\frac{1}{\cos x}=1.$$

例 14 求 $\lim\limits_{x\to 0}\dfrac{1-\cos x}{x^2}$.

解

$$\lim_{x\to 0}\frac{1-\cos x}{x^2}=\lim_{x\to 0}\frac{2\sin^2\frac{x}{2}}{x^2}=\lim_{x\to 0}\frac{1}{2}\left(\frac{\sin\frac{x}{2}}{\frac{x}{2}}\right)^2=\frac{1}{2}.$$

例 15 (重要极限二) 证明 $\lim\limits_{x\to\infty}\left(1+\dfrac{1}{x}\right)^x=\mathrm{e}$.

证 先证 $\lim\limits_{x\to+\infty}\left(1+\dfrac{1}{x}\right)^x=\mathrm{e}$. 首先, 对于任意 $x\geqslant 1$, 有

$$\left(1+\frac{1}{[x]+1}\right)^{[x]}<\left(1+\frac{1}{x}\right)^x<\left(1+\frac{1}{[x]}\right)^{[x]+1},$$

其中 $[x]$ 表示 x 的整数部分, 记 $n=[x]$. 当 $x\to+\infty$ 时, $n\to\infty$, 上述不等式左、右两侧表现为两个数列极限 $\left(由 \lim\limits_{n\to\infty}\left(1+\dfrac{1}{n}\right)^n=\mathrm{e} 易得\right)$:

$$\lim_{n\to\infty}\left(1+\frac{1}{n+1}\right)^n=\mathrm{e}\quad 与\quad \lim_{n\to\infty}\left(1+\frac{1}{n}\right)^{n+1}=\mathrm{e}.$$

利用夹逼定理, 得到

$$\lim_{x\to+\infty}\left(1+\frac{1}{x}\right)^x=\mathrm{e}.$$

再证 $\lim\limits_{x\to-\infty}\left(1+\dfrac{1}{x}\right)^x=\mathrm{e}$. 为此令 $y=-x$, 于是当 $x\to-\infty$ 时, $y\to+\infty$, 从而

$$\begin{aligned}\lim_{x\to-\infty}\left(1+\frac{1}{x}\right)^x&=\lim_{y\to+\infty}\left(1-\frac{1}{y}\right)^{-y}\\&=\lim_{y\to+\infty}\left[\left(1+\frac{1}{y-1}\right)^{y-1}\cdot\left(1+\frac{1}{y-1}\right)\right]=\mathrm{e}.\end{aligned}$$

将 $\lim\limits_{x\to+\infty}\left(1+\dfrac{1}{x}\right)^x=\mathrm{e}$ 与 $\lim\limits_{x\to-\infty}\left(1+\dfrac{1}{x}\right)^x=\mathrm{e}$ 结合起来, 就得到

$$\lim_{x\to\infty}\left(1+\frac{1}{x}\right)^x=\mathrm{e}.$$

例 16 试证 (1) $\lim\limits_{x\to0}(1+x)^{\frac{1}{x}}=\mathrm{e}$; (2) $\lim\limits_{x\to\infty}\left(1-\dfrac{1}{x}\right)^x=\mathrm{e}^{-1}$.

证 (1) 令 $t=\dfrac{1}{x}$, 则当 $x\to0$ 时, $t\to\infty$,

$$\lim_{x\to0}(1+x)^{\frac{1}{x}}=\lim_{t\to\infty}\left(1+\frac{1}{t}\right)^t=\mathrm{e}.$$

(2) 令 $t=-x$, 则当 $x\to\infty$ 时, $t\to\infty$,

$$\lim_{x\to\infty}\left(1-\frac{1}{x}\right)^x=\lim_{t\to\infty}\left(1+\frac{1}{t}\right)^{-t}=\lim_{t\to\infty}\frac{1}{\left(1+\dfrac{1}{t}\right)^t}=\mathrm{e}^{-1}.$$

例 17 求 $\lim\limits_{x\to0}(1+3x^2)^{\frac{1}{x^2}}$.

解

$$\lim_{x\to0}(1+3x^2)^{\frac{1}{x^2}}=\lim_{x\to0}\left[(1+3x^2)^{\frac{1}{3x^2}}\right]^3=\mathrm{e}^3.$$

例 18 求 $\lim\limits_{x\to\infty}\left(\dfrac{x}{x+1}\right)^x$.

解

$$\lim_{x\to\infty}\left(\frac{x}{x+1}\right)^x=\lim_{x\to\infty}\frac{1}{\left(1+\dfrac{1}{x}\right)^x}=\frac{1}{\lim\limits_{x\to\infty}\left(1+\dfrac{1}{x}\right)^x}=\frac{1}{\mathrm{e}}.$$

习 题 1.3

1. 求下列极限:

(1) $\lim\limits_{x\to1}\dfrac{1+x-x^2}{1+x^2}$;　　(2) $\lim\limits_{x\to1}\dfrac{x^2-2x+1}{x^3-x}$;

(3) $\lim\limits_{x\to\infty}\dfrac{2-3x-4x^2}{5+7x+7x^2}$;　　(4) $\lim\limits_{x\to+\infty}\dfrac{\sqrt{x^2-x+1}}{3x+1}$;

(5) $\lim\limits_{x\to+\infty}\sqrt{x^2+x}-x$;　　(6) $\lim\limits_{x\to0}\dfrac{\sqrt{1+x}-\sqrt{1-x}}{x}$;

(7) $\lim\limits_{x\to1}\dfrac{x+x^2+\cdots+x^n-n}{x-1}$;　　(8) $\lim\limits_{x\to0}\dfrac{(1+mx)^n-(1+nx)^m}{x^2}(m,n\in\mathbb{N}_+)$.

2. 求下列极限:

(1) $\lim\limits_{n\to\infty}\dfrac{n^2-3}{3n^2-n+1}$;　　(2) $\lim\limits_{n\to\infty}\dfrac{\sqrt{n}-4}{n+1}$;

(3) $\lim\limits_{n\to\infty}\dfrac{(-3)^n+5^n}{(-3)^n+5^{n+1}}$;　　(4) $\lim\limits_{n\to\infty}\dfrac{1+a+\cdots+a^n}{1+b+\cdots+b^n}$ $(|a|<1,|b|<1)$;

(5) $\lim\limits_{n\to\infty}(\frac{1}{3}+\frac{1}{15}+\cdots+\frac{1}{4n^2-1})$; (6) $\lim\limits_{n\to\infty}(\sqrt{n^2+n}-n)$.

3. 求下列极限:

(1) $\lim\limits_{n\to\infty}\frac{10^n}{n!}$; (2) $\lim\limits_{n\to\infty}\left(\frac{1}{\sqrt{n^2+1}}+\frac{1}{\sqrt{n^2+2}}+\cdots+\frac{1}{\sqrt{n^2+n}}\right)$;

(3) $\lim\limits_{n\to\infty}\sqrt[n]{1+2^3+\cdots+n^3}$; (4) $\lim\limits_{n\to\infty}\frac{1}{2}\cdot\frac{3}{4}\cdot\cdots\cdot\frac{2n-1}{2n}$;

(5) $\lim\limits_{x\to 0}x\left[\frac{1}{x}\right]$; (6) $\lim\limits_{n\to\infty}\left(\frac{1}{n^2+n+1}+\frac{2}{n^2+n+2}+\cdots+\frac{n}{n^2+n+n}\right)$.

4. 举例说明:

(1) $\lim\limits_{x\to x_0}[f(x)+g(x)]$ 存在, 但是 $\lim\limits_{x\to x_0}f(x)$ 或者 $\lim\limits_{x\to x_0}g(x)$ 不存在;

(2) $\lim\limits_{x\to x_0}[f(x)\cdot g(x)]$ 存在, 但是 $\lim\limits_{x\to x_0}f(x)$ 或者 $\lim\limits_{x\to x_0}g(x)$ 不存在.

5. 假设对任意 x 有 $f(x)g(x)=1$, 且 $\lim\limits_{x\to x_0}g(x)=0$. 证明 $\lim\limits_{x\to x_0}f(x)$ 不存在.

6. 证明:

(1) 若 $|x_{n+1}|\leqslant q|x_n|$ $(0<q<1, n=1,2,\cdots)$, 则 $\lim\limits_{n\to\infty}x_n=0$;

(2) 若 $x_n>0$, 且 $\lim\limits_{n\to\infty}\frac{x_{n+1}}{x_n}=r<1$, 则 $\lim\limits_{n\to\infty}x_n=0$.

7. 确定常数 a 和 b, 使下列等式成立:

(1) $\lim\limits_{x\to\infty}\left(\frac{x^2+1}{x+1}-ax-b\right)=0$;

(2) $\lim\limits_{x\to+\infty}(\sqrt{x^2-x-1}-ax-b)=0$;

(3) $\lim\limits_{x\to 1}\frac{\sqrt{x+a}+b}{x^2-1}=1$.

8. 利用单调有界数列必有极限, 证明下列数列的极限存在, 并求出它们:

(1) $x_1=\sqrt{2}, x_{n+1}=\sqrt{2x_n}$ $(n=1,2,\cdots)$;

(2) $x_0=1, x_1=1+\frac{x_0}{1+x_0},\cdots,x_{n+1}=1+\frac{x_n}{1+x_n}$ $(n=0,1,\cdots)$;

(3) 设 $a>0, x_1>0, x_{n+1}=\frac{1}{2}\left(x_n+\frac{a}{x_n}\right)$ $(n=1,2,\cdots)$;

(4) $0<x_n<1$, 且 $x_{n+1}(1-x_n)\geqslant\frac{1}{4}$ $(n=1,2,\cdots)$;

(5) $x_1=\frac{a}{2}, x_{n+1}=\frac{a+x_n^2}{2}$ $(0<a\leqslant 1, n=1,2,\cdots)$.

9. 利用单调有界数列必有极限, 证明下列数列收敛:

(1) $\{x_n\}: x_n=\frac{1}{2+1}+\frac{1}{2^2+1}+\cdots+\frac{1}{2^n+1}$;

(2) $\{x_n\}: x_n=\sqrt[n]{a}, 0<a<1$.

10. 求下列极限:

(1) $\lim\limits_{x\to 0}\frac{\sin\alpha x}{\sin\beta x}(\beta\neq 0)$; (2) $\lim\limits_{x\to 0}\frac{\tan 5x}{\sin 3x}$;

(3) $\lim\limits_{x\to 0}\frac{\arcsin x}{x}$; (4) $\lim\limits_{x\to 0}\frac{\cos x-\cos 3x}{x^2}$;

(5) $\lim\limits_{x\to 0}\dfrac{\tan x-\sin x}{x^3}$;

(6) $\lim\limits_{x\to 1}\dfrac{\sin(x^2-1)}{x-1}$;

(7) $\lim\limits_{x\to \pi}\dfrac{\sin mx}{\sin nx}(m,n\in\mathbb{N}_+)$;

(8) $\lim\limits_{x\to 0}\dfrac{1-\cos(1-\cos x)}{x^4}$;

(9) $\lim\limits_{x\to 0}\dfrac{\sqrt{1+\tan x}-\sqrt{1+\sin x}}{x^3}$;

(10) $\lim\limits_{n\to\infty}\left(\cos\dfrac{x}{2}\cdot\cos\dfrac{x}{2^2}\cdot\cdots\cdot\cos\dfrac{x}{2^n}\right)$.

11. 求下列极限:

(1) $\lim\limits_{x\to\infty}\left(1-\dfrac{1}{x}\right)^x$;

(2) $\lim\limits_{x\to 0}(1+kx)^{\frac{1}{x}}\ (k\in\mathbb{N}_+)$;

(3) $\lim\limits_{x\to\infty}\left(\dfrac{x+1}{x-1}\right)^x$;

(4) $\lim\limits_{x\to\infty}\left(\dfrac{x^2+3}{x^2+1}\right)^{x^2}$.

§1.4 无穷小量与无穷大量

本节仅以 $x\to x_0$ 的极限过程为代表给出定义和结论. 对于当 $x\to\infty$ 时取极限及各种单侧极限的情况也是适用的, 同时也适用于数列的情况.

1.4.1 无穷小量

定义 1 若 $\lim\limits_{x\to x_0}f(x)=0$, 则称 $f(x)$ 是当 $x\to x_0$ 时的**无穷小量**, 简称为**无穷小**.

应当注意, 无穷小量是指在某个极限过程中的以 0 为极限的变量. 任何一个非零常数, 不论它的绝对值多么小, 都不是无穷小量; 同时, 无穷小量与极限过程有关. 例如, 当 $x\to 0$ 时, $\sin x$ 是无穷小量; 当 $x\to\infty$ 时, $\dfrac{1}{x}$ 是无穷小量.

根据无穷小量的定义和极限的运算法则, 不难证明无穷小量有以下性质:

性质 1 有限多个无穷小量的和 (或积) 是无穷小量.

性质 2 无穷小量与有界变量之积是无穷小量.

例 1 求 $\lim\limits_{x\to 0}x\sin\dfrac{1}{x}$.

解 因 $\lim\limits_{x\to 0}x=0$, 而 $\left|\sin\dfrac{1}{x}\right|\leqslant 1$, 即 $\sin\dfrac{1}{x}$ 为有界变量. 所以, 由性质 2, 当 $x\to 0$ 时, $x\sin\dfrac{1}{x}$ 是无穷小量, 故

$$\lim_{x\to 0}x\sin\frac{1}{x}=0.$$

注意, 由于 $\lim\limits_{x\to 0}\sin\dfrac{1}{x}$ 不存在, 所以不能利用极限运算法则求此极限.

定理 1 $\lim\limits_{x\to x_0}f(x)=a$ 的充分必要条件是 $f(x)=a+\alpha(x)$, 其中 $\alpha(x)$ 为当 $x\to x_0$ 时的无穷小量.

证 必要性. 设 $\lim\limits_{x\to x_0}f(x)=a$, 则 $\lim\limits_{x\to x_0}[f(x)-a]=0$. 令 $\alpha(x)=f(x)-a$, 则当 $x\to x_0$ 时, $\alpha(x)$ 是无穷小量, 且 $f(x)=a+\alpha(x)$.

充分性. 设 $f(x)=a+\alpha(x)$, 其中 $\alpha(x)$ 为当 $x\to x_0$ 时的无穷小量, 则 $\lim\limits_{x\to x_0}f(x)=\lim\limits_{x\to x_0}[a+\alpha(x)]=a+\lim\limits_{x\to x_0}\alpha(x)=a$.

定理 1 反映了有极限的函数与无穷小量之间的密切关系, 在今后的讨论中常常用到.

1.4.2 无穷大量

定义 2 设函数 f 在 x_0 的某个去心邻域内有定义, 若对任意给定的正数 G, 存在正数 δ, 当 $0<|x-x_0|<\delta$ 时, 恒有

$$|f(x)|>G,$$

则称 $f(x)$ 为当 $x\to x_0$ 时的**无穷大量**, 记为

$$\lim_{x\to x_0}f(x)=\infty \quad 或 \quad f(x)\to\infty(x\to x_0).$$

若将定义中的不等式改为 $f(x)>G$ (或 $f(x)<-G$), 则称当 $x\to x_0$ 时,$f(x)$ 为**正无穷大量**(或**负无穷大量**), 记为

$$\lim_{x\to x_0}f(x)=+\infty \quad (或 \quad \lim_{x\to x_0}f(x)=-\infty).$$

注意这里 $\lim\limits_{x\to x_0}f(x)=\infty$ 只是借用了极限记号以便于表述. 虽然我们可以说当 $x\to x_0$ 时, $f(x)$ 的极限为无穷大, 但这并不意味着当 $x\to x_0$ 时, $f(x)$ 的极限存在.

无穷大量是一个变量, 任何一个绝对值很大的数, 无论它多大, 都不是无穷大量. 同时, 无穷大量与极限过程有关, 例如, 当 $x\to 0$ 时, $\dfrac{1}{x}$ 是无穷大量; 当 $x\to\infty$ 时, x^2 是无穷大量.

例 2 证明 $\lim\limits_{x\to 0^+}\mathrm{e}^{\frac{1}{x}}=+\infty$.

证 若对任意 $G>0$, 要找到 δ, 使得当 $0<x<\delta$ 时, 有

$$\mathrm{e}^{\frac{1}{x}}>G,$$

只要 $x<\dfrac{1}{\ln G}$, 于是可取 $\delta=\dfrac{1}{\ln G}$, 当 $0<x<\delta$ 时, 有 $\mathrm{e}^{\frac{1}{x}}>G$, 因此 $\lim\limits_{x\to 0^+}\mathrm{e}^{\frac{1}{x}}=+\infty$.

根据无穷大量的定义容易证明无穷大量有以下性质:

性质 1 有限多个无穷大量的积是无穷大量.

性质 2 无穷大量与有界变量之和是无穷大量.

性质 3 若函数 $f(x)$ 是无穷大量, 则 $\dfrac{1}{f(x)}$ 是无穷小量; 反之, 若函数 $f(x)$ 是无穷小量, 且 $f(x)\neq 0$, 则 $\dfrac{1}{f(x)}$ 是无穷大量.

与无穷小量不同的是, 有限多个无穷大量的和未必是无穷大量; 无穷大量与有界变量的乘积也未必是无穷大量.

1.4.3 无穷小量的比较

根据无穷小量的性质, 两个无穷小量的和、差、积都是无穷小量, 那么两个无穷小量的商是否是无穷小量呢? 我们来考察当 $x \to 0$ 时的无穷小量 $x, x^2, \sin x$ 的商的情况, 有

$$\lim_{x\to 0}\frac{x^2}{x}=0, \quad \lim_{x\to 0}\frac{\sin x}{x}=1, \quad \lim_{x\to 0}\frac{\sin x}{x^2}=\infty.$$

由上面的例子看出, 当 $x\to 0$ 时, x 趋于零的速度与 $\sin x$ 趋于零的速度大体差不多, 而 x^2 趋于零的速度比 x 趋于零的速度要快得多. 为了定量地描述无穷小量趋于零的速度的"快""慢", 我们引入如下的术语和记号.

定义 3 设 $\alpha(x), \beta(x)$ 都是当 $x \to x_0$ 时的无穷小量, 且 $\beta(x)\neq 0$.

(1) 若 $\lim\limits_{x\to x_0}\dfrac{\alpha(x)}{\beta(x)}=0$, 则称当 $x\to x_0$ 时, $\alpha(x)$ 关于 $\beta(x)$ 是**高阶无穷小量**, 记为 $\alpha(x)=o(\beta(x))$, 或称 $\beta(x)$ 是 $\alpha(x)$ 的**低阶无穷小量**;

(2) 若 $\lim\limits_{x\to x_0}\dfrac{\alpha(x)}{\beta(x)}=c\neq 0$, 则称当 $x\to x_0$ 时, $\alpha(x)$ 关于 $\beta(x)$ 是**同阶无穷小量**, 记为 $\alpha(x)=O(\beta(x))$;

(3) 若 $\lim\limits_{x\to x_0}\dfrac{\alpha(x)}{\beta(x)}=1$, 则称当 $x\to x_0$ 时, $\alpha(x)$ 与 $\beta(x)$ 是**等价无穷小量**, 记为 $\alpha(x)\sim\beta(x)$;

(4) 若 $\lim\limits_{x\to x_0}\dfrac{\alpha(x)}{(x-x_0)^k}=c\neq 0\ (k>0)$, 则称当 $x\to x_0$ 时, $\alpha(x)$ 是 $x-x_0$ 的 **k阶无穷小量**.

例如, 由于 $\lim\limits_{x\to 0}\dfrac{\sin x}{x}=1$, $\lim\limits_{x\to 0}\dfrac{\tan x}{x}=1$, $\lim\limits_{x\to 0}\dfrac{\arcsin x}{x}=1$, $\lim\limits_{x\to 0}\dfrac{\arctan x}{x}=1$, $\lim\limits_{x\to 0}\dfrac{1-\cos x}{x^2}=\dfrac{1}{2}$, $\lim\limits_{x\to 0}\dfrac{\sqrt[n]{1+x}-1}{x}=\dfrac{1}{n}$ (请读者自证). 所以当 $x\to 0$ 时,

$$\sin x\sim\tan x\sim\arcsin x\sim\arctan x\sim x, \quad 1-\cos x\sim\frac{1}{2}x^2, \quad \sqrt[n]{1+x}-1\sim\frac{1}{n}x.$$

关于等价无穷小量, 我们有下面的定理.

定理 2 (1) 若当 $x\to x_0$ 时, $\alpha(x)\sim\beta(x)$, 则 $\alpha(x)-\beta(x)=o(\alpha(x))=o(\beta(x))$.

(2) 若当 $x\to x_0$ 时, $\alpha(x)\sim\alpha'(x)$, $\beta(x)\sim\beta'(x)$, 且 $\lim\limits_{x\to x_0}\dfrac{\alpha'(x)}{\beta'(x)}$ 存在, 则

$$\lim_{x\to x_0}\frac{\alpha(x)}{\beta(x)}=\lim_{x\to x_0}\frac{\alpha'(x)}{\beta'(x)}.$$

证 (1)

$$\lim_{x\to x_0}\frac{\alpha(x)-\beta(x)}{\beta(x)}=\lim_{x\to x_0}\left[\frac{\alpha(x)}{\beta(x)}-1\right]=1-1=0,$$

即 $\alpha(x)-\beta(x)=o(\beta(x))$. 同理可证得 $\alpha(x)-\beta(x)=o(\alpha(x))$.

(2)

$$\lim_{x\to x_0}\frac{\alpha(x)}{\beta(x)}=\lim_{x\to x_0}\left[\frac{\alpha(x)}{\alpha'(x)}\cdot\frac{\alpha'(x)}{\beta'(x)}\cdot\frac{\beta'(x)}{\beta(x)}\right]=\lim_{x\to x_0}\frac{\alpha'(x)}{\beta'(x)}.$$

定理表明, 在求两个无穷小量商的极限时, 可以将分子分母中的一个或多个无穷小因子用它们的等价无穷小量代换, 以简化运算.

例 3 求 $\lim\limits_{x\to 0}\dfrac{(1-\cos x)\tan^2 x}{x^4}$.

解 因为当 $x\to 0$ 时, $1-\cos x\sim \dfrac{1}{2}x^2$, $\tan^2 x\sim x^2$, 所以

$$\lim_{x\to 0}\frac{(1-\cos x)\tan^2 x}{x^4}=\lim_{x\to 0}\frac{\frac{1}{2}x^2\cdot x^2}{x^4}=\frac{1}{2}.$$

例 4 求 $\lim\limits_{x\to 0}\dfrac{\sqrt{1+x^2}-1}{\sin^2 3x}$.

解 因为当 $x\to 0$ 时,$\sqrt{1+x^2}-1\sim\dfrac{x^2}{2}$, $\sin 3x\sim 3x$, 所以

$$\lim_{x\to 0}\frac{\sqrt{1+x^2}-1}{\sin^2 3x}=\lim_{x\to 0}\frac{\frac{x^2}{2}}{(3x)^2}=\frac{1}{18}.$$

例 5 求 $\lim\limits_{x\to 0}\dfrac{\tan x-\sin x}{x^3}$.

解 因为当 $x\to 0$ 时, $\sin x\sim x$, $1-\cos x\sim\dfrac{x^2}{2}$, 所以

$$\lim_{x\to 0}\frac{\tan x-\sin x}{x^3}=\lim_{x\to 0}\frac{\tan x(1-\cos x)}{x^3}=\lim_{x\to 0}\frac{x\cdot\frac{x^2}{2}}{x^3}=\frac{1}{2}.$$

注意不能随意地对和或差中的某些项作等价无穷小量代换. 在上例中, 尽管 $\tan x\sim x$, $\sin x\sim x$, 但是在计算中不能将本例代换成

$$\lim_{x\to 0}\frac{x-x}{x^3}=0.$$

习 题 1.4

1. 用定义证明:

(1) $\lim\limits_{x\to 0}\dfrac{3x+5}{x^2}=\infty$;　　(2) $\lim\limits_{x\to 2^-}\dfrac{x+1}{x-2}=-\infty$.

2. 证明:

(1) 当 $x\to 0^+$ 时, $x\sin\sqrt{x}\sim\sqrt{x^3}$;

(2) 当 $x\to 0$ 时, $\sqrt{1+x}-\sqrt{1-x}\sim x$;

3. 选取适当的正数 k, 使下列各式成立:

(1) $\dfrac{1}{\sqrt{n}}\sin^2\dfrac{1}{\sqrt{n}}\sim\dfrac{1}{n^k}\quad(n\to\infty)$;

(2) $\sqrt{1+x}-\sqrt{x}\sim\dfrac{1}{2}\left(\dfrac{1}{x}\right)^k\quad(x\to+\infty)$.

4. 利用等价无穷小量代换求下列极限:

(1) $\lim\limits_{x\to0}\dfrac{x\tan^4 x}{\sin^3 x(1-\cos x)}$;

(2) $\lim\limits_{x\to0}\dfrac{\tan(\tan^2 x)}{x\sin 2x}$;

(3) $\lim\limits_{x\to0}\dfrac{\sqrt{1+x^2}-1}{1-\cos x}$;

(4) $\lim\limits_{x\to0}\dfrac{\sqrt{1+x^4}-\sqrt[3]{1-2x^4}}{\sin x\arctan x(1-\cos x)}$;

(5) $\lim\limits_{x\to0}\dfrac{\sqrt[n]{1+\sin 3x}-1}{\sin 5x}(n\in\mathbb{N}_+)$;

(6) $\lim\limits_{x\to0}\dfrac{\sqrt[n]{1+x+x^2}-1}{\sin 2x}(n\in\mathbb{N}_+)$;

(7) $\lim\limits_{x\to0^+}\dfrac{1-\sqrt{\cos x}}{x(1-\cos\sqrt{x})}$;

(8) $\lim\limits_{x\to0}\dfrac{\tan x-\sin x}{x(\arcsin x)^2}$.

5. 若 α,β,γ 为同一变化过程中的等价无穷小量, 证明等价无穷小量具有下列性质:

(1) 自反性: $\alpha\sim\alpha$;

(2) 对称性: $\alpha\sim\beta$, 则 $\beta\sim\alpha$;

(3) 传递性: $\alpha\sim\beta,\beta\sim\gamma$, 则 $\alpha\sim\gamma$.

6. 证明: 函数 $f(x)=\dfrac{1}{x}\sin\dfrac{1}{x}$ 在区间 $(0,1]$ 内无界, 但当 $x\to0^+$ 时, $f(x)$ 不是无穷大量.

§1.5 函数的连续性

在自然界以及人类的生产活动中, 有许多变量的变化方式是所谓"渐变"的. 对这种"渐变性"的数学描述就是本节要讨论的连续概念.

1.5.1 连续函数的概念

定义 1 设函数 f 在点 x_0 的某个邻域内有定义, 若

$$\lim_{x\to x_0}f(x)=f(x_0),$$

则称函数 f 在点 x_0 处**连续**; 否则, 称函数 f 在点 x_0 处**不连续**.

函数 f 在点 x_0 处连续用 $\varepsilon-\delta$ 语言定义如下: 对任意 $\varepsilon>0$, 存在 $\delta>0$, 使得当 $|x-x_0|<\delta$ 时, 有

$$|f(x)-f(x_0)|<\varepsilon.$$

如图 1.9, 记 $\Delta x=x-x_0$ 为自变量 x 在点 x_0 的**增量** (或**改变量**), $\Delta y=f(x)-f(x_0)=f(x_0+\Delta x)-f(x_0)$ 为函数 f 在点 x_0 的**增量** (或**改变量**). 由于 $x\to x_0$ 就是 $\Delta x\to0$, $f(x)\to f(x_0)$ 就是 $\Delta y\to0$, 因此函数 f 在点 x_0 连续, 就是 $\lim\limits_{\Delta x\to0}\Delta y=0$.

上面已经给出了函数在某点连续的定义, 为了给出函数在区间上, 特别是在闭区间上连续的定义, 我们给出函数 f 在点 x_0 处左连续与右连续的定义如下:

定义 2 若 $\lim\limits_{x\to x_0^+}f(x)=f(x_0)$, 则称 f 在点 x_0**右连续**; 若 $\lim\limits_{x\to x_0^-}f(x)=f(x_0)$, 则称 f 在点 x_0**左连续**.

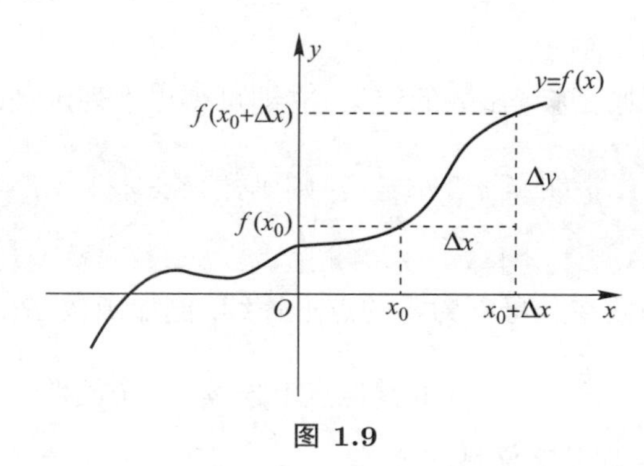

图 1.9

显然, f 在点 x_0 连续的充分必要条件是 f 在点 x_0 既左连续又右连续.

定义 3 若函数 f 在开区间 (a,b) 内每一点都连续, 则称 f 在**开区间** (a,b) **内连续**, 并称 f 是 (a,b) 内的**连续函数**. 若 f 在 (a,b) 内连续, 且在左端点 a 右连续, 在右端点 b 左连续, 则称 f 在**闭区间** $[a,b]$ **上连续**, 也称 f 是 $[a,b]$ 上的**连续函数**.

今后为了方便起见, 我们将区间 I 上连续函数的全体记为 $C(I)$. 于是, 若 f 是 I 上的连续函数, 可简记为 $f\in C(I)$.

设多项式函数为 $P(x)=a_nx^n+a_{n-1}x^{n-1}+\cdots+a_0$. 由于对任意 $x_0\in(-\infty,+\infty)$, $\lim\limits_{x\to x_0}P(x)=P(x_0)$, 故 $P(x)$ 在 $(-\infty,+\infty)$ 内连续.

例 1 证明 $y=\sin x$, $y=\cos x$ 在 $(-\infty,+\infty)$ 内连续.

证 任取 $x_0\in(-\infty,+\infty)$, 由和差化积公式① 得

$$|\sin x-\sin x_0|=2\left|\cos\frac{x+x_0}{2}\sin\frac{x-x_0}{2}\right|\leqslant|x-x_0|,$$

对于任意 $\varepsilon>0$, 取 $\delta=\varepsilon$, 使得当 $|x-x_0|<\delta$ 时, 有

$$|\sin x-\sin x_0|\leqslant|x-x_0|<\varepsilon.$$

所以 $y=\sin x$ 在点 x_0 处连续, 又 x_0 是 $(-\infty,+\infty)$ 内任一点, 因而 $y=\sin x$ 在 $(-\infty,+\infty)$ 内连续.

类似可证 $y=\cos x$ 在 $(-\infty,+\infty)$ 内连续.

例 2 证明指数函数 $y=a^x(0<a\neq1)$ 在 $(-\infty,+\infty)$ 内连续.

证 由 §1.3 例 4 知, 对任意 $x_0\in(-\infty,+\infty)$, 都有

$$\lim_{x\to x_0}a^x=a^{x_0},$$

① 和差化积公式:

$$\sin x+\sin y=2\sin\frac{x+y}{2}\cos\frac{x-y}{2},$$
$$\cos x+\cos y=2\cos\frac{x+y}{2}\cos\frac{x-y}{2},$$
$$\sin x-\sin y=2\sin\frac{x-y}{2}\cos\frac{x+y}{2},$$
$$\cos x-\cos y=-2\sin\frac{x+y}{2}\sin\frac{x-y}{2}.$$

因此 $y=a^x$ 在 $(-\infty,+\infty)$ 内连续.

由极限的四则运算法则及连续函数的定义, 立即可得出下列定理:

定理 1 如果函数 f, g 在点 x_0 处连续, 则函数 $f\pm g$, $f\cdot g$, $\dfrac{f}{g}\,(g(x_0)\neq 0)$ 在点 x_0 处连续.

由定理 1 可知有理函数在分母不为零的点上连续. 例如函数 $R(x)=\dfrac{f(x)}{g(x)}=\dfrac{x^4+20}{5x(x-2)}$ 在除使分母为零的点 $x=0$ 和 $x=2$ 之外的其他点上连续. 三角函数 $\tan x=\dfrac{\sin x}{\cos x}$, $\cot x=\dfrac{\cos x}{\sin x}$, $\sec x=\dfrac{1}{\cos x}$, $\csc x=\dfrac{1}{\sin x}$ 在其定义域内连续.

定理 2 (反函数的连续性) 设 f 是区间 I_x 上的单调增加 (或减少) 的连续函数, 则它的反函数 f^{-1} 存在且在对应区间 $I_y=\{y=f(x),x\in I\}$ 上单调增加 (或减少) 且连续.

证明从略. 从几何上看, $y=f(x)$ 与其反函数 $x=f^{-1}(y)$ 有相同的图形, 因此曲线有相同的连续性.

由定理 2 及三角函数 $\sin x$, $\cos x$, $\tan x$, $\cot x$ 的连续性可知 $\arcsin x$, $\arccos x$, $\arctan x$, $\operatorname{arccot} x$ 在它们的定义域内也是连续的. 例如, 由于 $y=\sin x$ 在闭区间 $\left[-\dfrac{\pi}{2},\dfrac{\pi}{2}\right]$ 上单调增加且连续, 所以它的反函数 $y=\arcsin x$ 在闭区间 $[-1,1]$ 上也是单调增加且连续的.

由 a^x $(a>0$ 且 $a\neq 1)$ 在 $(-\infty,+\infty)$ 内单调 (当 $a>1$ 时单调增加, 当 $a<1$ 时单调减少) 且连续, 因此其反函数 $y=\log_a x$ 在 $(0,+\infty)$ 内单调且连续.

定理 3 设函数 $y=f[g(x)]$ 由函数 $u=g(x)$ 与 $y=f(u)$ 复合而成, 若 $\lim\limits_{x\to x_0}g(x)=u_0$, 函数 f 在点 u_0 处连续, 则

$$\lim_{x\to x_0}f[g(x)]=f[\lim_{x\to x_0}g(x)]=f(u_0).$$

证 因为 f 在点 u_0 处连续, 所以对于任意 $\varepsilon>0$, 存在 $\eta>0$, 使得当 $|u-u_0|<\eta$ 时, 有

$$|f(u)-f(u_0)|<\varepsilon,$$

又因为 $\lim\limits_{x\to x_0}g(x)=u_0$, 所以对上面的 $\eta>0$, 存在 $\delta>0$, 使得当 $0<|x-x_0|<\delta$ 时, 有

$$|g(x)-g(x_0)|<\eta,$$

即 $|u-u_0|<\eta$, 从而

$$\big|f[g(x)]-f(u_0)\big|<\varepsilon.$$

因此 $\lim\limits_{x\to x_0}f[g(x)]=f(u_0)$.

定理 3 表明极限符号 “lim” 与函数符号 “f” 在定理的条件下可以交换次序. 同时, 可以得到两个连续函数的复合函数也是连续函数的结论:

定理 4 如果函数 g 在点 x_0 处连续, f 在点 $g(x_0)$ 处连续, 则复合函数 $f\circ g$ 在点 x_0 处连续.

例 3 讨论函数 $y=\sin\frac{1}{x}$ 的连续性.

解 函数 $y=\sin\frac{1}{x}$ 可以看作是由 $y=\sin u$ 与 $u=\frac{1}{x}$ 复合而成的. 由于 $u=\frac{1}{x}$ 在任一点 $x_0(x_0\neq 0)$ 处连续, 而 $y=\sin u$ 在相应点 $u_0=\frac{1}{x_0}$ 处也连续, 根据定理 3 知 $y=\sin\frac{1}{x}$ 在点 x_0 处连续, 所以 $y=\sin\frac{1}{x}$ 在区间 $(-\infty,0)$ 及 $(0,+\infty)$ 内是连续的.

例 4 证明幂函数 $y=x^{\mu}(\mu\in\mathbb{R})$ 在其定义域内连续.

证 $y=x^{\mu}$ 的定义域因 μ 不同而分成四种情况: $(0,+\infty)$, $[0,+\infty)$, $(-\infty,+\infty)$, $(-\infty,0)\cup(0,+\infty)$.

因为 $x^{\mu}=\mathrm{e}^{\mu\ln x}$ 可看成是由连续函数 $y=\mathrm{e}^{u}$,$u=\mu\ln x$ 复合而成的, 所以 $y=x^{\mu}$ 在 $(0,+\infty)$ 内连续.

对于某些 $\mu>0$, 比如 $\mu=\frac{1}{2}$, x^{μ} 的定义域是 $[0,+\infty)$. 由于 $\lim\limits_{x\to 0^+}x^{\mu}=0$, 所以 $y=x^{\mu}$ 在 $[0,+\infty)$ 上连续.

对于某些 $\mu>0$, 比如 $\mu=\frac{1}{3}$, x^{μ} 的定义域是 $(-\infty,+\infty)$. 当 $x\in(-\infty,0]$ 时, $y=x^{\mu}$ 可看成是由连续函数 $y=(-t)^{\mu}$, $t=-x$ 复合而成的, 而 $y=(-t)^{\mu}$ 当 $0\leqslant t<+\infty$ 时连续, $t=-x$ 当 $-\infty<x\leqslant 0$ 时连续, 于是 x^{μ} 在 $(-\infty,0]$ 上连续, 所以 x^{μ} 在 $(-\infty,+\infty)$ 内连续.

对于某些 $\mu<0$, 比如 $\mu=-\frac{1}{3}$, x^{μ} 的定义域是 $(-\infty,0)\cup(0,+\infty)$. $y=x^{\mu}$ 可看成是由连续函数 $y=t^{-\mu}$, $t=\frac{1}{x}$ 复合而成的, 而 $y=t^{-\mu}$ 当 $-\infty<t<+\infty$ 时连续, $t=\frac{1}{x}$ 在 $(-\infty,0)\cup(0,+\infty)$ 内连续, 于是 $y=x^{\mu}$ 在 $(-\infty,0)\cup(0,+\infty)$ 内连续.

总之, $y=x^{\mu}$ 在其定义域内连续.

1.5.2 初等函数的连续性

由上面的讨论我们知道, **基本初等函数在它们各自的定义域内是连续的**, 又由初等函数的定义以及定理 1—3, 可得

定理 5 一切初等函数在其定义区间内都是连续的.

所谓定义区间是指包含在定义域内的区间. 定理中特别写成 “定义区间” 而不是 “定义域” 的原因是: 某些初等函数如 $f(x)=\sqrt{x^2(x-1)}$ 的定义域除了 $[1,+\infty)$ 之外还包括孤立点 $x=0$, 而函数 $f(x)=\sqrt{x^2(x-1)}$ 在 $x=0$ 的去心邻域内没有定义, 它在此点的连续性无从谈起.

利用初等函数的连续性及极限的复合运算法则, 我们可以证明几个今后常用的极限式.

例 5 证明下列极限:

(1) $\lim\limits_{x\to 0}\frac{\log_a(1+x)}{x}=\log_a\mathrm{e}\quad(a>0 且 a\neq 1)$;

(2) $\lim\limits_{x\to 0}\frac{a^x-1}{x}=\ln a\quad(a>0,\ a\neq 1)$;

(3) $\lim\limits_{x\to 0}\frac{(1+x)^{\alpha}-1}{x}=\alpha\quad(\alpha\in\mathbb{R})$.

证 (1)

$$\lim_{x\to 0}\frac{\log_a(1+x)}{x}=\lim_{x\to 0}\log_a(1+x)^{\frac{1}{x}}=\log_a[\lim_{x\to 0}(1+x)^{\frac{1}{x}}]=\log_a \mathrm{e}.$$

特别地, 有

$$\lim_{x\to 0}\frac{\ln(1+x)}{x}=1.$$

(2) 令 $y=a^x-1$, 则 $x=\log_a(1+y)$, 当 $x\to 0$ 时, $y\to 0$, 所以

$$\lim_{x\to 0}\frac{a^x-1}{x}=\lim_{y\to 0}\frac{y}{\log_a(1+y)}=\frac{1}{\log_a \mathrm{e}}=\ln a.$$

特别地, 有

$$\lim_{x\to 0}\frac{\mathrm{e}^x-1}{x}=1.$$

(3) 当 $\alpha=0$ 时, 结论显然成立.

当 $\alpha\neq 0$ 时, 令 $(1+x)^\alpha-1=y$, 当 $x\to 0$ 时, $y\to 0$, 所以

$$\begin{aligned}\lim_{x\to 0}\frac{(1+x)^\alpha-1}{x}&=\lim_{x\to 0}\left[\frac{(1+x)^\alpha-1}{\ln(1+x)^\alpha}\cdot\frac{\alpha\ln(1+x)}{x}\right]\\&=\lim_{y\to 0}\frac{y}{\ln(1+y)}\cdot\lim_{x\to 0}\frac{\alpha\ln(1+x)}{x}=\alpha.\end{aligned}$$

由此例我们得到三个等价无穷小关系式: 当 $x\to 0$ 时,

$$\ln(1+x)\sim x,\quad \mathrm{e}^x-1\sim x,\quad (1+x)^\alpha-1\sim\alpha x.$$

定理 6 证明: 若 $\lim\limits_{x\to x_0}u(x)=A>0,\ \lim\limits_{x\to x_0}v(x)=B$, 则

$$\lim_{x\to x_0}u(x)^{v(x)}=A^B,$$

证 $u(x)^{v(x)}=\mathrm{e}^{v(x)\ln u(x)}$, 由指数函数及对数函数的连续性与极限的复合运算法则得

$$\begin{aligned}\lim_{x\to x_0}u(x)^{v(x)}&=\mathrm{e}^{\lim\limits_{x\to x_0}[v(x)\ln u(x)]}\\&=\mathrm{e}^{\lim\limits_{x\to x_0}v(x)\cdot\ln[\lim\limits_{x\to x_0}u(x)]}\\&=\mathrm{e}^{B\ln A}=A^B.\end{aligned}$$

例 6 求 $\lim\limits_{x\to 0}(\cos x)^{\frac{1}{x^2}}$.

解

$$\begin{aligned}\lim_{x\to 0}(\cos x)^{\frac{1}{x^2}}&=\lim_{x\to 0}[1+(\cos x-1)]^{\frac{1}{\cos x-1}\cdot\frac{\cos x-1}{x^2}}\\&=\mathrm{e}^{-\lim\limits_{x\to 0}\frac{1-\cos x}{x^2}}=\mathrm{e}^{\lim\limits_{x\to 0}\frac{-\frac{1}{2}x^2}{x^2}}=\mathrm{e}^{-\frac{1}{2}}.\end{aligned}$$

1.5.3 函数的间断点及其分类

定义 4 若函数 f 在点 x_0 处不连续, 则称点 x_0 是 f 的**间断点或不连续点**.

由于函数 f 在点 x_0 处连续必须同时满足下列三个条件:

(1) f 在点 x_0 的某个邻域内有定义;

(2) f 在点 x_0 处的极限存在;

(3) $\lim\limits_{x\to x_0} f(x)=f(x_0)$,

所以, 只要函数 f 在点 x_0 处不满足上述三个条件之一, 那么点 x_0 就是函数 f 的间断点.

例如, 函数 $f(x)=\dfrac{x^2-1}{x-1}$ 在 $x=1$ 处无定义, 所以 $x=1$ 是此函数的间断点.

函数

$$f(x)=\begin{cases}2x-1, & x<2,\\ 2x^2, & x\geqslant 2.\end{cases}$$

在 $x=2$ 处, 由于 $\lim\limits_{x\to 2^-} f(x)=3$, $\lim\limits_{x\to 2^+} f(x)=8$, 从而 f 在 $x=2$ 处的极限不存在, 所以 $x=2$ 是此函数的间断点.

通常将间断点分成如下两类:

如果左、右极限 $f(x_0-0)$, $f(x_0+0)$ 都存在, 此时称 x_0 为函数 f 的**第一类间断点**.

如果左、右极限 $f(x_0-0)$, $f(x_0+0)$ 中至少有一个不存在, 此时称 x_0 为函数 f 的**第二类间断点**.

在第一类间断点中, 如果 $f(x_0-0)=f(x_0+0)$, 即 $\lim\limits_{x\to x_0} f(x)$ 存在, 但 f 在 $x=x_0$ 处没有定义或 $f(x_0)$ 虽有定义但 $\lim\limits_{x\to x_0} f(x)\neq f(x_0)$, 此时称 x_0 为函数 f 的**可去间断点**. 例如, $x=1$ 是函数 $f(x)=\dfrac{x^2-1}{x-1}$ 的可去间断点. 只要补充定义 $f(1)=2$, 则

$$f(x)=\begin{cases}\dfrac{x^2-1}{x-1}, & x\neq 1,\\ 2, & x=1\end{cases}$$

在 $x=1$ 处连续. 如果 $f(x_0-0)\neq f(x_0+0)$, 此时称 x_0 为函数 f 的**跳跃间断点**. 例如, 对函数 $f(x)=\dfrac{|x|}{x}$ 有 $f(0+0)=1$ 且 $f(0-0)=-1$, 故 $x=0$ 是函数 $f(x)=\dfrac{|x|}{x}$ 的跳跃间断点.

在第二类间断点中, 有两种典型类型: **无穷间断点**和**振荡间断点**. 例如, 函数 $\dfrac{1}{x}$ 在 $x=0$ 处 $\lim\limits_{x\to 0}\dfrac{1}{x}=\infty$, 所以 $x=0$ 是 $f(x)=\dfrac{1}{x}$ 的无穷间断点; 而当 $x\to 0$ 时, 函数 $\sin\dfrac{1}{x}$ 在 -1 与 1 之间不断地振荡, 所以 $x=0$ 是 $f(x)=\sin\dfrac{1}{x}$ 的振荡间断点.

例 7 研究函数

$$f(x)=\begin{cases}\dfrac{x^2-1}{x(x-1)}, & x\neq 0,1,\\ 0, & x=0,\end{cases}$$

的连续性, 讨论间断点的类型.

解 由初等函数的连续性知 $f(x)$ 在 $x\neq 0,1$ 时连续. 因为

$$\lim_{x\to 0}f(x)=\lim_{x\to 0}\frac{x^2-1}{x(x-1)}=\infty,$$

所以 $x=0$ 为 $f(x)$ 的第二类间断点.

又因为

$$\lim_{x\to 1}f(x)=\lim_{x\to 1}\frac{x^2-1}{x(x-1)}=2,$$

而 $f(x)$ 在 $x=1$ 处无定义, 所以 $x=1$ 为 $f(x)$ 的可去间断点.

综上所述, $f(x)$ 的连续区间是 $(-\infty,0)$, $(0,1)$, $(1,+\infty)$.

1.5.4 闭区间上连续函数的性质

闭区间上的连续函数具有一些比较深刻的性质, 它们的几何意义是很清楚的, 理解起来并不困难. 这些定理的严格证明需要用到实数理论, 在本书中不作讨论.

定理 7 (最大值–最小值定理) 设 $f\in C[a,b]$, 则 f 在 $[a,b]$ 上一定取到最大值 M 和最小值 m, 即存在 $x_1,x_2\in[a,b]$, 使得 $f(x_1)=m, f(x_2)=M$, 且对任意的 $x\in[a,b]$, 有 $f(x_1)\leqslant f(x)\leqslant f(x_2)$.

这里需要指出, 如果函数只在开区间 (a,b) 内连续, 或者在闭区间 $[a,b]$ 上有间断点, 则 $f(x)$ 在该区间就未必有最大值和最小值. 例如函数 $f(x)=\dfrac{1}{x}$ 在开区间 $(0,+\infty)$ 内连续, 但是在 $(0,+\infty)$ 内没有它的最大值点也没有它的最小值点; 又如函数 (如图 1.10)

$$f(x)=\begin{cases}x, & 0\leqslant x<\dfrac{1}{2},\\ x-1, & \dfrac{1}{2}\leqslant x\leqslant 1.\end{cases}$$

f 在 $[0,1]$ 上有间断点 $x=\dfrac{1}{2}$, 只取到最小值 $f\left(\dfrac{1}{2}\right)=-\dfrac{1}{2}$, 没有最大值.

由最大值–最小值定理容易推出有界性定理.

定理 8 (有界性定理) 若 $f\in C[a,b]$, 则 f 在 $[a,b]$ 上有界, 即存在 $M>0$, 使得对 $x\in[a,b]$, 有 $|f(x)|\leqslant M$.

定理 9 (零点存在定理) 若 $f\in C[a,b]$, 且 $f(a)\cdot f(b)<0$, 则存在 $\xi\in(a,b)$, 使得 $f(\xi)=0$.

上式中的 ξ 称为函数 f 的零点或方程 $f(x)=0$ 的根. 零点存在定理的几何意义显而易见: 若一段连续曲线弧段的两个端点分别位于 x 轴的两侧, 则这段曲线弧与 x 轴至少有一个交点, 如图 1.11. 零点存在定理常被用来证明方程在某一区间上根的存在性.

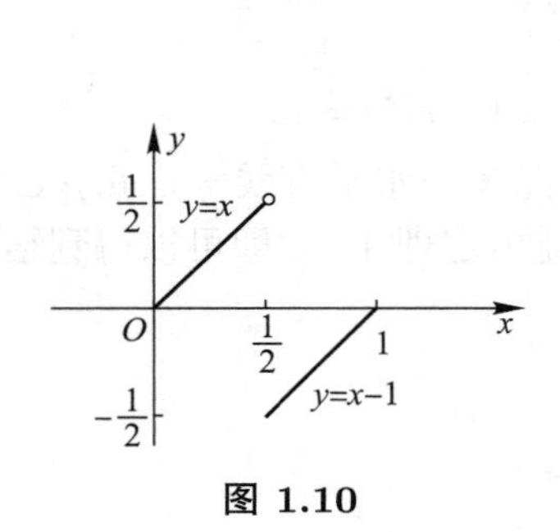

图 1.10

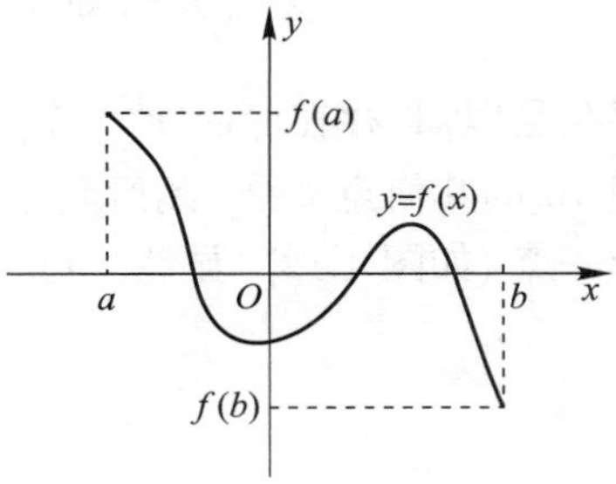

图 1.11

例 8 证明方程 $x=\cos x$ 在 $\left(0,\dfrac{\pi}{2}\right)$ 内至少有一个实根.

证 令 $f(x)=x-\cos x$, 则 $f\in C\left[0,\dfrac{\pi}{2}\right]$, 且

$$f(0)=-1,\quad f\left(\frac{\pi}{2}\right)=\frac{\pi}{2}.$$

由零点存在定理, 存在 $\xi\in\left(0,\dfrac{\pi}{2}\right)$, 使 $f(\xi)=\xi-\cos\xi=0$, 即方程 $x=\cos x$ 在 $\left(0,\dfrac{\pi}{2}\right)$ 内至少有一个实根.

例 9 证明方程 $x^3+ax^2+bx+c=0$ 在 $(-\infty,+\infty)$ 内至少有一个实根.

证 令 $f(x)=x^3+ax^2+bx+c$, 则 $f\in C(-\infty,+\infty)$. 由于

$$\lim_{x\to-\infty}f(x)=\lim_{x\to-\infty}x^3\left(1+\frac{a}{x}+\frac{b}{x^2}+\frac{c}{x^3}\right)=-\infty,$$

$$\lim_{x\to+\infty}f(x)=\lim_{x\to+\infty}x^3\left(1+\frac{a}{x}+\frac{b}{x^2}+\frac{c}{x^3}\right)=+\infty,$$

故存在 $x_1,x_2\ (x_1<x_2)$, 使得 $f(x_1)<0, f(x_2)>0$. 由零点存在定理知, 存在 $\xi\in(x_1,x_2)$, 使得 $f(\xi)=0$, 即方程 $x^3+ax^2+bx+c=0$ 在 $(-\infty,+\infty)$ 内至少有一个实根.

例 10 证明: 若 f 在 $[0,1]$ 上连续, 且 $0<f(x)<1$, 则 f 存在不动点, 即存在 $\xi\in(0,1)$, 使得 $f(\xi)=\xi$.

证 令 $F(x)=f(x)-x$, 则 $F\in C[0,1]$, 且

$$F(0)=f(0)-0>0,\quad F(1)=f(1)-1<0,$$

由零点存在定理知, 存在 $\xi\in(0,1)$, 使得 $F(\xi)=0$, 即 $f(\xi)=\xi$.

定理 10 (介值定理) 设 $f\in C[a,b]$, 且 $m=\min\limits_{x\in[a,b]}f(x)$, $M=\max\limits_{x\in[a,b]}f(x)$, 则对任意 $\mu\in[m,M]$, 都存在 $\xi\in[a,b]$, 使得 $f(\xi)=\mu$.

证 若 $m=M$, 则 $f(x)$ 在 $[a,b]$ 上为常数, 定理显然成立.

设 $m<M$, 由最大值–最小值定理, 存在 $x',x''\in[a,b]$ (不妨设 $x'<x''$), 使得

$$f(x')=m,\quad f(x'')=M.$$

若 $\mu=f(x')$ 或 $\mu=f(x'')$, 则 ξ 可取 x' 或 x''.

若 $f(x')<\mu<f(x'')$, 令 $F(x)=f(x)-\mu$, 则 $F\in C[a,b]$, 且

$$F(x')=f(x')-\mu<0,\quad F(x'')=f(x'')-\mu>0.$$

由零点存在定理知, 存在 $\xi\in(x',x'')\subset[a,b]$, 使得 $F(\xi)=0$, 即 $f(\xi)=\mu$.

定理 10 的几何意义是: 闭区间上的连续曲线弧 $y=f(x)$ 与水平直线 $y=\mu,\mu\in[m,M]$ 至少相交于一点 (如图 1.12). 显然, $m\leqslant f(a),f(b)\leqslant M$, 因此由定理 10 立即可以得到结论:

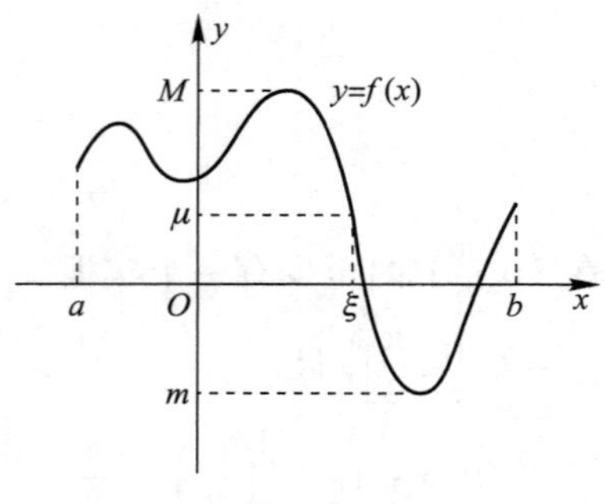

图 1.12

设 $f\in C[a,b]$, 且 $f(a)\neq f(b)$, 则 $f(x)$ 可以取得介于 $f(a)$ 和 $f(b)$ 之间的任何值.

例 11 设 $f\in C[a,b]$, 证明存在 $\xi\in[a,b]$, 使 $f(\xi)=\dfrac{f(a)+f(b)}{2}$.

证 由于 $f\in C[a,b]$, 由最大值–最小值定理, 存在 $m\leqslant M$, 使得对于 $x\in[a,b]$, 有

$$m\leqslant f(x)\leqslant M,$$

从而 $m\leqslant\dfrac{f(a)+f(b)}{2}\leqslant M$. 由介值定理知, 存在 $\xi\in(a,b)$, 使得 $f(\xi)=\dfrac{f(a)+f(b)}{2}$.

习 题 1.5

1. 设函数 f 在点 x_0 处连续, 证明函数 $|f|$ 在 x_0 也连续, 举例说明其逆命题不真.

2. 设函数 f 在点 x_0 处连续, 且 $f(x_0)\neq0$, 证明函数 $\dfrac{1}{f}$ 也在点 x_0 连续.

3. 用定义证明下列函数在 $(-\infty,+\infty)$ 内连续:

(1) $f(x)=x^2$;　　(2) $g(x)=\sqrt[3]{x+4}$.

4. 在 $x=0$ 处下列函数无定义, 试定义 $f(0)$ 的值, 使 $f(x)$ 在 $x=0$ 处连续:

(1) $f(x)=\dfrac{\sqrt{1+x}-1}{\sqrt[3]{1+x}-1}$;　　(2) $f(x)=\sin x\sin\dfrac{1}{x}$;

(3) $f(x)=\dfrac{\tan 2x}{x}$;　　(4) $f(x)=(1+x^2)^{\frac{1}{x^2}}$.

5. 确定常数 A, 使下列函数在 $x=0$ 处连续:

(1) $f(x)=\begin{cases}\mathrm{e}^x, & x<0,\\ A+2, & x\geqslant 0;\end{cases}$ (2) $f(x)=\begin{cases}\dfrac{\sin 5x}{x}, & x\neq 0,\\ A, & x=0.\end{cases}$

6. 确定 a,b,c, 使函数

$$f(x)=\begin{cases}-1, & x\leqslant -1,\\ ax^2+bx+c, & |x|<1, x\neq 0,\\ 0, & x=0,\\ 1, & x\geqslant 1\end{cases}$$

为一连续函数.

7. 求下列极限:

(1) $\lim\limits_{x\to+\infty} x\left[\ln(x+1)-\ln x\right]$; (2) $\lim\limits_{n\to\infty} n\left(\sqrt[n]{x}-1\right)\ (x>0)$;

(3) $\lim\limits_{n\to\infty} n^2\left(\sqrt[n]{x}-\sqrt[n+1]{x}\right)\ (x>0)$; (4) $\lim\limits_{x\to b}\dfrac{a^x-a^b}{x-b}(a>0)$;

(5) $\lim\limits_{h\to 0}\dfrac{a^{x+h}+a^{x-h}-2a^x}{h^2}\ (a>0)$; (6) $\lim\limits_{x\to 0}\dfrac{\mathrm{e}^x-\mathrm{e}^{-x}}{2x}$;

(7) $\lim\limits_{x\to-\infty}\dfrac{\ln(1+3^x)}{\ln(1+2^x)}$; (8) $\lim\limits_{x\to-\infty}\dfrac{\ln(1+\mathrm{e}^x)}{x}$;

(9) $\lim\limits_{x\to\frac{\pi}{2}}(\sin x)^{\tan x}$; (10) $\lim\limits_{x\to 0}\left(\dfrac{1+\tan x}{1+\sin x}\right)^{\frac{1}{\sin x}}$;

(11) $\lim\limits_{x\to 0}(x+\mathrm{e}^x)^{\frac{1}{x}}$; (12) $\lim\limits_{x\to+\infty}\left(\sqrt[5]{x^5-2x^4+1}-x\right)$.

8. 求下列函数的间断点, 并指出其类型:

(1) $f(x)=\dfrac{5-x}{8-x^2}$; (2) $f(x)=\dfrac{x^2-x}{|x|(x^2-1)}$;

(3) $f(x)=\dfrac{x}{\sin x}$; (4) $f(x)=\dfrac{1}{x}\sin\dfrac{1}{x}$;

(5) $f(x)=\begin{cases}\dfrac{1}{1-\mathrm{e}^{\frac{x}{x-1}}}, & x\neq 1,\\ 1, & x=1;\end{cases}$ (6) $f(x)=\lim\limits_{t\to+\infty}\dfrac{tx}{tx^2+1}$.

9. 讨论下列函数的连续性:

(1) $f(x)=\begin{cases}\mathrm{e}^{-\frac{1}{x^2}}, & |x|\neq 0,\\ 1, & x=0;\end{cases}$ (2) $f(x)=\begin{cases}\cos\dfrac{\pi}{2}x, & |x|\leqslant 1,\\ |x-1|, & |x|>1.\end{cases}$

10. 求证:

(1) 方程 $x^5-3x+1=0$ 在 $(0,1)$ 内必有实根;

(2) 方程 $x2^x=1$ 在 $(0,1)$ 内必有实根;

(3) 实系数方程

$$x^{2n}+a_1x^{2n-1}+\cdots+a_{2n-1}x+a_{2n}=0\quad(a_{2n}<0)$$

至少有两个实根;

(4) 方程

$$\frac{a_1}{x-\lambda_1}+\frac{a_2}{x-\lambda_2}+\frac{a_3}{x-\lambda_3}=0$$

在 (λ_1,λ_2) 和 (λ_2,λ_3) 内各有一个实根, 其中 $a_1,a_2,a_3>0,\lambda_1<\lambda_2<\lambda_3$;

(5) 方程 $x-2\sin x=a(a>0)$ 至少有一个正实根.

11. 设 $f\in C[a,b]$, 证明:

(1) 若 $0<\lambda\leqslant 1$, 则存在 $\xi\in[a,b]$, 使

$$f(\xi)=\lambda f(a)+(1-\lambda)f(b).$$

(2) 若 $a<x_1<x_2<\cdots<x_k<b$ (k 为某一正整数), 则存在 $\xi\in[a,b]$, 使得 $f(\xi)=\dfrac{1}{k}\sum\limits_{i=1}^{k}f(x_i)$.

(3) 若 $a<x_1<x_2<\cdots<x_k<b$, 又 $t_1,t_2,\cdots,t_k\geqslant 0$,且 $\sum\limits_{i=1}^{k}t_i=1$, 则存在 $\xi\in[a,b]$, 使得 $f(\xi)=\sum\limits_{i=1}^{k}t_if(x_i)$.

总习题一

1. 求下列极限:

(1) $\lim\limits_{x\to 0}(\cos x-\sin 3x)^{\frac{1}{x}}$;

(2) $\lim\limits_{x\to 0}\dfrac{3\sin x+x^2\cos\dfrac{1}{x}}{(1+\cos x)\ln(1-x)}$;

(3) $\lim\limits_{x\to+\infty}(\sin\sqrt{x+1}-\sin\sqrt{x})$;

(4) $\lim\limits_{x\to 0^+}\left(\cos\sqrt{x}\right)^{\frac{\pi}{x}}$;

(5) $\lim\limits_{x\to 0}(1-3x)^{\frac{2}{\sin x}}$;

(6) $\lim\limits_{x\to 0}\left(\dfrac{a^x+b^x+c^x}{3}\right)^{\frac{1}{x}}$;

(7) $\lim\limits_{x\to 0}\dfrac{x^3(2\tan x-\sin x)}{(\cos x-\mathrm{e}^{x^2})\sin^2 x}$;

(8) $\lim\limits_{n\to\infty}\dfrac{n^x-n^{-x}}{n^x+n^{-x}}$;

(9) $\lim\limits_{x\to 0}\left(\dfrac{2+\mathrm{e}^{\frac{1}{x}}}{1+\mathrm{e}^{\frac{4}{x}}}+\dfrac{\sin x}{|x|}\right)$;

(10) $\lim\limits_{t\to+\infty}\dfrac{x+x^2\mathrm{e}^{tx}}{\sin x+\mathrm{e}^{tx}}$;

(11) $\lim\limits_{x\to+\infty}\left(\sqrt[n]{(x+a_1)\cdot\cdots\cdot(x+a_n)}-x\right)$;

(12) $\lim\limits_{x\to+\infty}(\sqrt{x^2+x-1}-\sqrt{x^2-2x+3})$.

2. 运用夹逼定理求以下数列的极限:

(1) $\lim\limits_{n\to\infty}\left(\dfrac{1}{n+1}+\dfrac{1}{n+\sqrt{2}}+\cdots+\dfrac{1}{n+\sqrt{n}}\right)$;

(2) $\lim\limits_{n\to\infty}\left[\dfrac{n}{(n+1)^2}+\dfrac{n}{(n+2)^2}+\cdots+\dfrac{n}{(n+n)^2}\right]$;

(3) 记 $x_n=\sum\limits_{k=0}^{n-1}\dfrac{\mathrm{e}^{\frac{1+k}{n}}}{n+\dfrac{k^2}{n^2}}$, 求 $\lim\limits_{n\to\infty}x_n$.

3. 利用单调有界原理求解下列各题:

(1) 设 $x_1>0,\ x_{n+1}=\dfrac{3(1+x_n)}{3+x_n}\ (n=1,2,\cdots)$, 求 $\{x_n\}$ 的极限;

(2) 设 $x_n = 1+\frac{1}{2}+\cdots+\frac{1}{n}-\ln n(n=1,2,\cdots)$, 由不等式 $\frac{1}{n+1}<\ln\left(1+\frac{1}{n}\right)<\frac{1}{n}\ (n=1,2,\cdots)$ 证明 $\{x_n\}$ 收敛;

(3) 设 $a_1=a_2=1,\ a_{n+2}=a_{n+1}+a_n$, 且 $b_n=\frac{a_{n+1}}{a_n}$. 证明数列 $\{b_n\}$ 收敛, 并求出其极限.

4. 设 $\lim\limits_{x\to 2}\frac{x^2-ax+b}{x^2-4}=-\frac{1}{4}$, 求 a,b.

5. 设

$$f(x)=\begin{cases}0, & x<0,\\ x, & x\geqslant 0;\end{cases}\quad g(x)=\begin{cases}x+1, & x<1,\\ x, & x\geqslant 1,\end{cases}$$

求函数 $f(x)+g(x)$ 的间断点, 并指出其类型.

6. 试求出下列函数的连续区间与间断点, 并指出间断点的类型:

(1) $f(x)=\frac{(x+1)\sin x}{|x|(x^2-1)}$;

(2) $f(x)=\lim\limits_{t\to+\infty}\frac{x^2\mathrm{e}^{(x-2)t}+2}{x+\mathrm{e}^{(x-2)t}}(x>0)$;

(3) $f(x)=\lim\limits_{n\to\infty}\frac{3}{3+x^{2n+1}}$;

(4) $f(x)=\lim\limits_{n\to\infty}\frac{\ln(x^n+\mathrm{e}^n)}{n}(x>-\mathrm{e})$.

7. 设 $f(x)$ 在 $[0,2a]$ 上连续, 且 $f(0)=f(2a)$, 试证存在一点 $\xi\in[0,a]$, 使得 $f(\xi)=f(a+\xi)$.

8. 设 $f(x)$ 在点 x_0 处连续, 且 $f(x_0)>0$, 试证存在点 x_0 的某个邻域, 使得在此邻域内有 $kf(x)>f(x_0)(k>1)$.

9. 证明方程 $\tan x=\sin^3 x+\cos^3 x$ 在区间 $\left(-\frac{\pi}{2},\frac{\pi}{2}\right)$ 内至少存在一个根.

10. 设 f 在 $[a,+\infty)$ 上连续, 且 $\lim\limits_{x\to+\infty}f(x)=A$. 证明 f 在 $[a,+\infty)$ 上有界.

11. 假设函数 $f(x)=\frac{1}{|a|+a\mathrm{e}^{bx}}$ 在 $(-\infty,+\infty)$ 内连续, 且 $\lim\limits_{x\to-\infty}f(x)=0$. 确定 a 和 b 的符号, 并求极限 $\lim\limits_{x\to+\infty}f(x)$.

12. 设

$$f(x)=\begin{cases}x, & x\text{ 为有理数},\\ 0, & x\text{ 为无理数},\end{cases}$$

证明:

(1) f 在 $x=0$ 处连续;

(2) f 在 $x\neq 0$ 的任何点处不连续.

第一章
部分习题答案

第二章　一元函数微分学

导数、微分及其应用统称为微分学. 微分学是描述运动和变化过程的有力的数学工具, 如求变速直线运动的瞬时速度 (反映物体运动快慢的量)、通过导线的电流 (单位时间内流过导线截面的电量)、非均匀细棒的线密度 (反映棒上质量分布疏密的量) 等问题, 都可归结为研究一个函数随自变量变化的快慢 (即变化率) 问题. 本章内容包括导数和微分的概念和计算, 微分学的基本理论以及利用微分学研究函数的几何性态.

§2.1　导数概念

与导数概念的发现密切相关的是两个问题: 速度问题和切线问题.

2.1.1　引例

1. 变速直线运动的瞬时速度

设一物体沿一条直线做变速运动, 其运动规律可由 $s=s(t)$ 来表示, 其中 t 是时间, s 是位移, 求在时刻 t_0 的瞬时速度. 设 Δt 是时间的改变量, Δs 是位移 s 在时刻 t_0 相应于 Δt 的改变量, 即

$$\Delta s=s(t_0+\Delta t)-s(t_0),$$

则物体在时间区间 $[t_0,t_0+\Delta t]$ (或 $[t_0+\Delta t,t_0]$) 上的平均速度

$$\overline{v}=\frac{\Delta s}{\Delta t}=\frac{s(t_0+\Delta t)-s(t_0)}{\Delta t}.$$

显然当 Δt 变化时, 平均速度 $\overline{v}$ 随之变化, 所以平均速度 $\overline{v}$ 并不能确切反映在时刻 t_0 物体的运动速度, 但是可以把平均速度 $\overline{v}$ 看作时刻 t_0 瞬时速度的一个近似值. 显然 $|\Delta t|$ 越小近似程度就越好, 当 $\Delta t\to 0$ 时, 平均速度 $\overline{v}=\dfrac{\Delta s}{\Delta t}$ 的极限 (如果存在的话) 就规定为物体在时刻 t_0 的瞬时速度 $v(t_0)$, 即

$$v(t_0)=\lim_{\Delta t\to 0}\overline{v}=\lim_{\Delta t\to 0}\frac{\Delta s}{\Delta t}=\lim_{\Delta t\to 0}\frac{s(t_0+\Delta t)-s(t_0)}{\Delta t}.$$

2. 平面曲线的切线的斜率

首先给出平面曲线在一点的切线的定义. 设有平面曲线 L, M 为 L 上一定点, 另取一点 N, 作割线 MN, 当点 N 沿曲线 L 趋向于定点 M 时, 割线 MN 的极限位置 MT 就称为曲线 L 在 M 点处的切线 (如图 2.1).

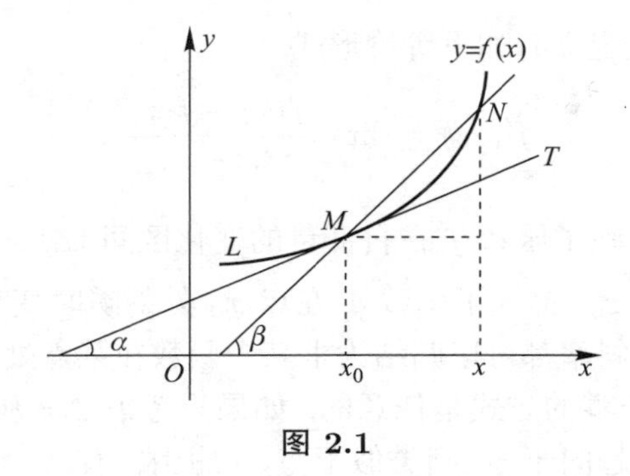

图 2.1

设平面曲线为 $L: y=f(x)$, 定点 M 的坐标为 $M(x_0,y_0)$, 动点 N 的坐标为 $N(x,y)$, 割线 MN 的倾角是 β, 则割线 MN 的斜率为

$$\tan\beta=\frac{y-y_0}{x-x_0}=\frac{f(x)-f(x_0)}{x-x_0},$$

当动点 N 沿曲线 L 向 M 点无限接近时, 变动的割线 MN 的极限位置 MT (如果存在) 就是曲线 L 在 M 点处的切线. 此时, 割线的倾角 β 无限接近于切线的倾角 α. 于是当下述极限存在时, 切线的斜率为

$$k=\tan\alpha=\lim_{\substack{x\to x_0\\(N\to M)}}\tan\beta=\lim_{x\to x_0}\frac{y-y_0}{x-x_0}.$$

若记 $x=x_0+\Delta x$, $y=y_0+\Delta y$, 则上述极限可以记为

$$k=\lim_{\Delta x\to 0}\frac{\Delta y}{\Delta x}=\lim_{\Delta x\to 0}\frac{f(x_0+\Delta x)-f(x_0)}{\Delta x}.$$

2.1.2 导数的定义

瞬时速度问题与切线问题虽然分属物理与几何两个不同的范畴, 但就其数学结构来看, 都是要计算函数的改变量与自变量的改变量之比在自变量的改变量趋于零时的极限. 不考虑问题的具体背景, 就可以抽象出导数的定义.

定义 1 设函数 f 在点 x_0 的某一邻域 $(x_0-\delta,x_0+\delta)$ 内有定义, 当自变量在 x_0 有改变量 $\Delta x=x-x_0$ 时 (设 $x_0+\Delta x\in(x_0-\delta,x_0+\delta)$), 若函数 f 相应的改变量 $\Delta y=f(x_0+\Delta x)-f(x_0)$ 与 Δx 之比当 $\Delta x\to 0$ 时的极限存在, 则称函数 f 在点 x_0 处**可导**, 并称此极限值为函数 f 在点 x_0 处的**导数**, 记作 $f'(x_0)$, 即

$$f'(x_0)=\lim_{\Delta x\to 0}\frac{\Delta y}{\Delta x}=\lim_{\Delta x\to 0}\frac{f(x_0+\Delta x)-f(x_0)}{\Delta x}, \tag{2.1.1}$$

$f'(x_0)$ 也可以记为 $y'(x_0)$ 或 $\left.\dfrac{\mathrm{d}y}{\mathrm{d}x}\right|_{x=x_0}$.

若极限 (2.1.1) 不存在, 则称函数 f 在点 x_0 处**不可导**. 但是如果极限 (2.1.1) 是无穷大, 为了方便起见, 我们也称函数 f 在点 x_0 处的导数是无穷大, 记作 $f'(x_0)=\infty$.

记 $x=x_0+\Delta x$, 则导数定义有如下等价形式:

$$f'(x_0)=\lim_{x\to x_0}\frac{f(x)-f(x_0)}{x-x_0}.$$

由于改变量之比 $\dfrac{\Delta y}{\Delta x}$ 反映了函数 f 在自变量的变化区间 $[x_0,x_0+\Delta x]$ (或 $[x_0+\Delta x,x_0]$) 上的平均变化速度, 故导数 $f'(x_0)$ 描述了函数 f 在点 x_0 处的瞬时变化速度. 根据导数的定义, 求瞬时速度和平面曲线的切线斜率都可以归结为求某个函数在某点处的导数.

在导数定义中, Δx 趋于零的方式是任意的. 如果只考虑 Δx 从小于零的方向趋向于零, 或只考虑 Δx 从大于零的方向趋向于零, 则类似于左、右极限, 有

定义 2 如果极限 $\lim\limits_{\Delta x\to 0^-}\dfrac{\Delta y}{\Delta x}$ 存在, 则称此极限值为函数 f 在点 x_0 处的**左导数**, 记作 $f'_-(x_0)$, 即

$$f'_-(x_0)=\lim_{\Delta x\to 0^-}\frac{f(x_0+\Delta x)-f(x_0)}{\Delta x}=\lim_{x\to x_0^-}\frac{f(x)-f(x_0)}{x-x_0}.$$

如果极限 $\lim\limits_{\Delta x\to 0^+}\dfrac{\Delta y}{\Delta x}$ 存在, 则称此极限值为函数 f 在点 x_0 处的**右导数**, 记作 $f'_+(x_0)$, 即

$$f'_+(x_0)=\lim_{\Delta x\to 0^+}\frac{f(x_0+\Delta x)-f(x_0)}{\Delta x}=\lim_{x\to x_0^+}\frac{f(x)-f(x_0)}{x-x_0}.$$

左导数和右导数统称为**单侧导数**. 显然, 函数 f 在点 x_0 处可导的充分必要条件是 f 在点 x_0 处的左、右导数都存在且相等. 如果函数 f 在开区间 (a,b) 内每一点处都可导, 则称函数 f 在开区间 (a,b) 内可导; 如果函数 f 在开区间 (a,b) 内可导且在 a 点存在右导数, 在 b 点存在左导数, 则称函数 f 在闭区间 $[a,b]$ 上可导.

若函数 f 在区间 I 上可导, 则对每一个 $x\in I$ 都唯一确定了一个导数值 $f'(x)$, 这样也就确定了一个自变量为 x, 定义域为 I 的函数, 称为函数 f 的**导函数**, 简称导数, 记作 f'. 显然, 对每一个 $x\in I$, 有

$$f'(x)=\lim_{\Delta x\to 0}\frac{f(x+\Delta x)-f(x)}{\Delta x}=\lim_{t\to x}\frac{f(t)-f(x)}{t-x},$$

这就是导函数 f' 的表达式. 不难看出, f 在点 x_0 处的导数值就是导函数 f' 在点 x_0 处的函数值. 显然, 导函数 f' 的定义域是函数 f 的定义域的子集.

例 1 求函数 $y=x^n$ (n 为正整数) 的导数.

解 对任意 $x\in(-\infty,+\infty)$, 有

$$\begin{aligned}\lim_{\Delta x\to 0}\frac{\Delta y}{\Delta x}&=\lim_{\Delta x\to 0}\frac{(x+\Delta x)^n-x^n}{\Delta x}\\&=\lim_{\Delta x\to 0}\frac{nx^{n-1}\Delta x+\dfrac{n(n-1)}{2!}x^{n-2}(\Delta x)^2+\cdots+(\Delta x)^n}{\Delta x}\\&=nx^{n-1}.\end{aligned}$$

所以, 函数 $y=x^n$ (n 为正整数) 的导数为

$$(x^n)'=nx^{n-1},\quad x\in(-\infty,+\infty).$$

例 2 函数 f 定义为

$$y=f(x)=\begin{cases}x^k\sin\dfrac{1}{x}, & x\neq 0,\\ 0, & x=0,\end{cases}$$

其中 k 为大于零的常数, 判定 f 在 $x=0$ 处是否可导.

解

$$\lim_{\Delta x\to 0}\frac{\Delta y}{\Delta x}=\lim_{\Delta x\to 0}\frac{(\Delta x)^k\sin\dfrac{1}{\Delta x}}{\Delta x}=\lim_{\Delta x\to 0}(\Delta x)^{k-1}\sin\frac{1}{\Delta x},$$

由于极限当 $0<k\leqslant 1$ 时不存在; 当 $k>1$ 时存在, 且其值为零, 所以当 $0<k\leqslant 1$ 时函数 f 在 $x=0$ 处不可导; 当 $k>1$ 时函数 f 在 $x=0$ 处可导且导数值为 0.

例 3 函数 f 定义为

$$f(x)=\begin{cases}3x+1, & x\leqslant 1,\\ 4x^2, & x>1,\end{cases}$$

求 f 在 $x=1$ 处的导数.

解 函数 f 在 $x=1$ 的左侧与右侧有不同的表达式, 所以要求 $\lim\limits_{\Delta x\to 0}\dfrac{\Delta y}{\Delta x}$ 这个极限就必须讨论它的左、右极限, 亦即讨论 f 在 $x=1$ 处的左、右导数.

$$\begin{aligned}f'_-(1)&=\lim_{\Delta x\to 0^-}\frac{f(1+\Delta x)-f(1)}{\Delta x}\\&=\lim_{\Delta x\to 0^-}\frac{[3(1+\Delta x)+1]-(3\cdot 1+1)}{\Delta x}=3,\\f'_+(1)&=\lim_{\Delta x\to 0^+}\frac{f(1+\Delta x)-f(1)}{\Delta x}\\&=\lim_{\Delta x\to 0^+}\frac{4(1+\Delta x)^2-(3\cdot 1+1)}{\Delta x}=8.\end{aligned}$$

因为 $f'_-(1)=3\neq 8=f'_+(1)$, 所以函数 f 在 $x=1$ 处不可导.

例 4 设函数 f 不恒为零, 在 $x=0$ 处可导, 且

$$f(x+y)=f(x)f(y),\quad x,y\in(-\infty,+\infty).$$

证明: 函数 f 在 $(-\infty,+\infty)$ 内处处可导, 并且 $f'(a)=f(a)f'(0), a\in\mathbb{R}$.

证 在 $f(x+y)=f(x)f(y)$ 中令 $x=0$, 可得 $f(0)=1$. 又

$$\lim_{\Delta x\to 0}\frac{f(a+\Delta x)-f(a)}{\Delta x}=\lim_{\Delta x\to 0}\frac{f(\Delta x)f(a)-f(a)}{\Delta x}=f(a)\lim_{\Delta x\to 0}\frac{f(\Delta x)-1}{\Delta x},$$

由 $f'(0)$ 存在知 $\lim\limits_{\Delta x\to 0}\dfrac{f(\Delta x)-1}{\Delta x}$ 存在, 且该极限值为 $f'(0)$, 则

$$f'(a)=\lim_{\Delta x\to 0}\frac{f(a+\Delta x)-f(a)}{\Delta x}=f(a)f'(0).$$

2.1.3 导数的几何意义

由切线问题的讨论以及导数的定义可以知道: 若函数 f 在点 x_0 可导, 则曲线 $y=f(x)$ 在点 $P(x_0,f(x_0))$ 处的切线斜率为函数 f 在点 x_0 处的导数 $f'(x_0)$, 这就是导数的几何意义. 于是, 曲线 $y=f(x)$ 在点 $P(x_0,f(x_0))$ 处的切线方程为

$$y-f(x_0)=f'(x_0)(x-x_0).$$

如果 $f'(x_0)=\infty$, 曲线 $y=f(x)$ 在 $P=(x_0,y_0)$ 处的切线仍然是存在的, 此时切线垂直于 x 轴, 切线方程为 $x=x_0$.

过切点 $P(x_0,y_0)$ 且与切线垂直的直线称为曲线 $y=f(x)$ 在点 P 处的法线. 如果 $f'(x_0)\neq 0$, 则过点 P 的法线方程为

$$y-f(x_0)=-\frac{1}{f'(x_0)}(x-x_0) \quad (f'(x_0)\neq 0).$$

如果 $f'(x_0)=0$, 则过点 P 的法线方程为 $x=x_0$.

例 5 求曲线 $y=x^3$ 在其上一点 $P(1,1)$ 处的切线方程与法线方程.

解 由于

$$(x^3)'\Big|_{x=1}=3x^2\Big|_{x=1}=3,$$

所以曲线 $y=x^3$ 在其上一点 $P(1,1)$ 处的切线方程为

$$y-1=3(x-1), \quad \text{即} \quad y=3x-2,$$

法线方程为

$$y-1=-\frac{1}{3}(x-1), \quad \text{即} \quad y=-\frac{1}{3}x+\frac{4}{3}.$$

2.1.4 函数可导与连续的关系

定理 1 如果函数 f 在点 x_0 处可导, 则函数 f 在点 x_0 处连续.

证 设函数 f 在点 x_0 处可导. 在恒等式

$$f(x_0+\Delta x)=f(x_0)+\Delta x\frac{f(x_0+\Delta x)-f(x_0)}{\Delta x} \quad (\Delta x\neq 0)$$

中令 $\Delta x\to 0$, 取极限得

$$\begin{aligned}\lim_{\Delta x\to 0}f(x_0+\Delta x)&=\lim_{\Delta x\to 0}\left[f(x_0)+\Delta x\frac{f(x_0+\Delta x)-f(x_0)}{\Delta x}\right]\\&=\lim_{\Delta x\to 0}f(x_0)+\lim_{\Delta x\to 0}\Delta x\cdot\lim_{\Delta x\to 0}\frac{f(x_0+\Delta x)-f(x_0)}{\Delta x}\\&=f(x_0)+0\cdot f'(x_0)=f(x_0).\end{aligned}$$

由函数在一点连续的定义知, f 在点 x_0 处连续.

定理告诉我们, 连续是可导的必要条件, 但不是充分条件. 例如, 容易证明函数 $f(x)=|x|$ 在 $x=0$ 处是连续的, 但在 $x=0$ 处不可导.

例 6 设函数

$$f(x)=\begin{cases}\sqrt{x}, & x>4,\\ ax+b, & x\leqslant 4\end{cases}$$

在 $x=4$ 处可导, 求常数 a,b 的值.

解 因为可导必定连续, 所以由函数 $f(x)$ 在 $x=4$ 处连续得

$$f(4-0)=f(4+0)=f(4).$$

而

$$f(4-0)=\lim_{x\to 4^-}f(x)=\lim_{x\to 4^-}(ax+b)=4a+b,$$
$$f(4+0)=\lim_{x\to 4^+}f(x)=\lim_{x\to 4^+}\sqrt{x}=2,$$

从而

$$4a+b=2.$$

又由函数 $f(x)$ 在 $x=4$ 处可导知

$$f'_-(4)=f'_+(4).$$

而

$$f'_-(4)=\lim_{x\to 4^-}\frac{f(x)-f(4)}{x-4}=\lim_{x\to 4^-}\frac{(ax+b)-(4a+b)}{x-4}=a,$$
$$f'_+(4)=\lim_{x\to 4^+}\frac{f(x)-f(4)}{x-4}=\lim_{x\to 4^+}\frac{\sqrt{x}-(4a+b)}{x-4}=\lim_{x\to 4^+}\frac{\sqrt{x}-2}{x-4}=\frac{1}{4},$$

从而

$$a=\frac{1}{4}.$$

综上知, 如果函数 $f(x)$ 在 $x=4$ 处可导, 则 $a=\dfrac{1}{4},b=1$.

习 题 2.1

1. 用导数定义求下列表达式所定义函数的导数, 并求在指定点处的导数值:

(1) $y=\dfrac{1}{x},x=-2$; (2) $y=\sqrt[7]{x^5},x=1$;

(3) $y=\cos x,x=\dfrac{\pi}{3}$; (4) $y=\ln x,x=1$.

2. 已知 f 是偶函数并且 $f'(0)$ 存在, 求 $f'(0)$.

3. 证明下列函数在 $x=0$ 处可导:

(1) $y=|x|\sin x$; (2) $y=x^{\frac{2}{3}}\sin x$;

(3) $y=\sqrt{x}(1-\cos x)$; (4) $h(x)=\begin{cases}x^2\sin\dfrac{1}{x}, & x\neq 0,\\ 0, & x=0.\end{cases}$

4. 设

$$f(x)=\begin{cases}\dfrac{\sqrt{1+x^2}-1}{x^{4/3}}, & x\neq 0,\\ 0, & x=0,\end{cases}$$

证明 f 在 $x=0$ 处连续但不可导.

5. 假设函数 f 和 g 在包含点 x_0 的一个开区间内有定义, f 在点 x_0 处可导且 $f(x_0)=0$, g 在点 x_0 处连续, 证明函数 f 和 g 的乘积 fg 在点 x_0 处可导. 它表明, 即使函数 $y=|x|$ 在 $x=0$ 处不可导, 函数 $y=x|x|$ 在 $x=0$ 处仍然可导.

6. 已知

$$f(x)=\begin{cases} x^2, & x\leqslant 1, \\ ax+b, & x>1, \end{cases}$$

为使 f 在 $x=1$ 处可导, 其中常数 a,b 应取何值?

7. 已知常数 $c>0$, 而函数

$$f(x)=\begin{cases} \dfrac{1}{|x|}, & |x|>c, \\ a+bx^2, & |x|\leqslant c, \end{cases}$$

求常数 a,b 的值使函数 f 在 $(-\infty,+\infty)$ 内可导.

8. 已知曲线 $y=x^2+1$, 问:

(1) 曲线在横坐标 $x=1$ 的点处切线的斜率是多少?

(2) 曲线上哪一点处的切线与 x 轴平行?

(3) 曲线上哪一点处的切线与 x 轴成 45° 角? 并求该切线方程.

9. 已知曲线 $y=x^3-4x+1$,

(1) 求垂直于曲线在点 (2,1) 处切线的法线方程.

(2) 曲线上哪一点处的切线斜率最小?

(3) 求曲线上切线斜率为 8 的切线方程.

10. 已知函数 f 在点 x_0 处可导, 求下列极限:

(1) $\lim\limits_{h\to 0}\dfrac{f(x_0+\alpha h)-f(x_0-\beta h)}{h}$ $(\alpha,\beta$为常数$)$;

(2) $\lim\limits_{x\to x_0}\dfrac{f^2(x)-f^2(x_0)}{\sqrt[3]{x}-\sqrt[3]{x_0}}$.

11. 已知函数 f 在点 x_0 处可导且 $f(x_0)\neq 0$, 求极限 $\lim\limits_{n\to\infty}\left[\dfrac{f(x_0+1/n)}{f(x_0)}\right]^n$.

12. 函数

$$f_s(x)=\lim_{h\to 0}\frac{f(x+h)-f(x-h)}{h},$$

证明 $f'(x)$ 存在, 则 $f_s(x)$ 存在, 但反之不成立.

13. 证明奇函数的导函数为偶函数, 偶函数的导函数为奇函数.

14. 函数 f 在 $x=1$ 处可导, 并且

$$f(xy)=yf(x)+xf(y), x,y\in(0,+\infty).$$

证明 f 在 $(0,+\infty)$ 内可导, 并且 $f'(x)=\dfrac{f(x)}{x}+f'(1)$.

15. 已知函数 f,g 在 $(-\infty,+\infty)$ 内有定义, 在 $x=0$ 处可导, 对一切 $x_1,x_2\in(-\infty,+\infty)$, 有 $f(x_1+x_2)=f(x_1)g(x_2)+f(x_2)g(x_1)$, 并且 $f(0)=0,g(0)=1$, 证明 f 在 $(-\infty,+\infty)$ 内可导并求 f'.

§2.2 求导法则

如果用定义来求导数, 显然很不方便. 因此有必要找到一套简便有效的方法, 使之能比较容易地求出常用函数的导数. 本节从导数定义出发建立某些函数的导数公式及求导法则, 使得用这些基本导数公式和求导法则就可以相当方便地求得常用的函数特别是初等函数的导数.

2.2.1 若干基本初等函数的导数

(1) 常值函数 $y=C$ (C 是常数) 的导数

$$y'=\lim_{\Delta x\to 0}\frac{C-C}{\Delta x}=0,$$

所以常值函数的导数等于零, 即

$$(C)'=0.$$

这个结果从几何意义来看是容易理解的, 因为 $y=C$ 在几何上表示一条水平直线, 其上每一点处的切线就是它自己, 因而切线的斜率为 0, 即导数为零.

(2) 幂函数 $y=x^{\mu}(x>0,\mu$为任意实数) 的导数

$$y'=\lim_{\Delta x\to 0}\frac{(x+\Delta x)^{\mu}-x^{\mu}}{\Delta x}=\lim_{\Delta x\to 0}\left[x^{\mu-1}\frac{\left(1+\dfrac{\Delta x}{x}\right)^{\mu}-1}{\dfrac{\Delta x}{x}}\right]=\mu x^{\mu-1},$$

即

$$(x^{\mu})'=\mu x^{\mu-1},\quad x>0.$$

(3) 正弦函数 $y=\sin x$ 和余弦函数 $y=\cos x$ 的导数

$$y'=\lim_{\Delta x\to 0}\frac{\sin(x+\Delta x)-\sin x}{\Delta x}=\lim_{\Delta x\to 0}\frac{\sin\dfrac{\Delta x}{2}\cos\left(x+\dfrac{\Delta x}{2}\right)}{\dfrac{\Delta x}{2}}=\cos x.$$

即

$$(\sin x)'=\cos x,\quad x\in(-\infty,+\infty).$$

同样地, $(\cos x)'=-\sin x$.

(4) 指数函数 $y=a^{x}(a>0,a\neq 1)$ 的导数

$$y'=\lim_{\Delta x\to 0}\frac{a^{x+\Delta x}-a^{x}}{\Delta x}=a^{x}\lim_{\Delta x\to 0}\frac{a^{\Delta x}-1}{\Delta x}=a^{x}\ln a,$$

即

$$(a^{x})'=a^{x}\ln a.$$

特别地, 有 $(\mathrm{e}^{x})'=\mathrm{e}^{x}$.

2.2.2 导数的四则运算法则

定理 1 若函数 u, v 在点 x 处可导, 则它们的和、差、积、商 (除分母为零的点外) 在点 x 处也可导, 并且有

(1) $[u(x) \pm v(x)]' = u'(x) \pm v'(x)$;

(2) $[u(x)v(x)]' = u'(x)v(x) + u(x)v'(x)$;

(3) $\left[\dfrac{u(x)}{v(x)}\right]' = \dfrac{u'(x)v(x) - u(x)v'(x)}{v^2(x)}(v(x) \neq 0)$.

特别地, 有

$$[Cu(x)]' = Cu'(x) \quad (C \text{ 为常数}),$$

$$\left[\frac{1}{u(x)}\right]' = -\frac{u'(x)}{u^2(x)} \quad (u(x) \neq 0).$$

证 (1) 根据导数的定义, 有

$$\begin{aligned}[u(x) \pm v(x)]' &= \lim_{\Delta x \to 0} \frac{[u(x+\Delta x) \pm v(x+\Delta x)] - [u(x) \pm v(x)]}{\Delta x} \\ &= \lim_{\Delta x \to 0} \left[\frac{u(x+\Delta x) - u(x)}{\Delta x} \pm \frac{v(x+\Delta x) - v(x)}{\Delta x}\right] \\ &= u'(x) \pm v'(x).\end{aligned}$$

(2) 考虑

$$[u(x)v(x)]' = \lim_{\Delta x \to 0} \frac{u(x+\Delta x)v(x+\Delta x) - u(x)v(x)}{\Delta x},$$

上式右端分子加、减 $u(x)v(x+\Delta x)$, 有

$$\begin{aligned}[u(x)v(x)]' &= \lim_{\Delta x \to 0} \left[\frac{u(x+\Delta x)v(x+\Delta x) - u(x)v(x+\Delta x)}{\Delta x} + \frac{u(x)v(x+\Delta x) - u(x)v(x)}{\Delta x}\right] \\ &= \lim_{\Delta x \to 0} \left[\frac{u(x+\Delta x) - u(x)}{\Delta x} \cdot v(x+\Delta x) + u(x) \cdot \frac{v(x+\Delta x) - v(x)}{\Delta x}\right],\end{aligned}$$

因为函数 v 在点 x 处可导, 从而函数 v 在点 x 处连续, 且两个分式的极限值为 $u'(x)$ 和 $v'(x)$. 所以

$$[u(x)v(x)]' = u'(x)v(x) + u(x)v'(x).$$

(3) 考虑

$$\begin{aligned}\left[\frac{u(x)}{v(x)}\right]' &= \lim_{\Delta x \to 0} \frac{\dfrac{u(x+\Delta x)}{v(x+\Delta x)} - \dfrac{u(x)}{v(x)}}{\Delta x} \\ &= \lim_{\Delta x \to 0} \frac{v(x)u(x+\Delta x) - u(x)v(x+\Delta x)}{\Delta x v(x+\Delta x)v(x)}\end{aligned}$$

上式右端分子加、减 $u(x)v(x)$, 有

$$\begin{aligned}\left[\frac{u(x)}{v(x)}\right]' &= \lim_{\Delta x\to 0}\frac{v(x)u(x+\Delta x)-v(x)u(x)+v(x)u(x)-u(x)v(x+\Delta x)}{\Delta x v(x+\Delta x)v(x)}\\ &= \lim_{\Delta x\to 0}\frac{v(x)\dfrac{u(x+\Delta x)-u(x)}{\Delta x}-u(x)\dfrac{v(x+\Delta x)-v(x)}{\Delta x}}{v(x+\Delta x)v(x)},\end{aligned}$$

取极限可得

$$\left[\frac{u(x)}{v(x)}\right]' = \frac{u'(x)v(x)-u(x)v'(x)}{v^2(x)}.$$

显然, 用数学归纳法可以将公式 (1) 推广到任意有限多个可导函数的和、差上去, 即若函数 $u_1, u_2, \cdots, u_n$ 在点 x 处可导, 则它们的代数和所构成的函数在点 x 处也可导, 并且有

$$[u_1(x)\pm u_2(x)\pm\cdots\pm u_n(x)]' = u_1'(x)\pm u_2'(x)\pm\cdots\pm u_n'(x).$$

同样, 运用乘法公式和数学归纳法可以知道: 若函数 $u_1, u_2, \cdots, u_n$ 在点 x 处可导, 则它们的积所构成的函数在点 x 处也可导, 并且有

$$\begin{aligned}[u_1(x)u_2(x)\cdots u_n(x)]' =& u_1'(x)u_2(x)\cdots u_n(x)+u_1(x)u_2'(x)\cdots u_n(x)+\cdots+\\ & u_1(x)\cdots u_{n-1}(x)u_n'(x).\end{aligned}$$

例 1 求下列函数的导数:

(1) $y=\dfrac{1}{5}\sqrt[7]{x^5}+\cos\alpha+\mathrm{e}^{2x}$($\alpha$ 为某一常数);

(2) $y=\dfrac{\sqrt{x^7}+2\cdot\sqrt[3]{x}}{\sqrt{x}}-x^2\sin x$;

(3) $y=(3x+2)(x-1)(3-2x)$;

(4) $y=\dfrac{\cos x+\mathrm{e}^x}{x}$.

解 (1)

$$\begin{aligned}y' &= \left(\frac{1}{5}\sqrt[7]{x^5}+\cos\alpha+\mathrm{e}^{2x}\right)' = \left[\frac{1}{5}x^{\frac{5}{7}}+\cos\alpha+(\mathrm{e}^2)^x\right]'\\ &= \frac{1}{5}(x^{\frac{5}{7}})'+(\cos\alpha)'+[(\mathrm{e}^2)^x]' = \frac{1}{5}\cdot\frac{5}{7}x^{-\frac{2}{7}}+0+(\mathrm{e}^2)^x\ln\mathrm{e}^2\\ &= \frac{1}{7}x^{-\frac{2}{7}}+2\mathrm{e}^{2x}.\end{aligned}$$

(2)

$$\begin{aligned}y' &= \left(\frac{\sqrt{x^7}+2\cdot\sqrt[3]{x}}{\sqrt{x}}-x^2\sin x\right)'\\ &= (x^3+2x^{-\frac{1}{6}}-x^2\sin x)'\\ &= (x^3)'+2(x^{-\frac{1}{6}})'-(x^2\sin x)'\\ &= 3x^2+2\cdot\left(-\frac{1}{6}\right)x^{-\frac{7}{6}}-[(x^2)'\sin x+x^2(\sin x)']\\ &= 3x^2-\frac{1}{3}x^{-\frac{7}{6}}-2x\sin x-x^2\cos x.\end{aligned}$$

(3)
$$\begin{aligned}y' =&[(3x+2)(x-1)(3-2x)]'\\=&(3x+2)'(x-1)(3-2x)+(3x+2)(x-1)'(3-2x)+\\&(3x+2)(x-1)(3-2x)'\\=&3(x-1)(3-2x)+(3x+2)(3-2x)-2(3x+2)(x-1)\\=&-18x^2+22x+1.\end{aligned}$$

(4)
$$\begin{aligned}y' =&\left(\frac{\cos x+\mathrm{e}^x}{x}\right)'=\frac{(\cos x+\mathrm{e}^x)'\cdot x-(\cos x+\mathrm{e}^x)\cdot(x)'}{x^2}\\=&\frac{(-\sin x+\mathrm{e}^x)x-(\cos x+\mathrm{e}^x)}{x^2}.\end{aligned}$$

例 2 求正切函数 $y=\tan x$, 余切函数 $y=\cot x$, 正割函数 $y=\sec x$, 余割函数 $y=\csc x$ 的导数.

解
$$\begin{aligned}(\tan x)'=&\left(\frac{\sin x}{\cos x}\right)'=\frac{(\sin x)'\cdot\cos x-\sin x\cdot(\cos x)'}{\cos^2 x}\\=&\frac{\cos^2 x+\sin^2 x}{\cos^2 x}=\frac{1}{\cos^2 x}=\sec^2 x,\end{aligned}$$

即

$$(\tan x)'=\sec^2 x.$$

类似地, 有

$$(\cot x)'=-\csc^2 x.$$

而

$$\begin{aligned}(\sec x)'=&\left(\frac{1}{\cos x}\right)'=\frac{(1)'\cdot\cos x-1\cdot(\cos x)'}{\cos^2 x}\\=&\frac{\sin x}{\cos^2 x}=\sec x\tan x,\end{aligned}$$

即

$$(\sec x)'=\sec x\tan x.$$

类似地, 有

$$(\csc x)'=-\csc x\cot x.$$

例 3 求双曲函数 $y=\sinh x$, $y=\cosh x$ 和 $y=\tanh x$ 的导数:

解
$$\begin{aligned}y'=&(\sinh x)'=\left(\frac{\mathrm{e}^x-\mathrm{e}^{-x}}{2}\right)'=\frac{1}{2}[\mathrm{e}^x-(\mathrm{e}^{-1})^x]'\\=&\frac{1}{2}[\mathrm{e}^x-(\mathrm{e}^{-1})^x\ln\mathrm{e}^{-1}]=\frac{1}{2}(\mathrm{e}^x+\mathrm{e}^{-x})=\cosh x,\end{aligned}$$

即

$$(\sinh x)'=\cosh x,$$

类似地, 有

$$(\cosh x)' = \left(\frac{\mathrm{e}^x + \mathrm{e}^{-x}}{2}\right)' = \sinh x.$$

$$y' = (\tanh x)' = \left(\frac{\sinh x}{\cosh x}\right)' = \frac{\cosh^2 x - \sinh^2 x}{\cosh^2 x} = \frac{1}{\cosh^2 x},$$

即

$$(\tanh x)' = \frac{1}{\cosh^2 x}.$$

2.2.3 反函数的导数

定理 2 设由关系式 $y = f(x)$ 定义的函数 f 在区间 I 上单调且连续. 如果对于区间 I 内的某点 x_0, 导数 $f'(x_0)$ 存在且不为零, 那么 f 的反函数 f^{-1} 在对应点 $y_0 = f(x_0)$ 处也可导, 并且有

$$(f^{-1})'(y_0) = \frac{1}{f'(x_0)}.$$

证 因为函数 f 在区间 I 上单调且连续, 所以它的反函数 f^{-1} 在对应的区间上也单调且连续, 于是当 $y - y_0 \neq 0$ 时有 $f^{-1}(y) - f^{-1}(y_0) = x - x_0 \neq 0$. 又当 $y \to y_0$ 时, $x = f^{-1}(y) \to f^{-1}(y_0) = x_0$, 从而

$$\begin{aligned}(f^{-1})'(y_0) &= \lim_{y \to y_0} \frac{f^{-1}(y) - f^{-1}(y_0)}{y - y_0} = \lim_{x \to x_0} \frac{f^{-1}[f(x)] - f^{-1}[f(x_0)]}{f(x) - f(x_0)} \\ &= \lim_{x \to x_0} \frac{x - x_0}{f(x) - f(x_0)} = \lim_{x \to x_0} \frac{1}{\dfrac{f(x) - f(x_0)}{x - x_0}} = \frac{1}{f'(x_0)}.\end{aligned}$$

如果函数 f 对于区间 I 内每一点都满足上述定理的要求, 那么就有反函数的导数公式

$$(f^{-1})'(y) = \frac{1}{f'(x)},$$

也可以记成

$$x'_y = \frac{1}{y'_x} \quad 或 \quad \frac{\mathrm{d}x}{\mathrm{d}y} = \frac{1}{\dfrac{\mathrm{d}y}{\mathrm{d}x}}.$$

例 4 已知函数 $y = f(x) = 5x^5 + 4x^3$, 求它的反函数 f^{-1} 在 $y = 9$ 处的导数.

解 首先 $f(1) = 9$, 同时 $f(x)$ 在 $x = 1$ 的某一邻域内是单调增加的连续函数, 并且

$$f'(1) = (25x^4 + 12x^2)\Big|_{x=1} = 37 \neq 0,$$

故

$$(f^{-1})'(9) = \frac{1}{f'(1)} = \frac{1}{37}.$$

例 5 求反正弦函数 $y = \arcsin x$ 和反正切函数 $y = \arctan x$ 的导数.

解 反正弦函数 $y=\arcsin x, x\in[-1,1]$ 是 $x=\sin y, y\in\left[-\frac{\pi}{2},\frac{\pi}{2}\right]$ 的反函数. 而 $x=\sin y$ 在 $\left(-\frac{\pi}{2},\frac{\pi}{2}\right)$ 内单调增加, 连续, 并且对任何 $y\in\left(-\frac{\pi}{2},\frac{\pi}{2}\right)$, 有 $x'_y=(\sin y)'_y=\cos y\neq 0$, 故由反函数的求导定理可知 $y=\arcsin x$ 在 $(-1,1)$ 内可导, 且

$$y'_x=\frac{1}{x'_y}=\frac{1}{\cos y}=\frac{1}{\sqrt{1-\sin^2 y}}=\frac{1}{\sqrt{1-x^2}},$$

即

$$(\arcsin x)'=\frac{1}{\sqrt{1-x^2}},\quad x\in(-1,1).$$

类似地, 有

$$(\arccos x)'=-\frac{1}{\sqrt{1-x^2}},\quad x\in(-1,1).$$

反正切函数 $y=\arctan x, x\in(-\infty,+\infty)$ 是 $x=\tan y, y\in\left(-\frac{\pi}{2},\frac{\pi}{2}\right)$ 的反函数. 而 $x=\tan y$ 在 $\left(-\frac{\pi}{2},\frac{\pi}{2}\right)$ 内单调增加, 连续, 并且对任何 $y\in\left(-\frac{\pi}{2},\frac{\pi}{2}\right)$, 有 $x'_y=(\tan y)'_y=\sec^2 y\neq 0$, 故由反函数的求导定理可知 $y=\arctan x$ 在 $(-\infty,+\infty)$ 内可导, 且

$$y'_x=\frac{1}{x'_y}=\frac{1}{\sec^2 y}=\frac{1}{1+\tan^2 y}=\frac{1}{1+x^2},$$

即

$$(\arctan x)'=\frac{1}{1+x^2},\quad x\in(-\infty,+\infty).$$

类似地, 有

$$(\operatorname{arccot} x)'=-\frac{1}{1+x^2},\quad x\in(-\infty,+\infty).$$

例 6 求对数函数 $y=\log_a x(a>0, a\neq 1)$ 的导数.

解 对数函数 $y=\log_a x, x\in(0,+\infty)$ 是指数函数 $x=a^y, y\in(-\infty,+\infty)$ 的反函数. 而 $x=a^y$ 在 $(-\infty,+\infty)$ 内单调, 连续, 并且对任何 $y\in(-\infty,+\infty)$, 有 $x'_y=(a^y)'_y=a^y\ln a\neq 0$, 故由反函数的求导定理可知 $y=\log_a x$ 在 $(0,+\infty)$ 内可导, 且

$$y'_x=\frac{1}{x'_y}=\frac{1}{a^y\ln a}=\frac{1}{x\ln a}=\frac{1}{x}\log_a \mathrm{e},$$

即

$$(\log_a x)'=\frac{1}{x}\log_a \mathrm{e},\quad x\in(0,+\infty).$$

特别地, 有

$$(\ln x)'=\frac{1}{x},\quad x\in(0,+\infty).$$

基本初等函数的求导公式归纳如下:

$(C)' = 0(C$为常数$)$;

$(x^{\mu})' = \mu x^{\mu-1}(\mu$为常数$)$;

$(\sin x)' = \cos x$;　　$(\cos x)' = -\sin x$;

$(\tan x)' = \sec^2 x$;　　$(\cot x)' = -\csc^2 x$;

$(\sec x)' = \sec x \tan x$;　　$(\csc x)' = -\csc x \cot x$;

$(\sinh x)' = \cosh x$;　　$(\cosh x)' = \sinh x$;

$(\tanh x)' = \dfrac{1}{\cosh^2 x}$;

$(a^x)' = a^x \ln a(a > 0, a \neq 1)$;　　$(\log_a x)' = \dfrac{1}{x}\log_a \mathrm{e}(a > 0, a \neq 1)$;

$(\mathrm{e}^x)' = \mathrm{e}^x$;　　$(\ln x)' = \dfrac{1}{x}$;

$(\arcsin x)' = \dfrac{1}{\sqrt{1-x^2}}$;　　$(\arccos x)' = -\dfrac{1}{\sqrt{1-x^2}}$;

$(\arctan x)' = \dfrac{1}{1+x^2}$;　　$(\mathrm{arccot} x)' = -\dfrac{1}{1+x^2}$.

2.2.4 复合函数的导数

定理 3 (链式法则)　设函数 $y = f(u)$, $u = g(x)$, 其中函数 g 在点 x 处可导, 函数 f 在对应点 $u = g(x)$ 处可导, 则复合函数 $f \circ g$ 在点 x 处可导, 且

$$(f \circ g)'(x) = f'[g(x)] \cdot g'(x)$$

或

$$\frac{\mathrm{d}y}{\mathrm{d}x} = \frac{\mathrm{d}y}{\mathrm{d}u} \cdot \frac{\mathrm{d}u}{\mathrm{d}x}.$$

证　如果自变量 x 有一个改变量 Δx, 则相应地 $u = g(x)$ 有一个改变量 $\Delta u = g(x+\Delta x) - g(x)$, 即 $g(x+\Delta x) = u + \Delta u$, 由此可得 $y = f(u)$ 的一个改变量

$$\Delta y = f(u+\Delta u) - f(u) = f[g(x+\Delta x)] - f[g(x)].$$

因为 $y = f(u)$ 在点 u 处可导, 即存在 $f'(u)$, 使得

$$\lim_{\Delta u \to 0} \frac{f(u+\Delta u) - f(u)}{\Delta u} = f'(u), \tag{2.2.1}$$

定义依赖于 Δu 的函数

$$\alpha(\Delta u) = \begin{cases} \dfrac{f(u+\Delta u) - f(u)}{\Delta u} - f'(u), & \Delta u \neq 0, \\ 0, & \Delta u = 0. \end{cases} \tag{2.2.2}$$

(2.2.2) 等价于

$$f(u+\Delta u)-f(u)=f'(u)\Delta u+\alpha\Delta u. \tag{2.2.3}$$

且由 (2.2.1) 知 $\lim\limits_{\Delta u\to 0}\alpha=0$.

将 (2.2.3) 中 Δu 替换为 $g(x+\Delta x)-g(x)$, 等式两边同除以 Δx, 可得

$$\begin{aligned}\frac{f[g(x+\Delta x)]-f[g(x)]}{\Delta x}&=\frac{f(u+\Delta u)-f(u)}{\Delta x}\\&=\frac{f'(u)\Delta u+\alpha\Delta u}{\Delta x}=f'(u)\frac{\Delta u}{\Delta x}+\alpha\frac{\Delta u}{\Delta x},\end{aligned} \tag{2.2.4}$$

在 (2.2.4) 中, 令 $\Delta x\to 0$. 因为 $u=g(x)$ 在点 x 处可导, 从而连续, 故 $\lim\limits_{\Delta x\to 0}\Delta u=0$, 即当 $\Delta x\to 0$ 时, 有 $\Delta u\to 0$, 进而 $\alpha\to 0$, 可得

$$\begin{aligned}\frac{\mathrm{d}y}{\mathrm{d}x}&=\lim_{\Delta x\to 0}\frac{f[g(x+\Delta x)]-f[g(x)]}{\Delta x}\\&=f'(u)\lim_{\Delta x\to 0}\frac{\Delta u}{\Delta x}+\lim_{\Delta x\to 0}\alpha\lim_{\Delta x\to 0}\frac{\Delta u}{\Delta x}\\&=f'(u)g'(x).\end{aligned}$$

链式法则可以表述为: 复合函数对自变量的导数等于复合函数对中间变量的导数乘中间变量对自变量的导数.

例 7 求下列函数的导数:

(1) $y=(2-4x)^{50}$;　　(2) $y=\sin(3x-4)$;

(3) $y=\arctan\dfrac{x+1}{x-1}$;　　(4) $y=\ln|x|$.

解 (1) $y=(2-4x)^{50}$ 可以看成由两个函数 $y=u^{50}, u=2-4x$ 复合而成, 由链式法则得

$$\frac{\mathrm{d}y}{\mathrm{d}x}=\frac{\mathrm{d}y}{\mathrm{d}u}\cdot\frac{\mathrm{d}u}{\mathrm{d}x}=50u^{49}\cdot(-4)=-200(2-4x)^{49}.$$

(2) $y=\sin(3x-4)$ 可以看成由两个函数 $y=\sin u, u=3x-4$ 复合而成, 由链式法则得

$$\frac{\mathrm{d}y}{\mathrm{d}x}=\frac{\mathrm{d}y}{\mathrm{d}u}\cdot\frac{\mathrm{d}u}{\mathrm{d}x}=\cos u\cdot 3=3\cos(3x-4).$$

(3) 将 $y=\arctan\dfrac{x+1}{x-1}$ 看成函数 $y=\arctan u, u=\dfrac{x+1}{x-1}$ 构成的复合函数, 于是有

$$\begin{aligned}\frac{\mathrm{d}y}{\mathrm{d}x}&=\frac{\mathrm{d}y}{\mathrm{d}u}\cdot\frac{\mathrm{d}u}{\mathrm{d}x}=\frac{1}{1+u^2}\cdot\frac{-2}{(x-1)^2}\\&=\frac{1}{1+\left(\dfrac{x+1}{x-1}\right)^2}\cdot\frac{-2}{(x-1)^2}=\frac{-1}{1+x^2}.\end{aligned}$$

(4) 当 $x=0$ 时, 函数没有定义.

当 $x>0$ 时,

$$(\ln|x|)'=(\ln x)'=\frac{1}{x}.$$

当 $x<0$ 时, $y=\ln|x|=\ln(-x)$, 因此

$$(\ln|x|)'=[\ln(-x)]'=\frac{1}{-x}\cdot(-1)=\frac{1}{x}.$$

综上知, 当 $x\neq 0$ 时, $(\ln|x|)'=\frac{1}{x}$.

复合函数求导法则可以推广到经任意有限个中间变量的有限次复合构成的函数的情形.

例 8 求下列函数的导数:

(1) $y=\ln\arctan\frac{1}{x}$; (2) $y=\mathrm{e}^{\ln^2\sin x}$;

(3) $y=\sin^2\cos 3x$; (4) $y=\sqrt{x+\sqrt{x+\sqrt{x}}}$;

(5) $y=\dfrac{\mathrm{e}^{x^2}\cos\frac{x}{2}}{\sin 2x}$; (6) $y=x\cdot\arcsin\frac{1}{\sqrt{x}}+\sin\ln x$.

解 (1) 令 $y=\ln u, u=\arctan v, v=\frac{1}{x}$, 则

$$y'=\left(\ln\arctan\frac{1}{x}\right)'=\frac{1}{u}\cdot\frac{1}{1+v^2}\cdot\left(-\frac{1}{x^2}\right)$$
$$=\frac{1}{\arctan\frac{1}{x}}\cdot\frac{1}{1+\left(\frac{1}{x}\right)^2}\cdot\frac{-1}{x^2}=\frac{-1}{(1+x^2)\arctan\frac{1}{x}}.$$

(2)
$$y'=(\mathrm{e}^{\ln^2\sin x})'=\mathrm{e}^{\ln^2\sin x}\cdot 2\ln\sin x\cdot\frac{1}{\sin x}\cdot\cos x$$
$$=2\cot x\cdot\ln\sin x\cdot\mathrm{e}^{\ln^2\sin x}.$$

(3)
$$y'=(\sin^2\cos 3x)'$$
$$=2\sin(\cos 3x)\cdot\cos(\cos 3x)\cdot(-\sin 3x)\cdot 3$$
$$=-3\sin 3x\cdot\sin(2\cos 3x).$$

(4)
$$y'=\left(\sqrt{x+\sqrt{x+\sqrt{x}}}\right)'$$
$$=\frac{1}{2\sqrt{x+\sqrt{x+\sqrt{x}}}}\cdot\left[1+\frac{1}{2\sqrt{x+\sqrt{x}}}\cdot\left(1+\frac{1}{2\sqrt{x}}\right)\right]$$
$$=\frac{1+2\sqrt{x}+4\sqrt{x}\sqrt{x+\sqrt{x}}}{8\sqrt{x}\cdot\sqrt{x+\sqrt{x}}\cdot\sqrt{x+\sqrt{x+\sqrt{x}}}}.$$

(5)
$$y'=\left(\frac{\mathrm{e}^{x^2}\cos\frac{x}{2}}{\sin 2x}\right)'$$
$$=\frac{\left(\mathrm{e}^{x^2}\cdot 2x\cdot\cos\frac{x}{2}-\frac{\mathrm{e}^{x^2}}{2}\sin\frac{x}{2}\right)\sin 2x-2\cos 2x\cdot\mathrm{e}^{x^2}\cos\frac{x}{2}}{\sin^2 2x}$$
$$=\frac{\mathrm{e}^{x^2}}{2\sin^2 2x}\left(4x\cos\frac{x}{2}\cdot\sin 2x-\sin\frac{x}{2}\cdot\sin 2x-4\cos 2x\cdot\cos\frac{x}{2}\right).$$

(6)
$$y'=\left(x\arcsin\frac{1}{\sqrt{x}}+\sin\ln x\right)'=\left(x\arcsin\frac{1}{\sqrt{x}}\right)'+(\sin\ln x)'$$
$$=\arcsin\frac{1}{\sqrt{x}}+x\cdot\frac{1}{\sqrt{1-\left(\frac{1}{\sqrt{x}}\right)^2}}\cdot\frac{-1}{2\sqrt{x^3}}+\cos\ln x\cdot\frac{1}{x}$$
$$=\arcsin\frac{1}{\sqrt{x}}-\frac{1}{2\sqrt{x-1}}+\frac{\cos\ln x}{x}.$$

例 9 求下列函数的导数, 其中 f 可导:

(1) $\frac{\mathrm{d}f(x^3)}{\mathrm{d}x}$; (2) $\frac{\mathrm{d}[f(x)]^3}{\mathrm{d}x}$; (3) $\frac{\mathrm{d}\left[f\left(\sin\frac{1}{x}\right)\right]^2}{\mathrm{d}x}$.

解 (1) $\frac{\mathrm{d}f(x^3)}{\mathrm{d}x}=3x^2f'(x^3)$.

(2) $\frac{\mathrm{d}[f(x)]^3}{\mathrm{d}x}=3[f(x)]^2f'(x)$.

(3) $\frac{\mathrm{d}\left[f\left(\sin\frac{1}{x}\right)\right]^2}{\mathrm{d}x}=2f\left(\sin\frac{1}{x}\right)f'\left(\sin\frac{1}{x}\right)\cos\frac{1}{x}\left(-\frac{1}{x^2}\right)=-\frac{2}{x^2}f\left(\sin\frac{1}{x}\right)f'\left(\sin\frac{1}{x}\right)\cos\frac{1}{x}$.

对于由很多因子经乘法、除法、乘方、开方运算后构成的函数以及幂指函数可以先取对数再求导数, 这种方法称为**对数求导法**.

例 10 求函数 $y=\frac{\sqrt[3]{2x+1}(x+2)^4}{(3-x)^2\sqrt[5]{(1-2x)^4}}$ 的导数.

解 先将原式两边取对数得

$$\ln y=\frac{1}{3}\ln(2x+1)+4\ln(x+2)-2\ln(3-x)-\frac{4}{5}\ln(1-2x),$$

上式两边对 x 求导数 (y 是 x 的函数), 得

$$\frac{y'}{y}=\frac{2}{3(2x+1)}+\frac{4}{x+2}+\frac{2}{3-x}+\frac{8}{5(1-2x)}.$$

从而

$$y'=\frac{\sqrt[3]{2x+1}(x+2)^4}{(3-x)^2\sqrt[5]{(1-2x)^4}}\left[\frac{2}{3(2x+1)}+\frac{4}{x+2}+\frac{2}{3-x}+\frac{8}{5(1-2x)}\right].$$

例 11 求函数 $y=(\tan x)^{\sin x}$ 的导数.

解 **法一** 函数可以记为

$$y=(\tan x)^{\sin x}=\mathrm{e}^{\sin x\ln\tan x},$$

由链式法则可得

$$y'=\mathrm{e}^{\sin x\ln\tan x}\left(\cos x\ln\tan x+\sin x\frac{\sec^2 x}{\tan x}\right)$$
$$=(\tan x)^{\sin x}\left(\cos x\ln\tan x+\frac{1}{\cos x}\right).$$

法二 运用对数求导法, 首先两边取对数得

$$\ln y=\sin x\ln\tan x,$$

上式两边对 x 求导数, 有

$$\frac{y'}{y}=\cos x\ln\tan x+\sin x\frac{\sec^2 x}{\tan x},$$

从而

$$y'=(\tan x)^{\sin x}\left(\cos x\ln\tan x+\frac{1}{\cos x}\right).$$

2.2.5 隐函数的导数

一般地, 对于方程 $F(x,y)=0$, 如果当 x 在某区间内任取一个值时, 总有满足这个方程的唯一的 y 值存在, 那么方程 $F(x,y)=0$ 可以确定一个函数 $y=f(x)$. 这种由方程所确定的函数称为**隐函数**. 一个方程可以确定多个隐函数. 有时, 可以从隐函数的方程 $F(x,y)=0$ 中解出 $y=f(x)$ 的解析表达式 (称为隐函数的 "显化"), 但某些隐函数不能或难以 "显化", 此时如何直接从 $F(x,y)=0$ 求由它所确定的隐函数的导数?

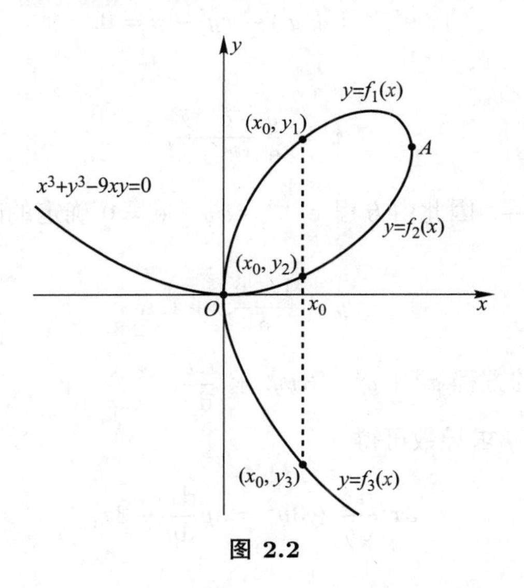

图 2.2

如图 2.2, 方程 $x^3+y^3-9xy=0$ 表示的曲线被称为 Descartes (笛卡儿) 曲线, 曲线上几乎每一点的切线斜率都存在, 但是该曲线不能用一个显函数来表达, 我们不能按照前面的方法求曲线的斜率. 那么如何求该曲线的切线斜率呢? 除 O 和 A 两点外, 可以将该曲线分作三条光滑的函数曲线: $y=f_1(x)$, $y=f_2(x)$ 和 $y=f_3(x)$ (即方程确定了三个隐函数), 但是无法得到这三条曲线的显示表达式. 将 y 看作 x 的函数, 利用导数的四则运算、链式法则, 方程两边对 x 求导. 由方程解出 $\dfrac{\mathrm{d}y}{\mathrm{d}x}$, 这里的表达式中既有 x 又有 y, 代入 x 和 y 的值就可以得到曲线在点 (x,y) 处的切线的斜率. 这种求导数的方法称作**隐函数求导法**.

例 12 求由方程 $xy+\mathrm{e}^y-\mathrm{e}^x=0$ 所确定的隐函数的导数 $\dfrac{\mathrm{d}y}{\mathrm{d}x}$, 并求 $\left.\dfrac{\mathrm{d}y}{\mathrm{d}x}\right|_{x=0}$.

解 方程中的 y 是 x 的函数, 方程两边同时对 x 求导数可得

$$y+x\frac{\mathrm{d}y}{\mathrm{d}x}+\mathrm{e}^y\frac{\mathrm{d}y}{\mathrm{d}x}-\mathrm{e}^x=0,$$

从中解得

$$\frac{\mathrm{d}y}{\mathrm{d}x}=\frac{\mathrm{e}^x-y}{\mathrm{e}^y+x}.$$

应该注意这里出现的 y 仍是由原方程所确定的 x 的函数, 所以从根本上说 $\dfrac{\mathrm{d}y}{\mathrm{d}x}$ 仍是 x 的函数. 在求 $\left.\dfrac{\mathrm{d}y}{\mathrm{d}x}\right|_{x=0}$ 时应当将 $x=0$ 以及在 $x=0$ 时相应的 y 值一并代入, 为此先从原方程求得当 $x=0$ 时, $y=0$, 从而

$$\left.\frac{\mathrm{d}y}{\mathrm{d}x}\right|_{x=0}=\left.\frac{\mathrm{e}^x-y}{\mathrm{e}^y+x}\right|_{\substack{x=0\\y=0}}=1.$$

例 13 求由方程 $\mathrm{e}^{x+y}-xy-\mathrm{e}=0$ 所确定的隐函数曲线在点 $(0,1)$ 处的切线方程.

解 将 $\dfrac{\mathrm{d}y}{\mathrm{d}x}$ 简记为 y'. 方程两边同时对 x 求导数可得

$$\mathrm{e}^{x+y}(1+y')-xy'-y=0,$$

从中解得

$$y'=\frac{y-\mathrm{e}^{x+y}}{\mathrm{e}^{x+y}-x}.$$

在点 $(0,1)$ 处, $y'(0)=\dfrac{1-\mathrm{e}}{\mathrm{e}}$. 因此由方程 $\mathrm{e}^{x+y}-xy-\mathrm{e}=0$ 确定的隐函数曲线在点 $(0,1)$ 处的切线方程为

$$y=\frac{1-\mathrm{e}}{\mathrm{e}}x+1.$$

例 14 已知隐函数的方程 $x^3+y^3=3xy$, 求 $\dfrac{\mathrm{d}x}{\mathrm{d}y}$.

解 方程两边同时对 y 求导数可得

$$3x^2\frac{\mathrm{d}x}{\mathrm{d}y}+3y^2=3y\frac{\mathrm{d}x}{\mathrm{d}y}+3x,$$

从中解得

$$\frac{\mathrm{d}x}{\mathrm{d}y}=\frac{y^2-x}{y-x^2}.$$

2.2.6 参数方程所确定的函数的导数

一般地, 由参数方程

$$\begin{cases}x=\varphi(t),\\ y=\psi(t),\end{cases}\quad \alpha\leqslant t\leqslant\beta$$

所确定的 y 与 x 之间的函数关系为由参数方程所确定的函数. 当参数 t 由 α 变到 β 时, 点 (x,y) 形成了平面上的曲线, 称它为由参数方程所确定的平面曲线. 如果 φ 和 ψ 在 $t=t_0$ 处可导, 则称参数曲线 $x=\varphi(t), y=\psi(t)$ 在 $t=t_0$ 处**可导**. 如果 φ' 和 ψ' 连续且不同时为零, 则称该平面曲线**光滑**.

参数方程所确定的函数可以通过消去参数 t 得到. 但是有些参数方程消去参数 t 比较困难, 或者消去 t 后得到的 y 与 x 的关系式非常复杂, 此时怎样求该函数的导数 $\dfrac{\mathrm{d}y}{\mathrm{d}x}$ 呢? 有如下定理.

定理 4 如果函数 φ, ψ 在区间 $[\alpha,\beta]$ 上可导且 $\varphi'(t)$ 在区间 $[\alpha,\beta]$ 上不为零, 则参数方程

$$\begin{cases} x=\varphi(t), \\ y=\psi(t) \end{cases}$$

确定了 y 关于 x 的可导函数, 且导数为

$$\frac{\mathrm{d}y}{\mathrm{d}x}=\frac{\mathrm{d}y/\mathrm{d}t}{\mathrm{d}x/\mathrm{d}t}=\frac{\psi'(t)}{\varphi'(t)}.$$

证 由于 $x=\varphi(t)$ 可导, 且 $\varphi'(t)\neq 0$, 所以反函数 $t=\varphi^{-1}(x)$ 的导数存在. 由参数方程确定的函数 $y=\psi\circ\varphi^{-1}(x)=\psi[\varphi^{-1}(x)]$, 用复合函数求导法则得

$$\frac{\mathrm{d}y}{\mathrm{d}x}=\frac{\mathrm{d}y}{\mathrm{d}t}\cdot\frac{\mathrm{d}t}{\mathrm{d}x}=\frac{\mathrm{d}y}{\mathrm{d}t}\cdot\frac{1}{\dfrac{\mathrm{d}x}{\mathrm{d}t}}=\frac{\psi'(t)}{\varphi'(t)}.$$

应当注意, 上式所得 y' 是一个 t 的函数, 但这里的 t 仍是由原参数方程中 $x=\varphi(t)$ 确定的 x 的函数, 所以在一般情形下由参数方程确定的函数的导数仍是一个用参数方程表达的函数

$$\begin{cases} x=\varphi(t), \\ \dfrac{\mathrm{d}y}{\mathrm{d}x}=\dfrac{\psi'(t)}{\varphi'(t)}, \end{cases} \quad \alpha\leqslant t\leqslant\beta.$$

例 15 求由参数方程 $\begin{cases} x=\ln(1+t^2), \\ y=t-\arctan t \end{cases}$ 所确定的函数的导数.

解

$$\frac{\mathrm{d}y}{\mathrm{d}x}=\frac{\mathrm{d}y/\mathrm{d}t}{\mathrm{d}x/\mathrm{d}t}=\frac{1-\dfrac{1}{1+t^2}}{\dfrac{1}{1+t^2}\cdot 2t}=\frac{t}{2},$$

也可以写成

$$\begin{cases} x=\ln(1+t^2), \\ \dfrac{\mathrm{d}y}{\mathrm{d}x}=\dfrac{t}{2}. \end{cases}$$

例 16 求双曲线右支

$$x=\sec t, \quad y=\tan t, \quad -\frac{\pi}{2}<t<\frac{\pi}{2}$$

在参数 $t=\dfrac{\pi}{4}$ 对应点处的切线方程.

解 $$\frac{\mathrm{d}y}{\mathrm{d}x}=\frac{\mathrm{d}y/\mathrm{d}t}{\mathrm{d}x/\mathrm{d}t}=\frac{\sec^2 t}{\sec t\tan t}=\frac{\sec t}{\tan t}.$$

参数 $t=\dfrac{\pi}{4}$ 对应点为 $(\sqrt{2},1)$, 该点处切线的斜率为

$$\left.\frac{\mathrm{d}y}{\mathrm{d}x}\right|_{t=\frac{\pi}{4}}=\frac{\sec(\pi/4)}{\tan(\pi/4)}=\sqrt{2}.$$

故在该点处曲线的切线方程为

$$y-1=\sqrt{2}(x-\sqrt{2}),\quad 即\quad y=\sqrt{2}x-1.$$

例 17 如图 2.3 所示, 设半径为 a 的动圆在 x 轴上无滑动地滚过, P 是圆周上的一个定点. 设点 P 的初始坐标为原点, 点 P 形成的轨迹称为摆线. 证明摆线上任一点 $P(x,y)$ 处的法线必通过动圆与 x 轴相切的切点.

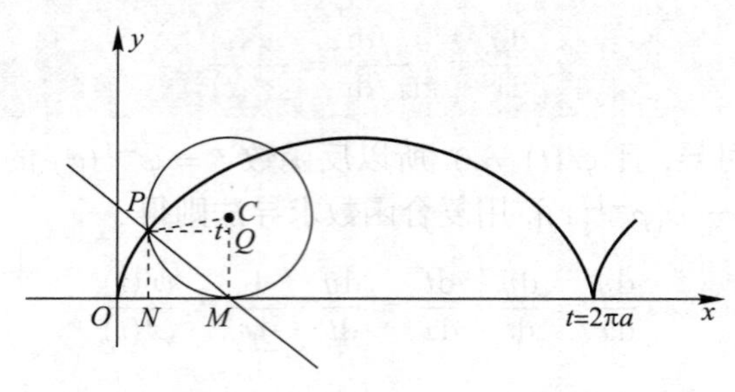

图 2.3

证 以动圆转动的角度 t 为参数变量, 设动圆与 x 轴相切的切点为 M. 注意到 $OM=\overset{\frown}{PM}$, 由图 2.3 可知摆线的参数方程为

$$\begin{cases} x=ON=OM-NM=\overset{\frown}{PM}-NM=at-a\sin t,\\ y=MQ=MC-QC=a-a\cos t. \end{cases}$$

摆线在点 P 处的切线的斜率为

$$\frac{\mathrm{d}y}{\mathrm{d}x}=\frac{\mathrm{d}y/\mathrm{d}t}{\mathrm{d}x/\mathrm{d}t}=\frac{a\sin t}{a(1-\cos t)}=\frac{\sin t}{1-\cos t}.$$

摆线在点 P 处的法线方程为

$$y-a(1-\cos t)=-\frac{1-\cos t}{\sin t}\Big(x-a(t-\sin t)\Big).$$

令 $y=0$ 得到法线与 x 轴交点的横坐标为 $x=at$, 即摆线上任一点 $P(x,y)$ 处的法线必通过点 $M(at,0)$.

在由参数方程所确定的函数中 x 与 y 的地位是平等的, 如果 $\psi'(t)$ 在区间 $[\alpha,\beta]$ 上不等于零, 则在区间 $[\alpha,\beta]$ 上存在反函数 $t=\psi^{-1}(y)$, 那么也可以认为 x 是通过中间变量 t 而以 y 为自变量的复合函数, 并且有

$$\frac{\mathrm{d}x}{\mathrm{d}y}=\frac{\mathrm{d}x/\mathrm{d}t}{\mathrm{d}y/\mathrm{d}t}=\frac{\varphi'(t)}{\psi'(t)},$$

也可以写成

$$\begin{cases} \dfrac{\mathrm{d}x}{\mathrm{d}y} = \dfrac{\varphi'(t)}{\psi'(t)}, \\ y = \psi(t), \end{cases} \quad \alpha \leqslant t \leqslant \beta.$$

例 18 已知 $\begin{cases} x = \dfrac{3t}{1+t^3}, \\ y = \dfrac{3t^2}{1+t^3}, \end{cases}$ 求 $\dfrac{\mathrm{d}x}{\mathrm{d}y}$.

解

$$\frac{\mathrm{d}x}{\mathrm{d}y} = \frac{\mathrm{d}x/\mathrm{d}t}{\mathrm{d}y/\mathrm{d}t} = \frac{\dfrac{3(1-2t^3)}{(1+t^3)^2}}{\dfrac{3t(2-t^3)}{(1+t^3)^2}} = \frac{1-2t^3}{t(2-t^3)}.$$

2.2.7 相关变化率

在实际问题中常常遇到这样一类问题: 在某个变化过程中, 几个变量都随另一变量 t 而变化, 而变量之间又存在着某种相互依赖关系, 因而它们关于 t 的变化率 (假定存在) 也相互联系, 知道了其中一些变量对 t 的变化率, 要求另外一些变量对 t 的变化率, 这种问题称为**相关变化率**问题.

解决相关变化率问题一般可采用如下步骤:

(1) 建立变量之间的关系式;

(2) 将关系式两边对 t 求导, 从而得到各变量对 t 的变化率之间的关系式;

(3) 将已知的变化率 (包括一些已知数据) 代入并解出所要求的变化率.

例 19 一梯子长 10 m, 上端靠墙, 下端着地, 梯子顺墙下滑. 当梯子下端离墙 6 m 时沿着地面以 2 m/s 的速度滑动, 问这时梯子的上端下降的速度是多少?

解 建立如图 2.4 所示的坐标系. 设在 t 时刻, 梯子下端离墙的距离为 $x(t)$, 上端距地面高度为 $y(t)$. 故有关系式

$$x^2(t) + y^2(t) = 100,$$

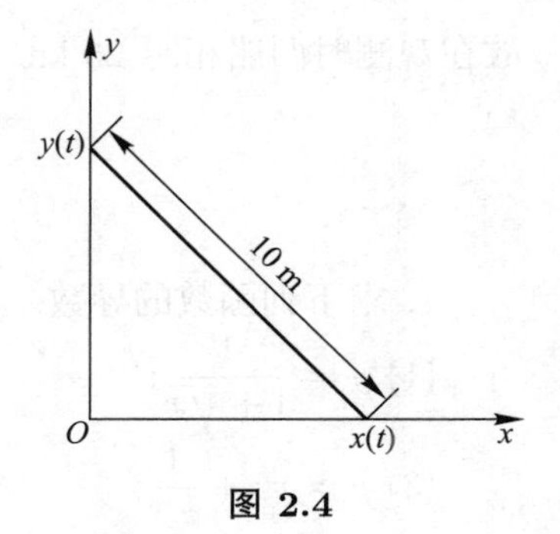

图 2.4

上式两端对 t 求导, 则得到变化率 $\dfrac{\mathrm{d}x}{\mathrm{d}t}$ 与 $\dfrac{\mathrm{d}y}{\mathrm{d}t}$ 之间的关系式:

$$x\frac{\mathrm{d}x}{\mathrm{d}t} + y\frac{\mathrm{d}y}{\mathrm{d}t} = 0,$$

当 $x=6, y=8$ 时, $\dfrac{\mathrm{d}x}{\mathrm{d}t} = 2$, 代入上式得

$$\frac{\mathrm{d}y}{\mathrm{d}t} = -1.5.$$

即梯子上端下降的速度是 1.5 m/s.

例 20 气球从距观察员 500 m 处离开地面铅直上升, 当观察员视线的仰角为 $\dfrac{\pi}{4}$ 时, 仰角以 0.14 rad/min 的速率增加, 问此时气球上升的速率如何?

解 如图 2.5. 设在 t 时刻, θ 为观察员视线仰角, y 为气球上升高度, 则得到两个变量之间的关系式

$$\frac{y}{500}=\tan\theta \quad 或 \quad y=500\tan\theta,$$

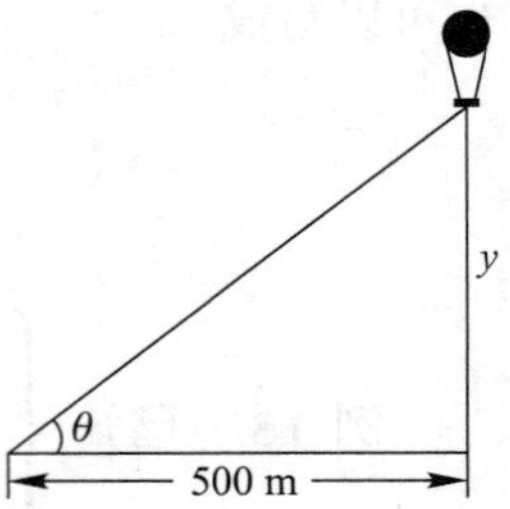

图 2.5

方程两边对 t 求导得

$$\frac{\mathrm{d}y}{\mathrm{d}t}=500\sec^2\theta\frac{\mathrm{d}\theta}{\mathrm{d}t},$$

当 $\theta=\frac{\pi}{4}$ 时, $\frac{\mathrm{d}\theta}{\mathrm{d}t}=0.14$, 故

$$\frac{\mathrm{d}y}{\mathrm{d}t}=500(\sqrt{2})^2\cdot 0.14=140\ (\mathrm{m/min}),$$

气球上升的速率为 140 m/min.

例 21 船 A 向正南、船 B 向正东沿直线航行, 开始时前者恰在后者正北 40 km 处, 后来在某一时刻测得船 A 已向南航行了 20 km, 此时速率为 15 km/h; 船 B 已向东航行了 15 km, 此时速率为 25 km/h. 问这时两船是在分离还是接近, 速率是多少?

解 如图 2.6 所示, 设船 A 的航行距离为 x, 船 B 的航行距离为 y, 两船间距离为 z. 这三个变量都是航行时间 t 的函数, 在任何时刻 t, 它们之间都有关系式

$$(40-x)^2+y^2=z^2,$$

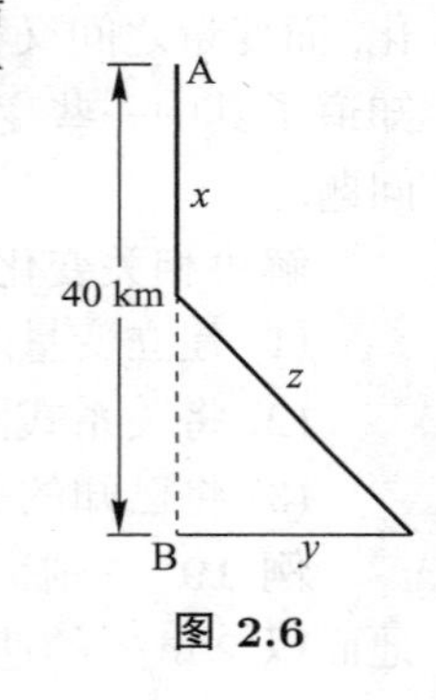

图 2.6

方程两边对 t 求导有

$$-2(40-x)\frac{\mathrm{d}x}{\mathrm{d}t}+2y\frac{\mathrm{d}y}{\mathrm{d}t}=2z\frac{\mathrm{d}z}{\mathrm{d}t},$$

已知在某时刻, $x=20$, $\frac{\mathrm{d}x}{\mathrm{d}t}=15$, $y=15$, $\frac{\mathrm{d}y}{\mathrm{d}t}=25$, 故得

$$z=25, \quad \frac{\mathrm{d}z}{\mathrm{d}t}=\frac{-20\cdot 15+15\cdot 25}{25}=3.$$

故在观测时两船相距 25 km, 正以 3 km/h 的速率在彼此远离.

习 题 2.2

1. 求下列函数的导数:

(1) $y=\frac{1}{1+\sqrt{x}}$;　　(2) $y=\frac{1}{x\cos x}$;

(3) $y=x^n+\frac{1}{x^n}$;　　(4) $y=\frac{\cos x}{x}+\frac{\sqrt{x}}{\sin x}$;

(5) $y=4^x\cot x+\frac{\sin\frac{\pi}{5}}{\mathrm{e}^{2x}}$;　　(6) $y=(\sqrt{x}+1)\left(\frac{1}{\sqrt{x}}-1\right)$;

(7) $y=\frac{3x-2x^{-\frac{1}{2}}}{\sqrt[3]{x}}$;　　(8) $y=\frac{t^2}{t^2-1}-\frac{t-1}{t+1}$;

(9) $y=\frac{1}{x}-\frac{2}{x^2}+\frac{3}{x^4}$;　　(10) $y=\frac{\mathrm{e}^x-x^2}{\sin x+\cos x}$;

(11) $y = x^2 e^x \cos x + \dfrac{2+x^2}{\sqrt{x}}$; (12) $y = \sin x \cosh x + \cos x \sinh x - \dfrac{\tanh x}{x}$.

2. 求下列函数在指定点处的导数:

(1) $y = \dfrac{\cos x}{2x-1}, x = \dfrac{\pi}{2}$;

(2) $y = \dfrac{t^2-5t+1}{t^3}, t = 1$ 及 -1;

(3) $y = a_n x^n + a_{n-1}x^{n-1} + \cdots + a_0, x = 0$ 及 1;

(4) $y = x(x-1)(x-2)\cdots(x-100), x = 0$.

3. 若有一段二次曲线 $y = ax^2+bx+c, x \in [0,1]$, 它把 $(-\infty, 0)$ 内的曲线段 $y = e^x$ 和 $(1, +\infty)$ 内的曲线段 $y = \dfrac{1}{x}$ 连成一条处处可导的曲线, 求定义在 $(-\infty, +\infty)$ 上的该曲线方程.

4. 求函数 $f(x) = \begin{cases} e^x, & x < -1, \\ x^2 + \dfrac{x}{e} - 1, & -1 \leqslant x \leqslant 1, \\ e^{-x}, & x > 1 \end{cases}$ 的导函数.

5. 作一个连续函数 f, 使得 $\lim\limits_{x\to 0} f(x) = -1, f'_+(0) = 2, f'_-(0) = -2$.

6. 曲线 $y = 1 - e^{-2x}$ 上哪一点处的切线与直线 $y = \dfrac{2}{e}x + e$ 平行?

7. 求曲线 $y = x^2 + 5x - 9$ 与直线 $x + y - 1 = 0$ 平行的法线方程.

8. 求抛物线方程 $y = x^2 + bx + c$ 中的常数 b, c 的值, 使它在点 $(1,1)$ 处的切线与直线 $y - x + 1 = 0$ 平行.

9. 证明曲线 $y = \sqrt{2}\sin x$ 和 $y = \sqrt{2}\cos x$ 在 $0 < x < \dfrac{\pi}{2}$ 内的某点处正交 (即曲线在某点处的切线正交).

10. 一只苍蝇沿着曲线 $y = 7 - x^2$ 从左向右爬行, 一只蜘蛛在点 $(4,0)$ 的位置静候. 求两只昆虫第一次看到对方的距离.

11. 在点 $A(1,2)$ 和 $B(4,5)$ 分别作曲线 $y = x^2 - 4x + 5$ 的法线, 求这两条法线与直线 AB 所构成的三角形的面积.

12. 设 $P(a,b)$ 是函数曲线 $y = \dfrac{1}{x}$ 在第一象限部分上的某点, 曲线在点 P 处的切线与 x 轴相交于点 A. 证明三角形 AOP 是等腰三角形, 并求出该三角形的面积.

13. 已知 $f(x) = \sin(x - x_0)\varphi(x)$, 其中函数 φ 在点 x_0 处连续但不可导, 证明函数 f 在点 x_0 处可导, 并求 $f'(x_0)$.

14. 由熟知的公式 $1 + x + x^2 + \cdots + x^n = \dfrac{x^{n+1}-1}{x-1}$ (n为正整数, $x \neq 1$), 利用求导数, 给出下列和式的求和公式:

(1) $1 + 2x + 3x^2 + \cdots + nx^{n-1}$;

(2) $1^2 \cdot x + 2^2 \cdot x^2 + 3^2 \cdot x^3 + \cdots + n^2 \cdot x^n$.

15. 已知 f 由 $y = f(x) = x + \tan x$ 所定义, 求 $(f^{-1})'(0)$.

16. 已知 f 由 $y = f(x) = \ln x + \left(\dfrac{x}{e}\right)^3$ 所定义, 求 $(f^{-1})'(2)$.

17. 求下列函数的导数:

(1) $y=\tan^3(1-2x)$;

(2) $y=2^{-(4x-1)}$;

(3) $y=\ln\ln(x-1)$;

(4) $y=\sin\ln(3-x)$;

(5) $y=\ln(1+\sqrt{1+x^2})$;

(6) $s=\arccos\sqrt{1-3t}$;

(7) $y=\mathrm{e}^{\tan^2 x}$;

(8) $y=\ln\sin\sqrt{x^2+1}$;

(9) $y=\arctan\dfrac{x-1}{x+1}$;

(10) $y=\sec^2\dfrac{x}{2}-\csc^2\dfrac{x}{2}$;

(11) $y=-\dfrac{1}{2}\cos 2(\cos 3x)$;

(12) $y=\arctan[\sin(x^2+1)]$;

(13) $y=\log_a\sqrt{x+\sin x}$ ($a>0$ 且 $a\neq 1$);

(14) $y=x\arcsin(\ln x)$;

(15) $y=\arccos\dfrac{2}{x}$;

(16) $y=\dfrac{\arccos 2x}{x}$;

(17) $y=\cot\sqrt[3]{1+x^2}$;

(18) $y=\arcsin\sqrt{\sin x}$;

(19) $y=\mathrm{e}^{x^x}$;

(20) $y=x^x+(\sin x)^x$;

(21) $y=(1+x^2)^{\sin x}$;

(22) $y=a^{a^x}+a^{x^a}+x^{a^a}$ ($a>0$ 且 $a\neq 1$).

18. 求下列函数的导数, 其中 $f(x)$ 可导.

(1) $y=x^{\mathrm{e}^{f(-x)}}$;

(2) $y=f(\sin^2 x)+f(\cos x^2)$;

(3) $y=f(\mathrm{e}^x)\mathrm{e}^{f(x)}$;

(4) $y=f\{f[f(x)]\}$.

19. 先求 $y=\ln|\cos ax|$(a为常数) 的导数, 再求 $\dfrac{1}{2}\tan\dfrac{x}{2}+\dfrac{1}{4}\tan\dfrac{x}{4}+\cdots+\dfrac{1}{2^n}\tan\dfrac{x}{2^n}$ 的和.

20. 证明

$$\frac{\mathrm{d}|x|}{\mathrm{d}x}=\frac{|x|}{x},\quad x\neq 0,$$

并由此求函数 $y=|\sin x|$ 的导数.

21. 假设 $f(0)=0$ 且 $f'(0)=2$. 求 $f\{f[f(f(x))]\}$ 在 $x=0$ 处的导数.

22. 已知函数 f 在 $x=0$ 处可导且 $f'(0)=0$, 而函数 φ 的表达式为

$$\varphi(x)=\begin{cases}x^2\sin\dfrac{1}{x}, & x\neq 0,\\ 0, & x=0.\end{cases}$$

证明复合函数 $f\circ\varphi$ 在 $x=0$ 处可导, 并求 $(f\circ\varphi)'(0)$.

23. 假设 f 可导, 并且对定义域内两点 x_1 和 x_2 有

$$f(x_1)=x_2,\quad f(x_2)=x_1,$$

设 $g(x)=f\{f[f(f(x))]\}$, 证明 $g'(x_1)=g'(x_2)$.

24. 求下列参数方程所确定的函数的导数 $\dfrac{\mathrm{d}y}{\mathrm{d}x}$, 以及在指定点处的导数:

(1) $\begin{cases}x=a(t-\sin t),\\ y=a(1-\cos t),\end{cases}$ $t=\dfrac{\pi}{2}$;

(2) $\begin{cases}x=1-t^2,\\ y=t-t^3,\end{cases}$ $t=1$;

(3) $\begin{cases}x=\mathrm{e}^t\sin t,\\ y=\mathrm{e}^t\cos t,\end{cases}$ $t=\dfrac{\pi}{2}$;

(4) $\begin{cases}x=at\cos t,\\ y=at\sin t,\end{cases}$ $t=\dfrac{\pi}{2}$.

25. 求下列参数方程所表示的曲线在指定点处的切线、法线方程.

(1) $\begin{cases} x = a\cos^3 t, \\ y = a\sin^3 t, \end{cases}$ $t = \dfrac{\pi}{4}$;　　(2) $\begin{cases} x = \dfrac{3t}{1+t^2}, \\ y = \dfrac{3t^2}{1+t^2}, \end{cases}$ $t = 2$.

26. 求下列隐函数的导数 $\dfrac{\mathrm{d}y}{\mathrm{d}x}$:

(1) $y^3 - 3y + 2ax = 0 (a \neq 0)$;　　(2) $y\sin x - \cos(x-y) = 0$;

(3) $xy = \mathrm{e}^{x+y}$;　　(4) $x\cos y = \sin(x+y)$;

(5) $x^y = y^x$;　　(6) $\cos(xy) = x$;

(7) $y^2\cos x = a^2\sin 3x$.

27. 求下列方程所确定的隐函数在指定点处的导数 $\dfrac{\mathrm{d}y}{\mathrm{d}x}$:

(1) $x^2 + 2xy - y^2 = 2x, (2,4)$;　　(2) $y\mathrm{e}^x + \ln y = 1, x = 0$.

28. 求由方程 $y = 1 + x\mathrm{e}^y$ 所确定的函数的导数 $\dfrac{\mathrm{d}x}{\mathrm{d}y}$ 以及 $\left.\dfrac{\mathrm{d}x}{\mathrm{d}y}\right|_{y=0}$.

29. 求曲线 $x^{\frac{3}{2}} + y^{\frac{3}{2}} = 16$ 在点 $(4,4)$ 处的切线方程.

30. 求平面曲线 $xy + 2x - y = 0$ 上平行于直线 $2x + y = 0$ 的法线方程.

31. 证明抛物线 $x^{\frac{1}{2}} + y^{\frac{1}{2}} = a^{\frac{1}{2}} (a > 0)$ 上任一点处的切线在两坐标轴上截距之和等于 a.

32. 证明星形线 $x^{\frac{2}{3}} + y^{\frac{2}{3}} = a^{\frac{2}{3}} (a > 0)$ 的切线介于两坐标轴之间的一段定长为 a.

33. 证明两条曲线 $xy = 1$ 和 $x^2 - y^2 = 1$ 在某点处正交.

34. 已知曲线 $r = a\sin 2\theta\,(a > 0)$, 求 $\theta = \dfrac{\pi}{4}$ 时曲线上相应点处的切线方程.

35. 证明两条心形线 $r = a(1+\cos\theta)$ 与 $r = a(1-\cos\theta)$ 在某点处正交.

36. 一圆柱形水罐, 当水以 3 $\mathrm{m}^3/\mathrm{min}$ 的速度流出时, 水面下降的速度是多少?

37. 旗杆高 $\dfrac{100}{3}$ m, 一人沿地面向着旗杆底脚前进, 在人距杆脚 50 m 时人行进的速率为 3 m/s. 问这时人与杆顶间的距离的变化率如何?

38. 一根绳子拴在一条小船的船头, 已知绳子通过高出船头 5 m 的滑轮往回收而将小船拖向岸边, 在还剩下 13 m 绳子时, 绳子往回收的速率为 2 m/s, 问这时小船以何种速率向岸边靠拢?

39. 长为 5 m 的梯子靠在铅直的墙边, 若其下端离开墙脚沿地面朝外滑去.

(1) 当其下端离墙角 1.4 m 时, 其下端外滑的速率为 3 m/s, 问这时梯子上端沿墙面下滑的速率为多少?

(2) 梯子下端离墙角多少米时梯子的上、下端以相同的速率滑动?

(3) 梯子下端离墙角多少米时梯子下端的外滑速率为 3 m/s, 而上端的下滑速率为 4 m/s?

40. 直径为 8 m 的冰球以 10 $\mathrm{m}^3/\mathrm{min}$ 的速度均匀融化. 当冰球半径为 2 m 时, 求半径减少的变化率? 并问此刻冰球表面积的变化率?

41. 甲以 2 m/s 的速度, 乙以 1 m/s 的速度, 两人从不同的街道同时向街角 (街角为直角) 走去. 当甲离街角 10 m, 乙离街角 20 m 时, 问两人之间所成角度的变化率?

§2.3 高阶导数

我们已知物体在某时刻的速度 $v(t)$ 是位移函数 $s=s(t)$ 对时间 t 的导数, 即 $v(t)=s'(t)$. 同样, 加速度 $a(t)$ 是速度函数 $v=v(t)$ 对时间 t 的导数. 因此, $a(t)=v'(t)=(s'(t))'$, 即加速度是位移函数 $s=s(t)$ 对时间 t 的二阶导数, 记作 $a(t)=s''(t)$.

一般地, 若函数 f 的导函数 f' 在点 x 处可导, 即

$$\lim_{\Delta x\to 0}\frac{f'(x+\Delta x)-f'(x)}{\Delta x}$$

存在, 则称 f 在点 x 处**二阶可导**, 而此极限值称为 f 的**二阶导数**, 记为 $f''(x), y''$ 或 $\dfrac{\mathrm{d}^2y}{\mathrm{d}x^2}$.

$$y''=(y')' \quad 或 \quad \frac{\mathrm{d}^2y}{\mathrm{d}x^2}=\frac{\mathrm{d}}{\mathrm{d}x}\left(\frac{\mathrm{d}y}{\mathrm{d}x}\right).$$

若函数 f 在区间 I 的每一点都二阶可导, 则称函数 f 在区间 I 上二阶可导, f'' 为 f 的二阶导函数. 类似地, 定义 f 的二阶导数的导数为**三阶导数**, 记作 $f'''(x), y'''$ 或 $\dfrac{\mathrm{d}^3y}{\mathrm{d}x^3}$. 一般地, 称 f 的 $n-1$ 阶导数的导数为 n **阶导数**, 记作 $f^{(n)}(x), y^{(n)}$ 或 $\dfrac{\mathrm{d}^ny}{\mathrm{d}x^n}$.

由高阶导数的定义, 求高阶导数就是对函数一次次地求导, 所以仍可以运用前面介绍的导数运算法则计算高阶导数.

例 1 已知 $y=2x^4-x^3+7$, 求 y''' 及 $y'''(0), y'''(1)$.

解 $y'=8x^3-3x^2, y''=24x^2-6x, y'''=48x-6$, 而

$$y'''(0)=(48x-6)|_{x=0}=-6, \quad y'''(1)=(48x-6)|_{x=1}=42.$$

例 2 求下列函数的 n 阶导数:

(1) $y=a^x(a>0, a\neq 1)$; (2) $y=x^\mu(\mu\in\mathbb{R}, x>0)$;

(3) $y=\sin x$; (4) $y=\ln(1+x)$.

解 (1) $(a^x)'=a^x\ln a, (a^x)''=a^x\ln^2 a, (a^x)'''=a^x\ln^3 a$, 于是

$$(a^x)^{(n)}=a^x\ln^n a.$$

特别地, 有

$$(\mathrm{e}^x)^{(n)}=\mathrm{e}^x, \quad (\mathrm{e}^{-x})^{(n)}=(-1)^n\mathrm{e}^{-x}.$$

(2) $(x^\mu)'=\mu x^{\mu-1}, (x^\mu)''=\mu(\mu-1)x^{\mu-2}, (x^\mu)'''=\mu(\mu-1)(\mu-2)x^{\mu-3}$, 于是

$$(x^\mu)^{(n)}=\mu(\mu-1)\cdots(\mu-n+1)x^{\mu-n}.$$

特别地, 当 $\mu=k\in\mathbb{N}_+$ 时,有

$$(x^k)^{(k)}=k!,$$

对于 $n>k$, 有 $(x^k)^{(n)}=0$.

(3)
$$
\begin{aligned}
&(\sin x)' = \cos x = \sin\left(x + \frac{\pi}{2}\right), \\
&(\sin x)'' = \cos\left(x + \frac{\pi}{2}\right) = \sin\left(x + 2\cdot\frac{\pi}{2}\right), \\
&(\sin x)''' = \cos\left(x + 2\cdot\frac{\pi}{2}\right) = \sin\left(x + 3\cdot\frac{\pi}{2}\right), \\
&\cdots\cdots\cdots\cdots \\
&(\sin x)^{(n)} = \sin\left(x + n\cdot\frac{\pi}{2}\right).
\end{aligned}
$$

类似地, 有

$$(\cos x)^{(n)} = \cos\left(x + n\cdot\frac{\pi}{2}\right).$$

(4)
$$
\begin{aligned}
&[\ln(1+x)]' = \frac{1}{1+x}, \\
&[\ln(1+x)]'' = (-1)(1+x)^{-2}, \\
&[\ln(1+x)]''' = (-1)(-2)(1+x)^{-3}, \\
&\cdots\cdots\cdots\cdots \\
&[\ln(1+x)]^{(n)} = \frac{(-1)^{(n-1)}\cdot(n-1)!}{(1+x)^n}.
\end{aligned}
$$

例 3 求函数 $y = \sin^2 x$ 的 n 阶导数.

解 由于 $(\sin^2 x)' = 2\cos x \sin x = \sin 2x$, 故

$$y^{(n)} = (\sin 2x)^{(n-1)} = 2^{n-1}\sin\left(2x + \frac{n-1}{2}\pi\right).$$

例 4 求函数 $y = \sqrt{1+x}$ 的 n 阶导数.

解
$$
\begin{aligned}
y &= \sqrt{1+x} = (1+x)^{\frac{1}{2}}, \\
y' &= \frac{1}{2}(1+x)^{-\frac{1}{2}}, \\
y'' &= \frac{1}{2}\cdot\left(-\frac{1}{2}\right)(1+x)^{-\frac{3}{2}}, \\
y''' &= \frac{1}{2}\cdot\left(-\frac{1}{2}\right)\cdot\left(-\frac{3}{2}\right)(1+x)^{-\frac{5}{2}}, \\
&\cdots\cdots\cdots\cdots \\
y^{(n)} &= \frac{1}{2}\cdot\left(-\frac{1}{2}\right)\cdot\left(-\frac{3}{2}\right)\cdot\cdots\cdot\left[\frac{1}{2}-(n-1)\right](1+x)^{\frac{1}{2}-n} \\
&= \frac{(-1)^{n-1}1\cdot3\cdot5\cdot\cdots\cdot(2n-3)}{2^n}(1+x)^{\frac{1}{2}-n} \quad (n \geqslant 2).
\end{aligned}
$$

定理 1 已知 $u(x), v(x)$ 都 n 阶可导, 则 $u \pm v$ 和 uv 都 n 阶可导, 且

(1) $(u \pm v)^{(n)} = u^{(n)} \pm v^{(n)}$;

(2) $(uv)^{(n)} = \sum\limits_{k=0}^{n} \mathrm{C}_n^k u^{(n-k)} v^{(k)}$.

公式 (2) 称为 **Leibniz (莱布尼茨) 公式**.

证明 (1) $(u \pm v)' = u' \pm v', (u \pm v)'' = (u' \pm v')' = u'' \pm v''$, 用数学归纳法证明, 假设当 $n = k$ 时公式成立, 即有

$$(u \pm v)^{(k)} = u^{(k)} \pm v^{(k)},$$

则当 $n = k+1$ 时, 有

$$(u \pm v)^{(k+1)} = (u^{(k)} \pm v^{(k)})' = (u^{(k)})' \pm (v^{(k)})' = u^{(k+1)} \pm v^{(k+1)}.$$

(2)
$$\begin{aligned}
&(uv)' = u'v + uv', \\
&(uv)'' = (u'v + uv')' = u''v + 2u'v' + uv'',
\end{aligned}$$

用数学归纳法证明, 假设当 $n = k$ 时公式成立, 即有

$$(uv)^{(k)} = \sum_{i=0}^{k} \mathrm{C}_k^i u^{(k-i)} v^{(i)},$$

则当 $n = k+1$ 时, 有

$$\begin{aligned}
(uv)^{(k+1)} &= \left(\sum_{i=0}^{k} \mathrm{C}_k^i u^{(k-i)} v^{(i)}\right)' = \sum_{i=0}^{k} \left(\mathrm{C}_k^i u^{(k-i)} v^{(i)}\right)' \\
&= \sum_{i=0}^{k} \mathrm{C}_k^i \left(u^{(k-i+1)} v^{(i)} + u^{(k-i)} v^{(i+1)}\right) \\
&= \sum_{i=0}^{k} \mathrm{C}_k^i u^{(k+1-i)} v^{(i)} + \sum_{i=1}^{k+1} \mathrm{C}_k^{i-1} u^{(k+1-i)} v^{(i)} \\
&= \mathrm{C}_k^0 u^{(k+1)} v^{(0)} + \sum_{i=1}^{k} \left(\mathrm{C}_k^i + \mathrm{C}_k^{i-1}\right) u^{(k+1-i)} v^{(i)} + \mathrm{C}_k^k u^{(0)} v^{(k+1)} \\
&= \mathrm{C}_{k+1}^0 u^{(k+1)} v^{(0)} + \sum_{i=1}^{k} \mathrm{C}_{k+1}^i u^{(k+1-i)} v^{(i)} + \mathrm{C}_{k+1}^{k+1} u^{(0)} v^{(k+1)} \\
&= \sum_{i=0}^{k+1} \mathrm{C}_{k+1}^i u^{(k+1-i)} v^{(i)},
\end{aligned}$$

其中用到了等式 $\mathrm{C}_k^i + \mathrm{C}_k^{i-1} = \mathrm{C}_{k+1}^i$, 于是公式对 $n = k+1$ 也成立. Leibniz 公式得证.

例 5 已知 $y = x^2 \sin x$, 求 $y^{(80)}$.

解 将 $\sin x$ 看作 u, x^2 看作 v, 用 Leibniz 公式, 由于 $(x^2)'=2x$, $(x^2)''=2$, 当 $n\geqslant 3$ 时, $(x^2)^{(n)}=0$, 从而

$$\begin{aligned}y^{(80)}&=x^2(\sin x)^{(80)}+80\cdot(x^2)'(\sin x)^{(79)}+\frac{80\cdot 79}{2}(x^2)''\cdot(\sin x)^{(78)}\\&=x^2\sin\left(x+80\cdot\frac{\pi}{2}\right)+160x\sin\left(x+79\cdot\frac{\pi}{2}\right)+6320\sin\left(x+78\cdot\frac{\pi}{2}\right)\\&=x^2\sin x-160x\cos x-6320\sin x.\end{aligned}$$

例 6 已知 $y=\dfrac{1}{x(x-1)}$, 求 $y^{(n)}$.

解

$$\begin{aligned}y^{(n)}&=\left(\frac{1}{x-1}-\frac{1}{x}\right)^{(n)}=\left(\frac{1}{x-1}\right)^{(n)}-\left(\frac{1}{x}\right)^{(n)}\\&=(-1)^n\frac{n!}{(x-1)^{n+1}}-(-1)^n\frac{n!}{x^{n+1}}\\&=(-1)^n\cdot n!\left[\frac{1}{(x-1)^{n+1}}-\frac{1}{x^{n+1}}\right].\end{aligned}$$

例 7 求由参数方程

$$\begin{cases}x=a\cos t,\\y=b\sin t,\end{cases}\quad t\in[0,\pi]$$

所确定的函数 $y=y(x)$ 的二阶导数 $\left.\dfrac{\mathrm{d}^2y}{\mathrm{d}x^2}\right|_{t=\frac{\pi}{2}}$.

解 $\dfrac{\mathrm{d}y}{\mathrm{d}x}=\dfrac{\mathrm{d}y/\mathrm{d}t}{\mathrm{d}x/\mathrm{d}t}=\dfrac{b\cos t}{-a\sin t}=-\dfrac{b}{a}\cot t$. 因为由参数方程所确定的函数的导数仍是一个用参数方程表示的函数, 即

$$\begin{cases}x=a\cos t,\\\dfrac{\mathrm{d}y}{\mathrm{d}x}=-\dfrac{b}{a}\cot t.\end{cases}$$

所以求它的导数时仍应遵循由参数方程所确定的函数求导的规则. 故

$$\frac{\mathrm{d}^2y}{\mathrm{d}x^2}=\frac{\mathrm{d}\left(\dfrac{\mathrm{d}y}{\mathrm{d}x}\right)}{\mathrm{d}x}=\frac{\mathrm{d}\left(\dfrac{\mathrm{d}y}{\mathrm{d}x}\right)/\mathrm{d}t}{\mathrm{d}x/\mathrm{d}t}=\frac{\dfrac{b}{a}\csc^2 t}{-a\sin t}=-\frac{b}{a^2}\csc^3 t.$$

所以参数方程所确定的函数的二阶导数可写为

$$\begin{cases}x=a\cos t,\\\dfrac{\mathrm{d}^2y}{\mathrm{d}x^2}=-\dfrac{b}{a^2}\csc^3 t,\end{cases}$$

而

$$\left.\frac{\mathrm{d}^2y}{\mathrm{d}x^2}\right|_{t=\frac{\pi}{2}}=-\frac{b}{a^2}\csc^3 t\Big|_{t=\frac{\pi}{2}}=-\frac{b}{a^2}.$$

例 8 已知隐函数方程 $y=\tan(x+y)$, 求 y''.

解　先用隐函数求导法则求出一阶导数 y', 即

$$y' = \sec^2(x+y) \cdot (1+y'),$$

从而

$$y' = \frac{\sec^2(x+y)}{1-\sec^2(x+y)} = -\csc^2(x+y).$$

对 y' 再求导, 故

$$y'' = 2\csc^2(x+y)\cot(x+y) \cdot (1+y'),$$

将已求得的 y' 代入, 化简得 $y'' = -2\csc^2(x+y)\cot^3(x+y)$.

习　题　2.3

1. 求下列函数的高阶导数:

(1) $y = 2x^3 + x^2 - 1,\ y''|_{x=1}, y'''|_{x=1}$;　(2) $y = \tan x,\ y''$;

(3) $y = x\cos x,\ y'''$;　(4) $y = x^x,\ y''$;

(5) $y = x^3 \ln x,\ y^{(4)}$;　(6) $y = \dfrac{1}{1+x^3},\ y''$;

(7) $y = \ln\sin x,\ y''$;　(8) $y = \cos^2 x \ln x,\ y''$;

(9) $y = x^2 \mathrm{e}^{2x},\ y^{(20)}$;　(10) $y = x^2 \sin 2x,\ y^{(50)}$.

2. 验证函数 $y = C_1\cos x + C_2 \sin x$ 满足方程 $y'' + y = 0$, 其中 C_1, C_2 为任意常数.

3. 验证函数 $y = \dfrac{x-3}{x+4}$ 满足方程 $2y'^2 = (y-1)y''$.

4. 验证函数 $y = \cos \mathrm{e}^x + \sin \mathrm{e}^x$ 满足方程 $y'' - y' + y\mathrm{e}^{2x} = 0$.

5. 验证函数 $y = \mathrm{e}^x \cos x$ 满足方程 $y^{(4)} + 4y = 0$.

6. 求下列函数的 n 阶导数:

(1) $y = \lg(1+x)$;　(2) $y = \sin^2 x$;

(3) $y = \dfrac{1-x}{1+x}$;　(4) $y = (x+1)\ln x$;

(5) $y = x\mathrm{e}^x$;　(6) $y = \dfrac{1}{x^2-3x+2}$;

(7) $y = \sqrt[3]{2x-1}$;　(8) $y = (x^2+2)a^x$ ($a > 0$ 且 $a \neq 1$).

7. 设函数 $y = f(x)$ 的反函数为 $x = f^{-1}(y)$, f 与 f^{-1} 都有二阶导数, 试用 $f'(x), f''(x)$ 表示 $(f^{-1})''(y)$.

8. 若函数 f 满足 n 阶可导, 证明 $[f(ax+b)]^{(n)} = a^n f^{(n)}(ax+b)$, 其中 a, b 为常数.

9. 已知 $f(x) = (x-a)^n \varphi(x)$, 其中函数 φ 在点 a 的邻域内有连续的 $n-1$ 阶导数, 求 $f^{(n)}(a)$.

10. 求由下列参数方程所确定的函数的高阶导数:

(1) $\begin{cases} x = 1-t^2, \\ y = t-t^3, \end{cases} \dfrac{\mathrm{d}^3 y}{\mathrm{d}x^3}$;　(2) $\begin{cases} x = \mathrm{e}^t \sin t, \\ y = \mathrm{e}^t \cos t, \end{cases} \dfrac{\mathrm{d}^2 y}{\mathrm{d}x^2}, \left.\dfrac{\mathrm{d}^2 y}{\mathrm{d}x^2}\right|_{t=\frac{\pi}{4}}$;

(3) $\begin{cases} x = a\cos^3 t, \\ y = a\sin^3 t, \end{cases} \dfrac{\mathrm{d}^3 x}{\mathrm{d}y^3}$;　(4) $\begin{cases} x = at\cos t, \\ y = bt\sin t, \end{cases} \dfrac{\mathrm{d}^2 x}{\mathrm{d}y^2}$.

11. 求下列隐函数的二阶导数:

(1) $xy^3 = y + x$, 求 y''; (2) $y = 1 + xe^y$, 求 y'';

(3) $y = \sin(x + y)$, 求 y''; (4) $xy = e^{x+y}$, 求 x'';

(5) $e^y + xy = e^x$, 求 $y''\Big|_{x=0}$; (6) $y^2 + 2\ln y = x^4$, 求 y''.

12. 已知

$$f(x) = \begin{cases} x^k \sin \dfrac{1}{x}, & x \neq 0, \\ 0, & x = 0 \end{cases} \quad (k\text{为正常数}),$$

讨论 k 为何值时存在二阶导数 $f''(0)$.

13. 求 $y = e^{ax} \sin bx$ 的 n 阶导数 (a, b 为常数).

14. 已知 $y = (\arcsin x)^2$, 证明:

$$(1 - x^2)y^{(n+1)} - (2n - 1)xy^{(n)} - (n - 1)^2 y^{(n-1)} = 0 \quad (n \geqslant 2),$$

并求 $y'(0), y''(0), \cdots, y^{(n)}(0)$.

15. 已知 $y = (x^2 - 1)^n$, 证明:

$$(x^2 - 1)y^{(n+2)} + 2xy^{(n+1)} - n(n + 1)y^{(n)} = 0.$$

16. 证明:

$$(\sin^4 x + \cos^4 x)^{(n)} = 4^{n-1} \cos\left(4x + n \cdot \frac{\pi}{2}\right).$$

§2.4 微 分

微分是微分学的另一重要概念, 它与导数密切相关又有本质区别.

2.4.1 微分的概念

先考虑一个具体问题: 一块正方形金属薄片, 受温度变化的影响, 边长从 x_0 变为 $x_0 + \Delta x$, 如图 2.7 所示. 求此薄片面积的改变量.

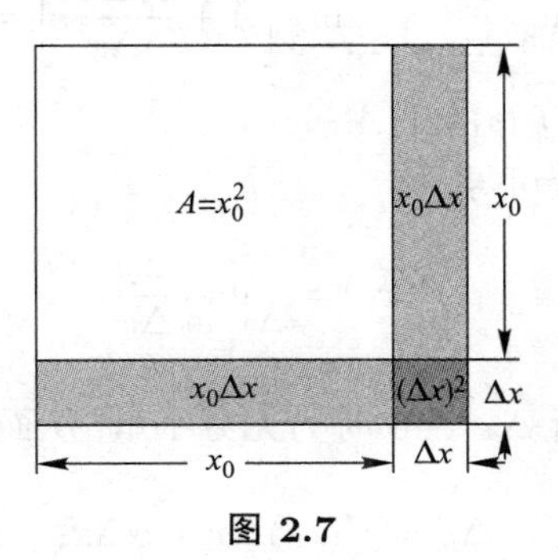

图 2.7

薄片面积因受温度影响而产生的改变量是

$$\Delta A=(x_0+\Delta x)^2-x_0^2=2x_0\Delta x+(\Delta x)^2.$$

上式可见, ΔA 由两部分组成, 第一部分是 Δx 的线性函数 $2x_0\Delta x$, 即图 2.7 中带浅阴影的两个矩形的面积之和, 另一部分是关于 Δx 的高阶无穷小量, 即 $(\Delta x)^2=o(\Delta x)(\Delta x\to 0)$. 由此可见, 当边长有一微小改变量 Δx 时, 所引起的面积改变量 ΔA 可近似用第一部分 $2x_0\Delta x$ 来代替, 误差仅是一个以 Δx 为边长的小正方形面积, 当 Δx 越小时误差也越小, 当 $\Delta x\to 0$ 时, 它是一个较 Δx 高阶的无穷小量.

这样的问题引出了如下的微分定义以及有关的定理.

定义 1 设函数 $y=f(x)$ 在点 x_0 的某个邻域内有定义, 若由自变量的改变量 Δx 所引起的函数的改变量 Δy 可表示为

$$\Delta y=f(x+\Delta x)-f(x)=A\Delta x+o(\Delta x),$$

其中 A 与 Δx 无关, $o(\Delta x)$ 当 $\Delta x\to 0$ 时是 Δx 的高阶无穷小量, 则称函数 f 在点 x_0 处**可微**, 并称 $A\Delta x$ 为函数 $y=f(x)$ 在点 x_0 处的**微分**, 记作 $\mathrm{d}f$ 或 $\mathrm{d}y$, 即

$$\mathrm{d}y\Big|_{x=x_0}=A\Delta x \quad 或 \quad \mathrm{d}f(x_0)=A\Delta x.$$

如果函数 f 在区间 I 上每一点都可微, 则称函数 f 在区间 I 上可微.

现在我们讨论函数的可微与可导之间的关系.

定理 1 函数 f 在点 x_0 处可微的充分必要条件是函数 f 在点 x_0 可导, 且

$$\mathrm{d}y\Big|_{x=x_0}=f'(x_0)\Delta x.$$

证 若函数 f 在点 x_0 处可微, 则

$$\Delta y=A\Delta x+o(\Delta x),$$

于是

$$\lim_{\Delta x\to 0}\frac{\Delta y}{\Delta x}=\lim_{\Delta x\to 0}\left[A+\frac{o(\Delta x)}{\Delta x}\right]=A,$$

从而函数 f 在点 x_0 处可导并且 $f'(x_0)=A$.

反过来, 若函数 f 在点 x_0 处可导, 则

$$f'(x_0)=\lim_{\Delta x\to 0}\frac{\Delta y}{\Delta x},$$

于是 $\dfrac{\Delta y}{\Delta x}=f'(x_0)+\alpha$, 其中 α 当 $\Delta x\to 0$ 时为无穷小量, 从而

$$\Delta y=f'(x_0)\Delta x+\alpha\Delta x,$$

且 $\lim\limits_{\Delta x\to 0}\dfrac{\alpha\Delta x}{\Delta x}=\lim\limits_{\Delta x\to 0}\alpha=0$, 即 $\alpha\Delta x$ 是 Δx 的高阶无穷小量 $o(\Delta x)$, 所以

$$\Delta y=A\Delta x+o(\Delta x),$$

其中 $A=f'(x_0)$ 是与 Δx 无关的量, 因此函数 f 在点 x_0 处可微.

注意, 自变量的微分 $\mathrm{d}x$ 等于自变量的改变量 Δx. 这是因为

$$\mathrm{d}x=(x)'\Delta x=\Delta x.$$

从而 $\mathrm{d}y=f'(x)\mathrm{d}x$, 只要两边除以 $\mathrm{d}x$ 即得

$$f'(x)=\frac{\mathrm{d}y}{\mathrm{d}x},$$

即导数就是函数的微分 $\mathrm{d}y$ 与自变量的微分 $\mathrm{d}x$ 的商, 所以有时将导数叫作**微商**.

例 1 求函数 $y=x^3$ 在点 $x=2$ 处的微分.

解

$$\mathrm{d}y=(x^3)'\mathrm{d}x=3x^2\mathrm{d}x,$$

$$\mathrm{d}y\Big|_{x=2}=3x^2\Big|_{x=2}\mathrm{d}x=12\mathrm{d}x.$$

例 2 求 $y=\sin x$ 的微分.

解

$$\mathrm{d}y=(\sin x)'\mathrm{d}x=\cos x\mathrm{d}x.$$

2.4.2 微分的运算法则

前面已经指出, 要求函数的微分, 只要求出它的导数再乘 $\mathrm{d}x$ 即可. 因此, 由导数的四则运算法则, 相应地可以得到微分的四则运算法则.

(1) $\mathrm{d}[u(x)\pm v(x)]=\mathrm{d}u(x)\pm \mathrm{d}v(x)$;

(2) $\mathrm{d}[u(x)v(x)]=v(x)\mathrm{d}u(x)+u(x)\mathrm{d}v(x)$;

(3) $\mathrm{d}\left[\dfrac{u(x)}{v(x)}\right]=\dfrac{v(x)\mathrm{d}u(x)-u(x)\mathrm{d}v(x)}{v^2(x)}\quad (v(x)\neq 0)$.

现在来讨论复合函数微分法. 设 $y=f(u), u=g(x)$ 构成复合函数 $y=f[g(x)]$, 则使用复合函数求导法则得

$$\mathrm{d}y=\{f[g(x)]\}'\mathrm{d}x=f'(u)g'(x)\mathrm{d}x,$$

其中 $g'(x)\mathrm{d}x=\mathrm{d}u$, 代入上式得 $\mathrm{d}y=f'(u)\mathrm{d}u$. 这就是说, 这里的 u 不论是自变量还是中间变量, 函数的微分 $\mathrm{d}y$ 总是具有形式

$$\mathrm{d}y=f'(u)\mathrm{d}u,$$

通常将微分的这个性质称为**微分形式不变性**.

例 3 求下列函数的微分:

(1) $y=\sin(2x+1)$; (2) $y=\mathrm{e}^{\arctan\frac{1}{x}}$.

解 (1) 令 $y=\sin u, u=2x+1$, 于是

$$\mathrm{d}y=(\sin u)'\mathrm{d}u=\cos u\mathrm{d}u=\cos(2x+1)\mathrm{d}(2x+1)=2\cos(2x+1)\mathrm{d}x.$$

熟悉以后, 中间变量就不必写出.

(2)

$$\begin{aligned}\mathrm{d}y&=\mathrm{e}^{\arctan\frac{1}{x}}\mathrm{d}\left(\arctan\frac{1}{x}\right)\\&=\mathrm{e}^{\arctan\frac{1}{x}}\cdot\frac{1}{1+\left(\frac{1}{x}\right)^2}\mathrm{d}\left(\frac{1}{x}\right)\\&=-\frac{\mathrm{e}^{\arctan\frac{1}{x}}}{x^2+1}\mathrm{d}x.\end{aligned}$$

例 4 已知 $\mathrm{e}^{-y}=\cos(xy)-2x$, 求 $\mathrm{d}y$.

解 方程两边取微分得

$$\begin{aligned}\mathrm{d}(\mathrm{e}^{-y})&=\mathrm{d}[\cos(xy)-2x],\\\mathrm{e}^{-y}\mathrm{d}(-y)&=-\sin(xy)\mathrm{d}(xy)-2\mathrm{d}x,\\-\mathrm{e}^{-y}\mathrm{d}y&=-\sin(xy)(x\mathrm{d}y+y\mathrm{d}x)-2\mathrm{d}x,\end{aligned}$$

所以

$$\mathrm{d}y=\frac{2+y\sin(xy)}{\mathrm{e}^{-y}-x\sin(xy)}\mathrm{d}x.$$

2.4.3 微分的几何意义与微分应用举例

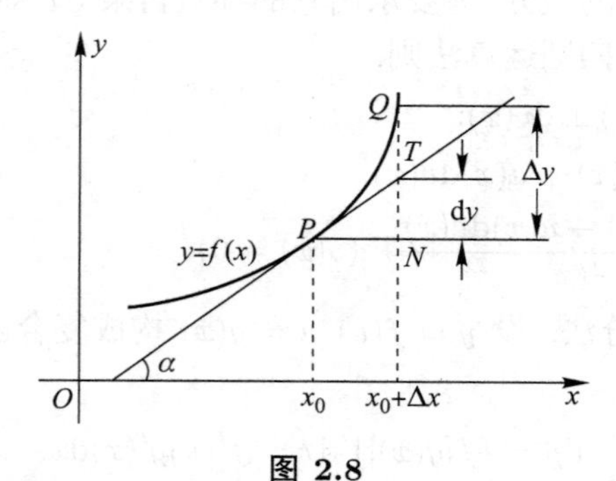

图 2.8

下面说明微分的几何意义. 在图 2.8 中, 函数 $y=f(x)$ 的图形是平面上的一条曲线, 它在点 x_0 处的导数 $f'(x_0)$ 就是该曲线在点 $P(x_0,f(x_0))$ 处的切线斜率 $\tan\alpha$, 因此

$$\mathrm{d}y\Big|_{x=x_0}=f'(x_0)\Delta x=\tan\alpha\cdot PN=TN.$$

这就是说, 函数 $y=f(x)$ 在点 x_0 处的微分在几何上表示曲线 $y=f(x)$ 在相应的点 $P(x_0,f(x_0))$ 处的切线 PT 相对于自变量的改变量 Δx 而产生的纵坐标的改变量 TN.

此外, $\Delta y-\mathrm{d}y$ 是 $\Delta x\to 0$ 时的高阶无穷小量, 所以当 $|\Delta x|$ 很微小时, 常常用 $\mathrm{d}y$ 来近似替代 Δy, 即 $\Delta y\approx \mathrm{d}y=f'(x_0)\Delta x$, 从而可得利用微分近似计算函数值的公式

$$f(x_0+\Delta x)\approx f(x_0)+\mathrm{d}y=f(x_0)+f'(x_0)\Delta x,$$

这说明了在点 $P(x_0,f(x_0))$ 附近可用切线段 PT 近似替代曲线弧段 PQ, 这种近似的思想方法称为非线性函数的**局部线性化**.

定义 2 若函数 f 在 $x=x_0$ 处可微, 则线性函数 $L(x)=f(x_0)+f'(x_0)(x-x_0)$ 称为 f 在点 x_0 的**线性近似**.

由上面的定义可知, 当 $|x-x_0|$ 很小时, $f(x)$ 在点 x_0 附近的函数值可以用 f 在点 x_0 的线性近似 $L(x)$ 来近似替代, 即

$$f(x)\approx L(x)=f(x_0)+f'(x_0)(x-x_0).$$

特别当 $x_0=0$, 且 $|\Delta x|=|x|$ 充分小时, 有近似公式

$$f(x)\approx f(0)+f'(0)x.$$

由此, 我们可以得到一些常用的近似公式: 当 $|x|$ 充分小时,

(1) $\sin x\approx x$, (2) $\tan x\approx x$,

(3) $\dfrac{1}{1+x}\approx 1-x$, (4) $\mathrm{e}^x\approx 1+x$,

(5) $\ln(1+x)\approx x$, (6) $\sqrt[n]{1+x}\approx 1+\dfrac{x}{n}$.

例 5 求函数 $f(x)=1+\sin 2x$ 在 $x=\dfrac{\pi}{2}$ 处的线性近似.

解 $f'(x)=2\cos 2x$, 故函数 $f(x)=1+\sin 2x$ 在 $x=\dfrac{\pi}{2}$ 处的线性近似为

$$L(x)=f\left(\frac{\pi}{2}\right)+f'\left(\frac{\pi}{2}\right)\left(x-\frac{\pi}{2}\right)=1+\sin\pi+2\cos\pi\left(x-\frac{\pi}{2}\right)=1+\pi-2x.$$

例 6 求 $\sqrt[5]{270}$ 的近似值.

解 由于

$$\sqrt[5]{270}=\sqrt[5]{243+27}=3\sqrt[5]{1+\frac{27}{243}},$$

由近似公式 (6) 得

$$\sqrt[5]{1+x}\approx 1+\frac{1}{5}x,$$

因此

$$\sqrt[5]{270}=3\sqrt[5]{1+\frac{27}{243}}\approx 3\left(1+\frac{1}{5}\cdot\frac{27}{243}\right)\approx 3.067.$$

例 7 求 $\sin 44^\circ$ 的近似值.

解 取 $x_0 = 45° = \dfrac{\pi}{4}$, $x - x_0 = -1° = -\dfrac{\pi}{180}$, 函数 $f(x)$ 在点 x_0 处的线性近似为

$$L(x) = f\left(\frac{\pi}{4}\right) + f'\left(\frac{\pi}{4}\right)\left(x - \frac{\pi}{4}\right) = \sin\frac{\pi}{4} + \cos\frac{\pi}{4}\left(x - \frac{\pi}{4}\right) = \frac{\sqrt{2}}{2} - \frac{\sqrt{2}}{2}\left(x - \frac{\pi}{4}\right).$$

则

$$\sin 44° \approx L(44°) = \frac{\sqrt{2}}{2} - \frac{\sqrt{2}}{2} \cdot \frac{\pi}{180} \approx 0.6948.$$

如果通过测量 x 的值来间接计算 $y = f(x)$ 的值, 由于测得的数据有一定的误差, 因此计算的结果也会产生误差. 假设测量误差 $\Delta x = \mathrm{d}x$, 那么称

$$|\Delta y| = |f(x + \Delta x) - f(x)|$$

为由此产生的绝对误差, 称

$$\left|\frac{\Delta y}{f(x)}\right| = \left|\frac{f(x + \Delta x) - f(x)}{f(x)}\right|$$

为相对误差.

例 8 测量球的半径 r, 问所允许的相对误差如何, 才能使算出的体积的相对误差不超过 1%?

解 设球的体积为 V, 则 $V = \dfrac{4}{3}\pi r^3$, 且 $\Delta V \approx \mathrm{d}V = 4\pi r^2 \Delta r$, 从而

$$\frac{\mathrm{d}V}{V} = 3\frac{\Delta r}{r},$$

若要求算出的体积的相对误差 $\leqslant \dfrac{1}{100}$, 即

$$\left|\frac{\Delta V}{V}\right| \approx \left|\frac{\mathrm{d}V}{V}\right| \leqslant \frac{1}{100},$$

则必须有

$$3\left|\frac{\Delta r}{r}\right| \leqslant \frac{1}{100}, \quad 即 \quad \left|\frac{\Delta r}{r}\right| \leqslant \frac{1}{300} \approx 0.33\%.$$

这就是说, 当半径 r 的相对误差不超过 0.33% 时, 算出的体积的相对误差不超过 1%.

习 题 2.4

1. 求下列函数的微分:

(1) $y = 5x^2 + 3x + 1$;　(2) $y = (x^2 + 2x)(x - 4)$;

(3) $y = \arcsin(2x^2 - 1)$;　(4) $y = 2\ln^2 x + x$;

(5) $y = \ln(\sec x + \tan x)$;　(6) $y = \dfrac{\cos 2x}{1 + \sin x}$.

2. 求下列函数在指定点处的微分:

(1) $y = \arcsin\sqrt{x}$, $x = \dfrac{1}{2}$ 及 $\dfrac{a^2}{2}(|a| < \sqrt{2})$;　(2) $y = \dfrac{x}{1 + x^2}$, $x = 0$ 及 1.

3. 求下列函数的微分:

(1) $y=x^2-x,\ x=10,\ \Delta x=0.1$;

(2) $y=\dfrac{1}{(1+\tan x)^2},\ x=\dfrac{\pi}{6},\ \Delta x=\dfrac{\pi}{360}$;

(3) $y=\cos^2\varphi,\ \varphi=\dfrac{\pi}{3},\ \Delta\varphi=\dfrac{\pi}{360}$.

4. 求由方程 $\mathrm{e}^{x+y}-xy=0$ 所确定的隐函数 $y=f(x)$ 的微分 $\mathrm{d}y$.

5. 求由参数方程 $\begin{cases}x=3t^2+2t+3,\\ \mathrm{e}^y\sin t-y+1=0\end{cases}$ 所确定的函数 $y=f(x)$ 的微分 $\mathrm{d}y$.

6. 填空:

(1) $\mathrm{d}(\sin^2 x)=(\quad)\mathrm{d}(\sin x)=(\quad)\mathrm{d}x$;

(2) $\mathrm{d}[\ln(2x+3)]=(\quad)\mathrm{d}(2x+3)=(\quad)\mathrm{d}x$;

(3) $\mathrm{d}\left(\sin 2x+\cos\dfrac{x}{2}\right)=\mathrm{d}(\quad)+\mathrm{d}\left(\cos\dfrac{x}{2}\right)=(\quad)\mathrm{d}x$;

(4) $\mathrm{d}(\mathrm{e}^{\ln^2\sin x})=\mathrm{e}^{\ln^2\sin x}\mathrm{d}(\quad)=(\quad)\mathrm{d}(\ln\sin x)=(\quad)\mathrm{d}(\sin x)=(\quad)\mathrm{d}x$.

7. 利用微分计算下列函数值的近似值:

(1) $\sqrt[3]{1.02}$; (2) $\sin 31^\circ$; (3) $\arctan 0.97$;

(4) $\dfrac{1}{\sqrt{99.5}}$; (5) $\ln 1.01$; (6) $\tan 134^\circ$.

8. 已知 $f(x)=\mathrm{e}^{0.1x(1-x)}$, 估计 $f(1.05)$ 的近似值.

9. 已知 $f(x)=\dfrac{x}{\sqrt{x^2-9}}$, 求 $x=5.03$ 时函数值的近似值.

10. 假设 $f(1)=10$, 且 $f'(1.02)=12$. 利用微分估计 $f(1.02)$.

11. 假设 $f(3)=8$, 且 $f'(3.05)=\dfrac{1}{4}$. 利用微分估计 $f(3.05)$.

12. 球形肥皂泡的半径从 3 cm 增长到 3.025 cm, 利用微分估计肥皂泡面积的增长量.

13. 有一立方体, 若测得其长为 (11.4 ± 0.05) cm. 计算该立方体的体积并估计测量所引起的体积的绝对误差和相对误差.

14. 有一球体, 若测得半径的值为 (20 ± 0.1) cm. 计算该球体的体积并估计测量所引起的体积的绝对误差和相对误差.

15. 有一圆柱体高 25 cm, 若测得半径 r 的值为 (20 ± 0.05) cm, 计算该圆柱体体积所引起的绝对误差与相对误差.

16. 证明金属立方体的体膨胀系数是它的线膨胀系数的三倍.

17. 证明对于任意的 $a>0$, 函数 $f(x)=\sqrt{x}$ 在点 a 的线性近似 $L(x)$ 满足: $f(x)\leqslant L(x)$.

18. 证明对于任意的 a, 函数 $f(x)=x^2$ 在点 a 的线性近似 $L(x)$ 满足: $L(x)\leqslant f(x)$.

§2.5 微分学基本定理

本节主要介绍几个微分中值定理, 这些定理揭示了在一定条件下函数在区间端点处的函数值与它在区间内部某点处的导数值之间的关系.

2.5.1 Fermat (费马) 引理

定义 1 设函数 f 在区间 (a,b) 内有定义, 且 $x_0 \in (a,b)$. 若存在 x_0 的邻域 $(x_0-\delta, x_0+\delta) \subset (a,b)$, 使得

$$f(x) \leqslant f(x_0), \quad x \in (x_0-\delta, x_0+\delta),$$

则称函数 $f(x)$ 在点 x_0 处取得极大值 $f(x_0)$, 点 x_0 称为 $f(x)$ 的极大值点.

若存在 x_0 的邻域 $(x_0-\delta, x_0+\delta) \subset (a,b)$, 使得

$$f(x) \geqslant f(x_0), \quad x \in (x_0-\delta, x_0+\delta),$$

则称函数 $f(x)$ 在点 x_0 处取得极小值 $f(x_0)$, 点 x_0 称为 $f(x)$ 的极小值点.

极大值与极小值统称为极值, 函数取到极值的点称为极值点.

定理 1 (Fermat 引理) 如果函数 f 在点 x_0 处可导, 且 x_0 为 $f(x)$ 的极值点, 则

$$f'(x_0) = 0.$$

证 不妨设 x_0 为 $f(x)$ 的极大值点, 若 $x \in (x_0-\delta, x_0)$, 则

$$\frac{f(x)-f(x_0)}{x-x_0} \geqslant 0,$$

从而

$$f'_-(x_0) = \lim_{x \to x_0^-} \frac{f(x)-f(x_0)}{x-x_0} \geqslant 0;$$

若 $x \in (x_0, x_0+\delta)$, 则

$$\frac{f(x)-f(x_0)}{x-x_0} \leqslant 0,$$

从而

$$f'_+(x_0) = \lim_{x \to x_0^+} \frac{f(x)-f(x_0)}{x-x_0} \leqslant 0;$$

由于 f 在点 x_0 处可导, 故必有

$$f'_-(x_0) = f'_+(x_0) = f'(x_0),$$

所以 $f'(x_0) = 0$. 类似可以证明 x_0 为 $f(x)$ 的极小值点的情形.

定理 1 的几何意义是: 如果曲线 $y = f(x)$ 上某一点的纵坐标不比它左右邻近点的纵坐标小 (或大), 而曲线在这点又有非铅直的切线, 那么这条切线一定是水平的 (图 2.9).

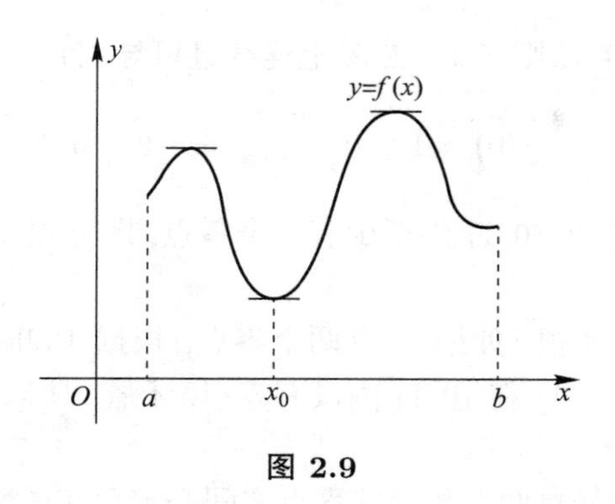

图 2.9

2.5.2 Rolle (罗尔) 定理

定理 2 (Rolle 定理) 设函数 f 满足下列条件:

(1) 在闭区间 $[a,b]$ 上连续;

(2) 在开区间 (a,b) 内可导;

(3) $f(a)=f(b)$,

则至少存在一点 $\xi\in(a,b)$, 使得

$$f'(\xi)=0.$$

证 因为函数 f 在闭区间 $[a,b]$ 上连续, 所以它在 $[a,b]$ 上必能取到最大值 M 与最小值 m.

如果 $M=m$, 那么 $f(x)$ 在 $[a,b]$ 上是一个常数, $f'(x)$ 在 (a,b) 内每个点处都为零, 所以 (a,b) 内任一点都可以作为定理结论中的 ξ, 从而结论成立.

如果 $M>m$, 那么 M 与 m 两个不同的数值中至少有一个是在区间 (a,b) 的内部某点 ξ 处取到, 又因为 $f(x)$ 在点 ξ 处可导, 由 Fermat 引理知 $f'(\xi)=0$.

该定理是由法国数学家 Rolle 于三百年前给出的. Rolle 定理的几何解释是: 在一段两个端点处纵坐标相等的连续曲线弧上, 若除两端点外各点处都有非铅直的切线, 那么在这些切线中至少有一条是水平的, 如图 2.10.

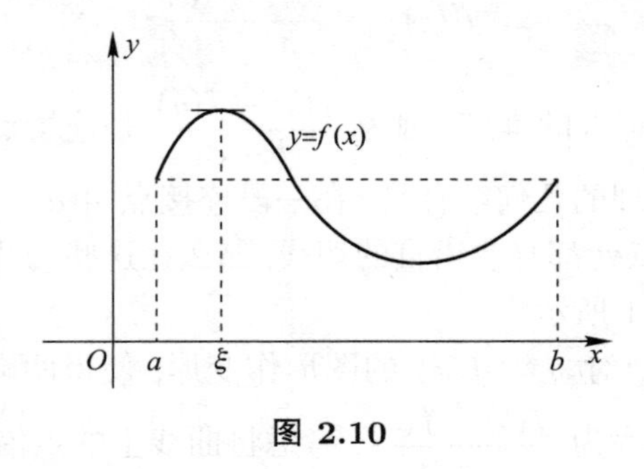

图 2.10

推论 1 可微函数 f 的任意两个零点之间至少存在导函数 f' 的一个零点.

例 1 证明方程 $x^5-5x+1=0$ 在区间 $(0,1)$ 内有且仅有一个根.

证 设 $f(x) = x^5 - 5x + 1$, 则 $f(x)$ 在 $\mathbb{R}$ 上连续且可导, 且

$$f(0) = 1 > 0, \quad f(1) = -3 < 0,$$

根据连续函数的零点定理, f 在 $(0,1)$ 内至少有一个零点, 即方程 $x^5 - 5x + 1 = 0$ 在 $(0,1)$ 内至少有一个实根.

下面证明方程只有一个实根. 如果 f 有两个零点, 根据 Rolle 定理, 存在 $\xi \in (0,1)$, 使得 $f'(\xi) = 0$, 然而 $f'(x) = 5(x^4 - 1)$ 在 $(0,1)$ 内没有零点, 矛盾. 所以方程 $x^5 - 5x + 1 = 0$ 在区间 $(0,1)$ 内有且仅有一个根.

例 2 证明可导函数的任意两个相异的零点之间必定存在函数值与导数值相等的点.

证 设 $x_1 < x_2$, 而 $f(x_1) = f(x_2) = 0$. 要证明在 (x_1, x_2) 内至少存在一点 ξ, 使 $f(\xi) = f'(\xi)$. 令

$$g(x) = \mathrm{e}^{-x} f(x),$$

则 $g(x)$ 在 $[x_1, x_2]$ 上连续, 在 (x_1, x_2) 内可导, 且 $g(x_1) = g(x_2) = 0$. 由 Rolle 定理知, 存在 $\xi \in (x_1, x_2)$, 使 $g'(\xi) = 0$. 由

$$g'(x) = \mathrm{e}^{-x}[f'(x) - f(x)],$$

故

$$\mathrm{e}^{-\xi}[f'(\xi) - f(\xi)] = 0,$$

而 $\mathrm{e}^{-\xi} \neq 0$, 亦即存在 $\xi \in (x_1, x_2)$, 使 $f(\xi) = f'(\xi)$.

2.5.3 Lagrange (拉格朗日) 定理

定理 3 (Lagrange 定理) 设函数 f 满足下列条件:

(1) 在闭区间 $[a, b]$ 上连续;

(2) 在开区间 (a, b) 内可导,

则至少存在一点 $\xi \in (a, b)$, 使得

$$f'(\xi) = \frac{f(b) - f(a)}{b - a}.$$

Lagrange 定理是 Rolle 定理的推广. 因为 $\dfrac{f(b) - f(a)}{b - a}$ 是连接点 $(a, f(a))$ 和点 $(b, f(b))$ 的直线的斜率, 所以 Lagrange 定理的几何解释是: 在一段连接点 $A(a, f(a))$ 与点 $B(b, f(b))$ 的连续曲线弧上, 如果除两端点外各点处都有非铅直的切线, 那么在这些切线中至少有一条是与连接这两端点的弦相平行的, 如图 2.11 所示.

证 为使用 Rolle 定理, 对 $y = f(x)$ 的图形作变形, 使得两端点变到同一水平线上, 如图 2.11 所示. 由于弦 AB 的斜率为 $\dfrac{f(b) - f(a)}{b - a}$, 考虑将曲线上的点沿铅直方向向下移动一个线性量

$$\frac{f(b) - f(a)}{b - a}(x - a),$$

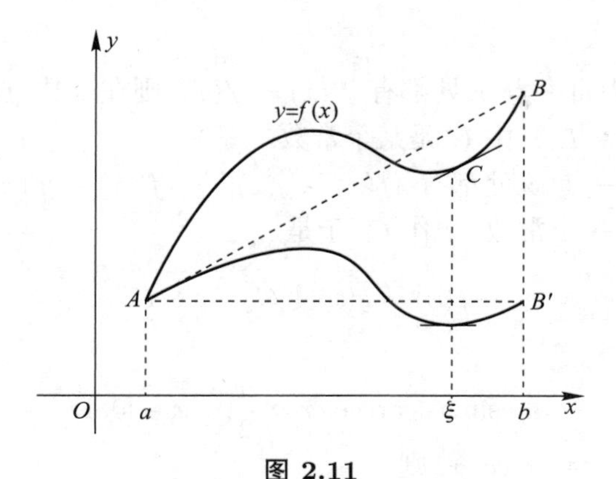

图 2.11

故令

$$h(x) = f(x) - \frac{f(b) - f(a)}{b - a}(x - a).$$

则容易验证函数 h 在 $[a, b]$ 上满足 Rolle 定理: h 在 $[a, b]$ 上连续, 在 (a, b) 内可导, 且 $h(a) = h(b) = f(a)$, 因此存在 $\xi \in (a, b)$, 使得 $h'(\xi) = 0$, 从而

$$f'(\xi) = \frac{f(b) - f(a)}{b - a},$$

或写成

$$f(b) - f(a) = f'(\xi)(b - a), \tag{2.5.1}$$

上述公式对 $b < a$ 也成立. 公式 (2.5.1) 称为 **Lagrange 中值公式**.

由于 $\xi \in (a, b)$, 所以也可以写成 $\xi = a + \theta(b - a)$ $(0 < \theta < 1)$, 于是有

$$f(b) - f(a) = f'(a + \theta(b - a))(b - a) \quad (0 < \theta < 1).$$

如果函数 $y = f(x)$ 在以 $x, x + \Delta x$ 为端点的区间内满足 Lagrange 定理的条件, Lagrange 中值公式又可以写成

$$\Delta y = f(x + \Delta x) - f(x) = f'(x + \theta \Delta x)\Delta x \quad (0 < \theta < 1),$$

这个公式常称为**有限增量公式**.

推论 1 如果在区间 I 内每一点 x 处都有 $f'(x) = 0$, 则 $f(x)$ 在 I 内是一个常数.

证 对于 I 内任意两点 x_1, x_2, 不妨设 $x_1 < x_2$, 则 $[x_1, x_2] \subset I$, 所以 $f(x)$ 在 $[x_1, x_2]$ 上连续, 在 (x_1, x_2) 内可导, 由 Lagrange 定理有

$$f(x_2) - f(x_1) = f'(\xi)(x_2 - x_1) \quad (x_1 < \xi < x_2).$$

因为 $\xi \in (x_1, x_2) \subset I$, 所以 $f'(\xi) = 0$, 于是得 $f(x_2) = f(x_1)$. 由 x_1, x_2 的任意性知 f 在 I 内为常数.

又易知常值函数的导数恒等于零, 故

$$f'(x) \equiv 0 \iff f(x) \equiv C, \quad x \in I,$$

其中 C 是一个常数.

推论 2 如果在 I 内每一点 x 处都有 $f'(x)=g'(x)$, 则在 I 内 $f(x)$ 与 $g(x)$ 仅相差一个常数, 即 $f(x)=g(x)+C, x\in I$, 其中 C 是某个常数.

证 因为在 I 内每一点 x 处都有 $[f(x)-g(x)]'=f'(x)-g'(x)=0$, 所以由推论 1, 知 $f(x)-g(x)$ 在 (a,b) 内是一个常数, 记作 C, 于是

$$f(x)=g(x)+C, \quad x\in I.$$

例 3 证明

$$\arcsin x+\arccos x=\frac{\pi}{2}, \quad x\in[0,1].$$

证 令 $f(x)=\arcsin x+\arccos x$, 则

$$f'(x)=\frac{1}{\sqrt{1-x^2}}-\frac{1}{\sqrt{1-x^2}}\equiv 0, \quad x\in(0,1).$$

由于 f 在 $[0,1]$ 上连续, 故 $f(x)=f(0)\equiv\frac{\pi}{2}$.

例 4 已知 $0<a\leqslant b$, 证明 $\frac{b-a}{b}\leqslant\ln\frac{b}{a}\leqslant\frac{b-a}{a}$.

证 当 $a=b$ 时, $\frac{b-a}{b}=\ln\frac{b}{a}=\frac{b-a}{a}=0$.

当 $a<b$ 时, 考虑函数 $f(x)=\ln x$, 它在区间 $[a,b]$ 上满足 Lagrange 定理的条件, 因而存在 $0<a<\xi<b$, 使得

$$\ln\frac{b}{a}=\ln b-\ln a=f(b)-f(a)=f'(\xi)(b-a)=\frac{1}{\xi}(b-a),$$

从而

$$\frac{b-a}{b}<\ln\frac{b}{a}<\frac{b-a}{a},$$

当 $0<a\leqslant b$ 时, 有

$$\frac{b-a}{b}\leqslant\ln\frac{b}{a}\leqslant\frac{b-a}{a}.$$

例 5 已知函数 f 在闭区间 $[0,c]$ 上有单调减少的导数 f', 并且 $f(0)=0$, 证明对于满足 $0<a<b<a+b<c$ 的任何 a 和 b, 总有 $f(a)+f(b)>f(a+b)$.

证 对函数 f 在 $[0,a]$ 上应用 Lagrange 定理, 得

$$f(a)=f(a)-f(0)=f'(\xi_1)a \quad (0<\xi_1<a),$$

再在 $[b,a+b]$ 上应用 Lagrange 定理, 得

$$f(a+b)-f(b)=f'(\xi_2)a \quad (b<\xi_2<a+b).$$

因为 $f'(x)$ 在 $[0,c]$ 上单调减少, 而 $0<\xi_1<a<b<\xi_2<a+b<c$, 因此

$$f'(\xi_2)<f'(\xi_1),$$

从而 $f(a+b)-f(b)-f(a)=[f'(\xi_2)-f'(\xi_1)]a<0$, 亦即

$$f(a)+f(b)>f(a+b).$$

2.5.4 Cauchy (柯西) 定理

定理 4 (Cauchy 定理) 设函数 f, g 满足下列条件:

(1) f, g 在 $[a, b]$ 上连续;

(2) f, g 在 (a, b) 内可导;

(3) $g'(x) \neq 0, \quad x \in (a, b)$,

则至少存在一点 $\xi \in (a, b)$, 使得

$$\frac{f(b)-f(a)}{g(b)-g(a)} = \frac{f'(\xi)}{g'(\xi)}.$$

不难看出 Lagrange 定理是 Cauchy 定理在 $g(x) = x$ 时的特例.

证 令 $\varphi(x) = f(x)[g(b)-g(a)] - g(x)[f(b)-f(a)]$, 则 $\varphi(x)$ 在 $[a, b]$ 上连续, 在 (a, b) 内可导, 且 $\varphi(b) = \varphi(a)$, 由 Rolle 定理知存在 $\xi \in (a, b)$, 使得 $\varphi'(\xi) = 0$, 即

$$f'(\xi)[g(b)-g(a)] = g'(\xi)[f(b)-f(a)].$$

又 $g'(x) \neq 0, x \in (a, b)$, 那么由 Rolle 定理可知必有 $g(b) \neq g(a)$, 于是有

$$\frac{f(b)-f(a)}{g(b)-g(a)} = \frac{f'(\xi)}{g'(\xi)}, \quad \xi \in (a, b).$$

例 6 已知 $\varphi(x)$ 在 $[0, 1]$ 上连续, 在 $(0, 1)$ 内可导. 证明在 $(0, 1)$ 内存在 ξ, 使得

$$\varphi'(\xi) = 2\xi[\varphi(1) - \varphi(0)].$$

证 取 $f(x) = \varphi(x)$, $g(x) = x^2$, 在 $[0, 1]$ 上用 Cauchy 定理, 存在 $\xi \in (0, 1)$, 使得

$$\varphi(1) - \varphi(0) = \frac{f(1)-f(0)}{g(1)-g(0)} = \frac{f'(\xi)}{g'(\xi)} = \frac{\varphi'(\xi)}{2\xi},$$

即

$$\varphi'(\xi) = 2\xi[\varphi(1) - \varphi(0)], \quad \xi \in (0, 1).$$

例 7 设 $0 < a < b$, f 在 $[a, b]$ 上连续, 在 (a, b) 内可导, 证明存在 $\xi \in (a, b)$, 使得

$$f(b) - f(a) = \xi f'(\xi) \ln \frac{b}{a}.$$

证 令 $g(x) = \ln x$, 则 g 在 $[a, b]$ 上连续, 在 (a, b) 内可导, 且 $g'(x) = \dfrac{1}{x}$. 由 Cauchy 定理, 存在 $\xi \in (a, b)$, 使得

$$\frac{f(b)-f(a)}{\ln b - \ln a} = \frac{f(b)-f(a)}{g(b)-g(a)} = \frac{f'(\xi)}{g'(\xi)} = \xi f'(\xi),$$

于是

$$f(b) - f(a) = \xi f'(\xi) \ln \frac{b}{a}.$$

习 题 2.5

1. 已知 $f(x)=1+x^m(1-x)^n$, 其中 m,n 为正整数, 不计算 $f'(x)$, 证明 $f'(x)=0$ 在 $(0,1)$ 内至少有一个实根.

2. 已知实数 $a_0,a_1,a_2,\cdots,a_n$ 满足 $a_0+\dfrac{a_1}{2}+\dfrac{a_2}{3}+\cdots+\dfrac{a_n}{n+1}=0$, 证明方程 $a_0+a_1x+a_2x^2+\cdots+a_nx^n=0$ 在 $(0,1)$ 内至少有一个实根.

3. 若函数 f 可导, 证明在 $f(x)$ 的两个相异零点间一定有 $f(x)+f'(x)$ 的零点.

4. 已知函数 f 在 $[0,1]$ 连续, 在 $(0,1)$ 可导, 且 $f(1)=0$. 证明在 $(0,1)$ 内至少存在一点 ξ, 使得 $f'(\xi)=-\dfrac{2f(\xi)}{\xi}$.

5. 设 f'' 在 $[a,b]$ 上连续, 且 f 在 $[a,b]$ 上有三个零点. 证明 f'' 在 (a,b) 内至少有一个零点.

6. 设 f 在 $[0,1]$ 上可导, 且在 $[0,1]$ 上导数均不为零, 证明 $f(0)\neq f(1)$.

7. 设函数 f 和 g 在 $[a,b]$ 上可导, 且 $f(a)=g(a)$, $f(b)=g(b)$. 证明存在 $\xi\in(a,b)$, 使得 $f'(\xi)=g'(\xi)$.

8. 证明三次多项式函数至多有三个实根.

9. 设函数 f 在 $[0,1]$ 上可微, 对于 $[0,1]$ 上的任一点 x, 函数 f 的值都在开区间 $(0,1)$ 内, 且 $f'(x)\neq 1$, 证明: 在 $(0,1)$ 内有且仅有一个 x, 使得 $f(x)=x$.

10. 证明下列不等式:

(1) 当 $0<b<a$ 时, $\arctan a-\arctan b<a-b$;

(2) 当 $0<b<a, n>1$ 时, $nb^{n-1}(a-b)<a^n-b^n<na^{n-1}(a-b)$;

(3) 当 $a>0$ 时, $\dfrac{a}{1+a}<\ln(1+a)<a$;

(4) 当 $0<\beta\leqslant\alpha<\dfrac{\pi}{2}$ 时, $\dfrac{\alpha-\beta}{\cos^2\beta}\leqslant\tan\alpha-\tan\beta\leqslant\dfrac{\alpha-\beta}{\cos^2\alpha}$;

(5) $|\sin x-\sin y|\leqslant|x-y|$;

(6) 当 $x>1$ 时, $\mathrm{e}^x>\mathrm{e}x$;

(7) 当 $x\neq 0$ 时, $\mathrm{e}^x>1+x$;

(8) 当 $0<x_1<x_2<\dfrac{\pi}{2}$ 时, $\dfrac{\tan x_2}{\tan x_1}>\dfrac{x_2}{x_1}$.

11. 证明: 当 $|x|\leqslant\dfrac{1}{2}$ 时, $3\arccos x=\arccos(3x-4x^3)+\pi$.

12. 已知 $\lim\limits_{x\to\infty}f'(x)=a$, 证明 $\lim\limits_{x\to\infty}[f(x+k)-f(x)]=ak$($k$为常数).

13. 已知在区间 $[a,b]$ 上不恒等于常数的函数 f 连续, 并且 f 在 (a,b) 内可导, 而 $f(a)=f(b)$, 证明在 (a,b) 内既存在使 f 的导数为正的点也存在使 f 的导数为负的点.

14. 已知函数 f 在点 x_0 处连续, 在点 x_0 的某个左邻域 $(x_0-\delta,x_0)$ (或右邻域 $(x_0,x_0+\delta)$) 内可导, 并且 $\lim\limits_{x\to x_0^-}f'(x)=k$ (或 $\lim\limits_{x\to x_0^+}f'(x)=k$). 证明函数 f 在点 x_0 存在左 (或右) 导数且等于 k.

15. 已知函数 f 在 $[a,b]$ 上连续, 在 (a,b) 内二阶可导, 而连接点 $A(a,f(a))$, 点 $B(b,f(b))$ 的直线段与曲线弧 $\overset{\frown}{AB}: y=f(x)$ 相交于点 $C(c,f(c)), c\in(a,b)$, 证明在 (a,b) 内至少存在一点 ξ,

使得 $f''(\xi)=0$.

16. 已知 $x_1x_2>0$, 证明在 x_1,x_2 之间存在 ξ, 使得

$$x_1\mathrm{e}^{x_2}-x_2\mathrm{e}^{x_1}=(1-\xi)\mathrm{e}^{\xi}(x_1-x_2).$$

17. 已知函数 f 在 $[a,b]$ 上连续, 在 (a,b) 内可导, 且 $0<a<b$, 证明在 (a,b) 内存在 ξ 及 η, 使得 $f'(\xi)=\dfrac{a+b}{2\eta}f'(\eta)$.

18. 若函数 f 在 $[a,b]$ 上可导, 证明:

(1) 若 $f'_+(a)f'_-(b)<0$, 则在 (a,b) 内存在点 ξ, 使得 $f'(\xi)=0$;

(2) 在 (a,b) 内, $f'(x)$ 可取介于 $f'_+(a)$ 与 $f'_-(b)$ 之间的任何值.

19. 设函数 $f(x)$ 在区间 $[0,1]$ 上连续, 在 $(0,1)$ 内可导, 且 $f(0)=0$. 试证: 存在一点 $\xi\in(0,1)$, 使得 $\dfrac{3f(\xi)}{1-\xi}=f'(\xi)$.

20. 设 $f(x)$ 在闭区间 $[a,b]$ 上具有一阶连续导数, 在开区间 (a,b) 内二阶可导, 且 $f(a)=f(b)$, $f'_+(a)f'_-(b)>0$. 试证: 至少存在一点 $\xi\in(a,b)$, 使得 $f''(\xi)=0$.

§2.6 未定式的极限

本节考虑形如 $\lim\dfrac{f(x)}{g(x)}$ 的极限, 当在某个极限过程中, $f(x)$ 和 $g(x)$ 都趋于零或都趋于无穷大量, 则把这种极限叫作未定式, 记为 $\dfrac{0}{0}$ 或 $\dfrac{\infty}{\infty}$. 而 L'Hôpital (洛必达) 法则是在一定条件下, 将求未定式极限 $\lim\dfrac{f(x)}{g(x)}$ 转变成求其分子、分母的导数之比的极限 $\lim\dfrac{f'(x)}{g'(x)}$ 的方法.

2.6.1 $\dfrac{0}{0}$ 型未定式

定理 1 (L'Hôpital 法则 I) 已知函数 f 和 g 满足 $\lim\limits_{x\to u}f(x)=\lim\limits_{x\to u}g(x)=0$. 如果 $\lim\limits_{x\to u}\dfrac{f'(x)}{g'(x)}$ 存在 (极限可以是有限数也可以是 ∞), 则

$$\lim_{x\to u}\frac{f(x)}{g(x)}=\lim_{x\to u}\frac{f'(x)}{g'(x)},$$

其中 u 可以是诸如 x_0, x_0^+, x_0^-, ∞, $+\infty$, $-\infty$ 等.

证 本定理实际上包含几个定理. 这里只给出在 $x\to x_0^+$, 极限是有限数的情况下 L'Hôpital 法则的证明.

首先极限 $\lim\limits_{x\to x_0^+}\dfrac{f'(x)}{g'(x)}$ 的存在性保证 f,g 在区间 $(x_0,x_0+\delta)$ 内处处可导, 并且 $g'(x)\neq0$. 如果 f,g 在点 x_0 处不连续, 那么补充定义或者更改原先 f,g 在点 x_0 处的函数值, 使得 $f(x_0)=$

$0=g(x_0)$, 从而修改后的 f,g 在闭区间 $[x_0,x]$ 上连续, 在开区间 (x_0,x) 内可导, 且 $g'(x)\neq 0$. 由 Cauchy 定理得, 存在 $\xi\in(x_0,x)$, 使得

$$\frac{f(x)-f(x_0)}{g(x)-g(x_0)}=\frac{f'(\xi)}{g'(\xi)},$$

因为 $f(x_0)=0=g(x_0)$, 故

$$\frac{f(x)}{g(x)}=\frac{f'(\xi)}{g'(\xi)},$$

而当 $x\to x_0^+$ 时, $\xi\to x_0^+$, 因此

$$\lim_{x\to x_0^+}\frac{f(x)}{g(x)}=\lim_{\xi\to x_0^+}\frac{f'(\xi)}{g'(\xi)}.$$

结论得证.

对于左侧极限和双侧极限可以类似证明. 而对于 $x\to\infty$ 的极限和极限是无穷的情况, 证明就更复杂, 本书略去.

例 1 求 $\lim\limits_{x\to 0}\dfrac{a^x-b^x}{x}\ (a,b>0)$.

解 这是 $\dfrac{0}{0}$ 型未定式, 不难验证它满足 L'Hôpital 法则的条件, 于是

$$\lim_{x\to 0}\frac{a^x-b^x}{x}=\lim_{x\to 0}\frac{a^x\ln a-b^x\ln b}{1}=\ln a-\ln b=\ln\frac{a}{b}.$$

例 2 求 $\lim\limits_{x\to+\infty}\dfrac{\dfrac{\pi}{2}-\arctan x}{\sin\dfrac{1}{x}}$.

解 这是 $\dfrac{0}{0}$ 型未定式, 由 L'Hôpital 法则得

$$\lim_{x\to+\infty}\frac{\dfrac{\pi}{2}-\arctan x}{\sin\dfrac{1}{x}}=\lim_{x\to+\infty}\frac{\dfrac{\pi}{2}-\arctan x}{\dfrac{1}{x}}=\lim_{x\to+\infty}\frac{-\dfrac{1}{1+x^2}}{-\dfrac{1}{x^2}}=\lim_{x\to+\infty}\frac{x^2}{1+x^2}=1.$$

例 3 求 $\lim\limits_{x\to\frac{\pi}{2}}\dfrac{\ln\sin x}{(\pi-2x)^2}$.

解 令 $t=\dfrac{\pi}{2}-x$, 则

$$\lim_{x\to\frac{\pi}{2}}\frac{\ln\sin x}{(\pi-2x)^2}=\lim_{t\to 0}\frac{\ln\sin\left(\dfrac{\pi}{2}-t\right)}{4t^2}=\lim_{t\to 0}\frac{\ln\cos t}{4t^2},$$

上式为 $\dfrac{0}{0}$ 型未定式, 由 L'Hôpital 法则得

$$\lim_{t\to 0}\frac{\ln\cos t}{4t^2}=\lim_{t\to 0}\frac{-\dfrac{\sin t}{\cos t}}{8t}=\lim_{t\to 0}\left(-\frac{1}{8}\cdot\frac{\sin t}{t\cos t}\right)=-\frac{1}{8}.$$

例 4 求 $\lim\limits_{x\to 0}\dfrac{(1+x)^{\frac{1}{x}}-\mathrm{e}}{x}$.

解 由 L'Hôpital 法则得

$$\begin{aligned}\lim_{x\to 0}\frac{(1+x)^{\frac{1}{x}}-\mathrm{e}}{x}&=\lim_{x\to 0}\frac{(1+x)^{\frac{1}{x}}\dfrac{x-(1+x)\ln(1+x)}{x^2(1+x)}}{1}\\&=\lim_{x\to 0}\frac{(1+x)^{\frac{1}{x}}}{1+x}\cdot\lim_{x\to 0}\frac{x-(1+x)\ln(1+x)}{x^2}\\&=\mathrm{e}\cdot\lim_{x\to 0}\frac{x-(1+x)\ln(1+x)}{x^2}\\&=\mathrm{e}\cdot\lim_{x\to 0}\frac{1-\ln(1+x)-1}{2x}\\&=-\frac{\mathrm{e}}{2}\lim_{x\to 0}\frac{\ln(1+x)}{x}=-\frac{\mathrm{e}}{2}.\end{aligned}$$

2.6.2 $\dfrac{\infty}{\infty}$ 型未定式

定理 2 (L'Hôpital 法则 II) 已知函数 f 和 g 满足 $\lim\limits_{x\to u}f(x)=\lim\limits_{x\to u}g(x)=\infty$. 如果 $\lim\limits_{x\to u}\dfrac{f'(x)}{g'(x)}$ 存在 (极限可以是有限数也可以是 ∞), 则

$$\lim_{x\to u}\frac{f(x)}{g(x)}=\lim_{x\to u}\frac{f'(x)}{g'(x)},$$

其中 u 可以是诸如 x_0, x_0^+, x_0^-, ∞, $+\infty$, $-\infty$ 等.

例 5 求 $\lim\limits_{x\to 0^+}\dfrac{\ln\cot x}{\ln x}$.

解 当 $x\to 0^+$ 时, $\ln x\to-\infty$, $\ln\cot x\to+\infty$, 由 L'Hôpital 法则得

$$\lim_{x\to 0^+}\frac{\ln\cot x}{\ln x}=\lim_{x\to 0^+}\frac{\tan x(-\csc^2 x)}{\dfrac{1}{x}}=\lim_{x\to 0^+}\frac{-x\tan x}{\sin^2 x}=-1.$$

例 6 求 $\lim\limits_{x\to+\infty}\dfrac{\ln x}{x^\alpha}\,(\alpha>0)$.

解 当 $x\to+\infty$ 时, $\ln x$ 和 x^α 都趋于 $+\infty$. 由 L'Hôpital 法则得

$$\lim_{x\to+\infty}\frac{\ln x}{x^\alpha}=\lim_{x\to+\infty}\frac{\dfrac{1}{x}}{\alpha x^{\alpha-1}}=\lim_{x\to+\infty}\frac{1}{\alpha x^\alpha}=0.$$

例 7 求 $\lim\limits_{x\to+\infty}\dfrac{x^\alpha}{\mathrm{e}^x}\,(\alpha>0)$.

解 当 $x\to+\infty$ 时, e^x 和 x^α 都趋于 $+\infty$. 使用 $[\alpha]+1$ 次 L'Hôpital 法则得

$$\lim_{x\to+\infty}\frac{x^\alpha}{\mathrm{e}^x}=\lim_{x\to+\infty}\frac{\alpha x^{\alpha-1}}{\mathrm{e}^x}=\lim_{x\to+\infty}\frac{\alpha(\alpha-1)x^{\alpha-2}}{\mathrm{e}^x}=\cdots$$

$$= \lim_{x\to+\infty}\frac{\alpha(\alpha-1)\cdots(\alpha-[\alpha]+1)x^{\alpha-[\alpha]}}{e^x}$$
$$= \lim_{x\to+\infty}\frac{\alpha(\alpha-1)\cdots(\alpha-[\alpha]+1)(\alpha-[\alpha])}{x^{[\alpha]+1-\alpha}e^x}=0.$$

例 6 和例 7 说明, 当 $x\to+\infty$ 时, 对数函数 $\ln x$、幂函数 $x^\alpha(\alpha>0)$ 及指数函数 e^x 虽然均为无穷大量, 但是这三个函数趋于无穷大量的速度不同, 指数函数 e^x 增长最快, 幂函数 $x^\alpha(\alpha>0)$ 其次, 对数函数 $\ln x$ 增长最慢.

2.6.3 其他类型未定式

其他类型的未定式都可通过变形转化成 $\dfrac{0}{0}$ 型或 $\dfrac{\infty}{\infty}$ 型未定式, 从而可使用 L'Hôpital 法则来求极限. $0\cdot\infty$ 型与 $\infty-\infty$ 型未定式一般可通过变形直接化成 $\dfrac{0}{0}$ 型或 $\dfrac{\infty}{\infty}$ 型.

例 8 求 $\lim\limits_{x\to1}(1-x)\tan\dfrac{\pi x}{2}$.

解 由于 $\lim\limits_{x\to1}(1-x)=0$, $\lim\limits_{x\to1}\tan\dfrac{\pi x}{2}=\infty$, 这是 $0\cdot\infty$ 型未定式, 可以将 $\tan\dfrac{\pi x}{2}$ 写成 $\dfrac{1}{\cot\dfrac{\pi x}{2}}$, 从而转化为 $\dfrac{0}{0}$ 型未定式.

$$\lim_{x\to1}(1-x)\tan\frac{\pi}{2}x=\lim_{x\to1}\frac{1-x}{\cot\dfrac{\pi}{2}x}=\frac{2}{\pi}\lim_{x\to1}\frac{-1}{-\csc^2\dfrac{\pi}{2}x}=\frac{2}{\pi}.$$

例 9 求 $\lim\limits_{x\to0}\left[\dfrac{1}{\ln(1+x)}-\dfrac{1}{x}\right]$.

解 由于 $\lim\limits_{x\to0}\dfrac{1}{\ln(1+x)}=\infty$, $\lim\limits_{x\to0}\dfrac{1}{x}=\infty$, 这是 $\infty-\infty$ 型未定式.

$$\begin{aligned}\lim_{x\to0}\left[\frac{1}{\ln(1+x)}-\frac{1}{x}\right]&=\lim_{x\to0}\frac{x-\ln(1+x)}{x\ln(1+x)}\\&=\lim_{x\to0}\frac{x-\ln(1+x)}{x^2}\\&=\lim_{x\to0}\frac{1-\dfrac{1}{1+x}}{2x}=\lim_{x\to0}\frac{\dfrac{x}{1+x}}{2x}=\frac{1}{2}.\end{aligned}$$

求 ∞^0, 1^∞ 和 0^0 型未定式 $u(x)^{v(x)}$ 的极限, 可以先将幂指函数 $u(x)^{v(x)}$ 写成 $e^{v(x)\ln u(x)}$, 然后求 $0\cdot\infty$ 型未定式 $v(x)\ln u(x)$ 的极限, 从而得原未定式的极限.

例 10 求 $\lim\limits_{x\to+\infty}x^{\frac{1}{x}}$.

解 这是 ∞^0 型未定式. 令 $f(x)=x^{\frac{1}{x}}$, 则 $\ln f(x)=\ln x^{\frac{1}{x}}=\dfrac{\ln x}{x}$, 由 L'Hôpital 法则得

$$\lim_{x\to+\infty}\ln f(x)=\lim_{x\to+\infty}\frac{\ln x}{x}=\lim_{x\to+\infty}\frac{\dfrac{1}{x}}{1}=0,$$

从而

$$\lim_{x\to+\infty} x^{\frac{1}{x}} = \lim_{x\to+\infty} f(x) = \lim_{x\to+\infty} \mathrm{e}^{\ln f(x)} = \mathrm{e}^0 = 1.$$

例 11 求 $\lim\limits_{x\to 0}\left(\dfrac{\sin x}{x}\right)^{\frac{1}{x^2}}$.

解 这是 1^∞ 型未定式.

$$\begin{aligned}\lim_{x\to 0}\frac{\ln\dfrac{\sin x}{x}}{x^2} &= \lim_{x\to 0}\frac{\dfrac{\cos x}{\sin x}-\dfrac{1}{x}}{2x}\\ &= \lim_{x\to 0}\frac{x\cos x-\sin x}{2x^2\sin x}\\ &= \lim_{x\to 0}\frac{x\cos x-\sin x}{2x^3}\\ &= \lim_{x\to 0}\frac{-x\sin x}{6x^2} = -\frac{1}{6},\end{aligned}$$

从而

$$\lim_{x\to 0}\left(\frac{\sin x}{x}\right)^{\frac{1}{x^2}} = \mathrm{e}^{-\frac{1}{6}}.$$

例 12 求 $\lim\limits_{x\to+\infty}\left(\dfrac{\pi}{2}-\arctan x\right)^{\frac{1}{\ln x}}$.

解 这是 0^0 型未定式.

$$\begin{aligned}\lim_{x\to+\infty}\frac{\ln\left(\dfrac{\pi}{2}-\arctan x\right)}{\ln x} &= \lim_{x\to+\infty}\frac{\dfrac{\dfrac{-1}{1+x^2}}{\dfrac{\pi}{2}-\arctan x}}{\dfrac{1}{x}}\\ &= \lim_{x\to+\infty}\frac{\dfrac{x}{1+x^2}}{\arctan x-\dfrac{\pi}{2}}\\ &= \lim_{x\to+\infty}\frac{(1-x^2)(1+x^2)^{-2}}{(1+x^2)^{-1}}\\ &= \lim_{x\to+\infty}\frac{1-x^2}{1+x^2} = -1,\end{aligned}$$

从而

$$\lim_{x\to+\infty}\left(\frac{\pi}{2}-\arctan x\right)^{\frac{1}{\ln x}} = \frac{1}{\mathrm{e}}.$$

用 L'Hôpital 法则求未定式极限相当有效, 但并非万能. 如果 $\lim\dfrac{f'(x)}{g'(x)}$ 不是有限数也不等于 ∞, 那么并不能断定 $\lim\dfrac{f(x)}{g(x)}$ 也不存在, 只能说明 L'Hôpital 法则失效了, 原式是否有极限应另找途径解决.

例 13 求 $\lim\limits_{x\to 0}\dfrac{x^2\sin\dfrac{1}{x}}{2x+\sin x}$.

解 这是一个 $\frac{0}{0}$ 型未定式. 若使用 L'Hôpital 法则得

$$\lim_{x\to 0}\frac{x^2\sin\frac{1}{x}}{2x+\sin x}=\lim_{x\to 0}\frac{2x\sin\frac{1}{x}-\cos\frac{1}{x}}{2+\cos x}.$$

上式右端极限不存在也不是 ∞, 这时不应据此得出原未定式也没有极限的结论, 而应另找途径解决. 实际上,

$$\lim_{x\to 0}\frac{x^2\sin\frac{1}{x}}{2x+\sin x}=\lim_{x\to 0}\frac{x\sin\frac{1}{x}}{2+\frac{\sin x}{x}}=0.$$

例 14 求 $\lim\limits_{x\to+\infty}\frac{\mathrm{e}^x-\mathrm{e}^{-x}}{\mathrm{e}^x+\mathrm{e}^{-x}}$.

解 这是一个 $\frac{\infty}{\infty}$ 型未定式, 如连续两次使用 L'Hôpital 法则, 有

$$\lim_{x\to+\infty}\frac{\mathrm{e}^x-\mathrm{e}^{-x}}{\mathrm{e}^x+\mathrm{e}^{-x}}=\lim_{x\to+\infty}\frac{\mathrm{e}^x+\mathrm{e}^{-x}}{\mathrm{e}^x-\mathrm{e}^{-x}}=\lim_{x\to+\infty}\frac{\mathrm{e}^x-\mathrm{e}^{-x}}{\mathrm{e}^x+\mathrm{e}^{-x}},$$

上式右端仍然回到原未定式, 可见用 L'Hôpital 法则无法求得这个未定式极限, 应另找途径解决. 实际上,

$$\lim_{x\to+\infty}\frac{\mathrm{e}^x-\mathrm{e}^{-x}}{\mathrm{e}^x+\mathrm{e}^{-x}}=\lim_{x\to+\infty}\frac{1-\mathrm{e}^{-2x}}{1+\mathrm{e}^{-2x}}=1.$$

习 题 2.6

1. 求下列极限:

(1) $\lim\limits_{x\to a}\frac{\sqrt[3]{a}-\sqrt[3]{x}}{\sqrt{a}-\sqrt{x}}$;

(2) $\lim\limits_{x\to 0^+}\frac{\ln\sin mx}{\ln\sin x}$($m$ 为正常数);

(3) $\lim\limits_{x\to\pi}\frac{\sin 3x}{\tan 5x}$;

(4) $\lim\limits_{x\to\frac{\pi}{4}}\frac{\tan x-1}{\sin 4x}$;

(5) $\lim\limits_{x\to 0}\frac{\mathrm{e}^x+\sin x-1}{\ln(1+x)}$;

(6) $\lim\limits_{x\to+\infty}\frac{2^x}{\lg x}$;

(7) $\lim\limits_{x\to 1^+}\ln x\ln(x-1)$;

(8) $\lim\limits_{x\to 0^+}\frac{\ln x}{\ln\sin x}$;

(9) $\lim\limits_{x\to\infty}x(\mathrm{e}^{\frac{1}{x}}-1)$;

(10) $\lim\limits_{x\to 0}\frac{x-\arcsin x}{\sin^3 x}$;

(11) $\lim\limits_{x\to 1}\left(\frac{x}{x-1}-\frac{1}{\ln x}\right)$;

(12) $\lim\limits_{x\to 0}\left(\frac{1}{x}-\frac{1}{\mathrm{e}^x-1}\right)$;

(13) $\lim\limits_{x\to 1}\left(\frac{2}{x^2-1}-\frac{1}{x-1}\right)$;

(14) $\lim\limits_{x\to a}(a^2-x^2)\tan\frac{\pi x}{2a}$;

(15) $\lim\limits_{x\to\frac{\pi}{2}}\frac{\tan x}{\tan 3x}$;

(16) $\lim\limits_{x\to 0}\frac{\mathrm{e}^{x^2}-1}{1-\cos x}$;

(17) $\lim\limits_{x\to 1^-}(1-x)^{\cos\frac{\pi}{2}x}$;

(18) $\lim\limits_{x\to 0}(1+x)^{\cot 2x}$;

(19) $\lim\limits_{x\to1^-}(2-x)^{\tan\frac{\pi}{2}x}$;

(20) $\lim\limits_{x\to+\infty}\left(\dfrac{2}{\pi}\arctan x\right)^x$;

(21) $\lim\limits_{x\to0^+}\left[\dfrac{(1+x)^{\frac{1}{x}}}{\mathrm{e}}\right]^{\frac{1}{x}}$;

(22) $\lim\limits_{x\to+\infty}\left(1+\dfrac{1}{x^2}\right)^x$;

(23) $\lim\limits_{x\to0^+}(\cot x)^{\frac{1}{\ln x}}$;

(24) $\lim\limits_{x\to\infty}\left(\cos\dfrac{t}{x}\right)^x$ (t 为常数);

(25) $\lim\limits_{x\to1}\left(\tan\dfrac{\pi}{4}x\right)^{\tan\frac{\pi}{2}x}$;

(26) $\lim\limits_{x\to0}\left(\dfrac{\arctan x}{x}\right)^{\frac{1}{x^2}}$;

(27) $\lim\limits_{x\to0}\dfrac{1+x^2-\mathrm{e}^{x^2}}{\sin^4 2x}$;

(28) $\lim\limits_{x\to\infty}\dfrac{x^2-\sin x}{3x^2+2\cos x}$.

2. 已知函数 $\varphi(x)$ 满足 $\varphi(0)=0,\varphi'(0)=1,\varphi''(0)=2$. 证明当 $x\to0$ 时, $\varphi(x)-x$ 与 x^2 是等价无穷小量.

3. 已知

$$f(x)=\begin{cases}\dfrac{g(x)}{x}, & x\neq0,\\ 0, & x=0,\end{cases}$$

且 $g(0)=0=g'(0),g''(0)=a$, 求 $f'(0)$.

4. 已知 $\lim\limits_{x\to0}\left(\dfrac{\sin 3x}{x^3}+\dfrac{a}{x^2}+b\right)=0$, 求常数 a,b 的值.

5. 已知 $\lim\limits_{x\to+\infty}\left(\dfrac{x+c}{x-c}\right)^x=4$, 求常数 c 的值.

6. 已知

$$f(x)=\begin{cases}\dfrac{1}{x}-\dfrac{1}{\mathrm{e}^x-1}, & x\neq0,\\ \dfrac{1}{2}, & x=0,\end{cases}$$

问 $f(x)$ 在 $x=0$ 处是否连续? 是否可导?

7. 已知 $f(x)$ 在 $x=0$ 处有二阶导数, 且 $\lim\limits_{x\to0}\left[1+x+\dfrac{f(x)}{x}\right]^{\frac{1}{x}}=\mathrm{e}^3$, 求 $f(0)$, $f'(0)$, $f''(0)$, 及 $\lim\limits_{x\to0}\left[1+\dfrac{f(x)}{x}\right]^{\frac{1}{x}}$.

§2.7 Taylor (泰勒) 公式

用简单函数逼近 (近似表示) 复杂函数是数学中的一种基本思想方法. 多项式是人们非常熟知的一类函数, 形式简单且计算方便. 对于任意给定的函数 f, 能否找到一个适当的 n 次多项式来逼近 f, 并使其误差为 $o(x-x_o)^n(x\to x_0)$?如果能找到, $f(x)$ 应满足什么条件?

为了回答上述问题, 我们先看特殊的情况: f 本身就是一个 n 次多项式, 即

$$f(x)=a_0+a_1(x-x_0)+a_2(x-x_0)^2+\cdots+a_n(x-x_0)^n,$$

此时

$$f'(x) = a_1 + 2a_2(x - x_0) + \cdots + na_n(x - x_0)^{n-1},$$

$$f''(x) = 2a_2 + \cdots + n(n-1)a_n(x - x_0)^{n-2},$$

$$\cdots\cdots\cdots\cdots$$

$$f^{(n)}(x) = n!a_n.$$

在上面各式中令 $x = x_0$, 则得

$$a_0 = f(x_0), a_1 = f'(x_0), a_2 = \frac{f''(x_0)}{2!}, \cdots, a_n = \frac{f^{(n)}(x_0)}{n!}.$$

于是称多项式

$$f(x_0) + f'(x_0)(x - x_0) + \frac{f''(x_0)}{2!}(x - x_0)^2 + \cdots + \frac{f^{(n)}(x_0)}{n!}(x - x_0)^n$$

为 f 在 $x = x_0$ 处的 n 阶 **Taylor 多项式**.

对于一个任意函数 f, 若用其在 $x = x_0$ 处的 n 阶 Taylor 多项式逼近, 其误差是 $x - x_0$ 的 n 阶无穷小量, 见下面的定理.

定理 1 (Taylor 定理) 设函数 f 在点 x_0 处有 n 阶导数, 则对任意 $x \in (x_0 - \delta, x_0 + \delta)$, 有

$$f(x) = f(x_0) + f'(x_0)(x - x_0) + \frac{f''(x_0)}{2!}(x - x_0)^2 + \cdots + \frac{f^{(n)}(x_0)}{n!}(x - x_0)^n + o((x - x_0)^n). \quad (2.7.1)$$

证 记

$$r_n(x) = f(x) - \sum_{k=0}^{n} \frac{1}{k!} f^{(k)}(x_0)(x - x_0)^k,$$

要证

$$r_n(x) = o((x - x_0)^n).$$

由于 f 在点 x_0 处 n 阶可导, 因此 $r_n(x)$ 在 $(x_0 - \delta, x_0 + \delta)$ 内有 $n - 1$ 阶导数, 且

$$r_n^{(n-1)}(x) = f^{(n-1)}(x) - [f^{(n-1)}(x_0) + f^{(n)}(x_0)(x - x_0)].$$

又 $r_n(x_0) = r'_n(x_0) = r''_n(x_0) = \cdots = r_n^{(n-1)}(x_0) = 0$. 连续使用 $n - 1$ 次 L'Hôpital 法则和导数定义得

$$\begin{aligned}
&\lim_{x \to x_0} \frac{r_n(x)}{(x - x_0)^n} = \lim_{x \to x_0} \frac{r'_n(x)}{n(x - x_0)^{n-1}} \\
= &\lim_{x \to x_0} \frac{r''_n(x)}{n(n-1)(x - x_0)^{n-2}} = \cdots \\
= &\lim_{x \to x_0} \frac{r_n^{(n-1)}(x)}{n(n-1) \cdot \ \cdots \ \cdot 2 \cdot (x - x_0)} \\
= &\frac{1}{n!} \lim_{x \to x_0} \frac{f^{(n-1)}(x) - f^{(n-1)}(x_0) - f^{(n)}(x_0)(x - x_0)}{x - x_0} \\
= &\frac{1}{n!} \lim_{x \to x_0} \left[\frac{f^{(n-1)}(x) - f^{(n-1)}(x_0)}{x - x_0} - f^{(n)}(x_0) \right] \\
= &\frac{1}{n!} \left[f^{(n)}(x_0) - f^{(n)}(x_0) \right] = 0.
\end{aligned}$$

从而

$$r_n(x) = o((x - x_0)^n).$$

(2.7.1) 式称为 $f(x)$ 在 $x = x_0$ 处的**带有 Peano (佩亚诺) 余项的 Taylor 公式**, $r_n(x) = o((x - x_0)^n)$ 称为 **Taylor 公式的 Peano 余项**. 当 $x_0 = 0$ 时, 则 Taylor 公式称为 **Maclaurin (麦克劳林) 公式**, 即

$$f(x) = f(0) + f'(0)x + \frac{f''(0)}{2!}x^2 + \cdots + \frac{f^{(n)}(0)}{n!}x^n + o(x^n).$$

例 1 求函数 $f(x) = \mathrm{e}^x$ 带有 Peano 余项的 Maclaurin 公式.

解 因为 $f^{(k)}(x) = (\mathrm{e}^x)^{(k)} = \mathrm{e}^x$, 从而有

$$f^{(k)}(0) = 1 \quad (k = 0, 1, 2, \cdots, n),$$

代入公式 (2.7.1) 便得

$$\mathrm{e}^x = 1 + x + \frac{x^2}{2!} + \cdots + \frac{x^n}{n!} + o(x^n).$$

例 2 求函数 $f(x) = \ln(1 + x)$ 带有 Peano 余项的 Maclaurin 公式.

解 由于 $f^{(k)}(x) = [\ln(1 + x)]^{(k)} = (-1)^{k-1}\dfrac{(k-1)!}{(1+x)^k}$, 从而有

$$f(0) = 0,\ f^{(k)}(0) = (-1)^{k-1}(k-1)!, \quad k = 1, 2, \cdots, n,$$

于是

$$\ln(1 + x) = x - \frac{x^2}{2} + \frac{x^3}{3} - \cdots + (-1)^{n-1}\frac{x^n}{n} + o(x^n).$$

例 3 求函数 $f(x) = \sin x$ 带有 Peano 余项的 Maclaurin 公式.

解 由于 $f^{(k)}(x) = (\sin x)^{(k)} = \sin\left(x + k\dfrac{\pi}{2}\right)$, 从而有

$$f^{(2k)}(0) = 0,\ f^{(2k+1)}(0) = (-1)^k, \quad k = 0, 1, \cdots, n,$$

于是

$$\sin x = x - \frac{x^3}{3!} + \frac{x^5}{5!} - \cdots + (-1)^{n-1}\frac{x^{2n-1}}{(2n-1)!} + o(x^{2n}).$$

类似地,

$$\cos x = 1 - \frac{x^2}{2!} + \frac{x^4}{4!} - \cdots + (-1)^n\frac{x^{2n}}{(2n)!} + o(x^{2n+1}).$$

例 4 求函数 $f(x) = (1 + x)^\alpha\ (\alpha \neq 0)$ 带有 Peano 余项的 Maclaurin 公式.

解 由于

$$f^{(k)}(x) = [(1 + x)^\alpha]^{(k)} = \alpha(\alpha - 1)\cdots(\alpha - k + 1)(1 + x)^{\alpha-k},$$

从而有 $f^{(k)}(0) = \alpha(\alpha - 1)\cdots(\alpha - k + 1)$, 于是

$$(1 + x)^\alpha = 1 + \alpha x + \frac{\alpha(\alpha - 1)}{2!}x^2 + \cdots + \frac{\alpha(\alpha - 1)\cdots(\alpha - n + 1)}{n!}x^n + o(x^n).$$

特别地, 当 α 为正整数 n 时, $f^{(n+1)}(x)\equiv 0$, 所以 $r_n(x)=0$, 从而有

$$(1+x)^n=1+nx+\frac{n(n-1)}{2!}x^2+\cdots+\frac{n(n-1)\cdots 2\cdot 1}{n!}x^n,$$

这就是我们熟悉的二项式公式.

对于一般函数的 Taylor 公式及 Maclaurin 公式可以利用代换的方法得到.

例 5 求函数 $f(x)=2^x$ 带有 Peano 余项的 Maclaurin 公式.

解 由于

$$\mathrm{e}^x=1+x+\frac{x^2}{2!}+\cdots+\frac{x^n}{n!}+o(x^n),$$

且 $2^x=\mathrm{e}^{(\ln 2)x}$. 因此

$$2^x=1+(\ln 2)x+\frac{(\ln 2)^2x^2}{2!}+\cdots+\frac{(\ln 2)^nx^n}{n!}+o(x^n).$$

例 6 求函数 $f(x)=\ln x$ 在 $x=1$ 处带有 Peano 余项的 Taylor 公式.

解 由于

$$\ln(1+x)=x-\frac{x^2}{2}+\frac{x^3}{3}-\cdots+(-1)^{n-1}\frac{x^n}{n}+o(x^n),$$

且 $\ln x=\ln[1+(x-1)]$, 则有

$$\begin{aligned}\ln x=(x-1)-\frac{(x-1)^2}{2}+\frac{(x-1)^3}{3}-\cdots+\\ (-1)^{n-1}\frac{(x-1)^n}{n}+o((x-1)^n).\end{aligned}$$

例 7 求函数 $f(x)=\dfrac{1}{3-x}$ 在 $x=1$ 处带有 Peano 余项的 Taylor 公式.

解 由于

$$f(x)=\frac{1}{2-(x-1)}=\frac{1}{2}\cdot\frac{1}{1-\dfrac{x-1}{2}},$$

则

$$\begin{aligned}\frac{1}{3-x}&=\frac{1}{2}\left[1+\frac{x-1}{2}+\left(\frac{x-1}{2}\right)^2+\cdots+\left(\frac{x-1}{2}\right)^n\right]+o\left(\left(\frac{x-1}{2}\right)^n\right)\\&=\frac{1}{2}+\frac{x-1}{2^2}+\frac{(x-1)^2}{2^3}+\cdots+\frac{(x-1)^n}{2^{n+1}}+o((x-1)^n).\end{aligned}$$

对于某些特殊类型的极限, 利用带 Peano 余项的 Taylor 公式来计算往往是一种有效的方法.

例 8 计算 $\lim\limits_{x\to 0}\dfrac{\cos x-\mathrm{e}^{-\frac{1}{2}x^2}}{x^4}$.

解

$$\begin{aligned}\lim_{x\to 0}\frac{\cos x-\mathrm{e}^{-\frac{1}{2}x^2}}{x^4}&=\lim_{x\to 0}\frac{\left[1-\dfrac{1}{2}x^2+\dfrac{1}{24}x^4+o(x^4)\right]-\left[1-\dfrac{1}{2}x^2+\dfrac{1}{8}x^4+o(x^4)\right]}{x^4}\\&=\lim_{x\to 0}\frac{-\dfrac{1}{12}x^4+o(x^4)}{x^4}=-\frac{1}{12}.\end{aligned}$$

例 9　已知 $f(0)=0, f'(0)=-1, f''(0)=2, f'''(0)=-6$. 求

$$\lim_{x\to 0}\frac{f(x)+x[1-\ln(1+x)]}{x^3}.$$

解　f 和 $y=\ln(1+x)$ 的 Maclaurin 公式为

$$f(x)=f(0)+f'(0)x+\frac{f''(0)}{2!}x^2+\frac{f^{(3)}(0)}{3!}x^3+o(x^3)=-x+x^2-x^3+o(x^3),$$

$$\ln(1+x)=x-\frac{x^2}{2}+o(x^2),$$

故

$$\begin{aligned}&\lim_{x\to 0}\frac{f(x)+x[1-\ln(1+x)]}{x^3}\\=&\lim_{x\to 0}\frac{[-x+x^2-x^3+o(x^3)]+x\left\{1-\left[x-\dfrac{x^2}{2}+o(x^2)\right]\right\}}{x^3}\\=&\lim_{x\to 0}\frac{-\dfrac{1}{2}x^3+o(x^3)}{x^3}=-\frac{1}{2}.\end{aligned}$$

定理 2 (Taylor 定理)　设函数 f 在点 x_0 的某个邻域 $(x_0-\delta, x_0+\delta)$ 内具有直到 $n+1$ 阶的导数, 则对任意 $x\in(x_0-\delta, x_0+\delta)$, 有

$$\begin{aligned}f(x)=&f(x_0)+f'(x_0)(x-x_0)+\frac{f''(x_0)}{2!}(x-x_0)^2+\cdots+\\&\frac{f^{(n)}(x_0)}{n!}(x-x_0)^n+\frac{f^{(n+1)}(\xi)}{(n+1)!}(x-x_0)^{n+1},\end{aligned}\tag{2.7.2}$$

其中 ξ 介于 x 与 x_0 之间.

证　记

$$r_n(x)=f(x)-\sum_{k=0}^{n}\frac{1}{k!}f^{(k)}(x_0)(x-x_0)^k,$$

要证

$$r_n(x)=\frac{f^{(n+1)}(\xi)}{(n+1)!}(x-x_0)^{n+1}.$$

为此, 令 $g(x)=(x-x_0)^{n+1}$, 则

$$g(x_0)=g'(x_0)=\cdots=g^{(n)}(x_0)=0, g^{(n+1)}(x)=(n+1)!,$$

$$r_n(x_0)=r_n'(x_0)=\cdots=r_n^{(n)}(x_0)=0, r_n^{(n+1)}(x)=f^{(n+1)}(x).$$

在以 x_0 与 x 为端点的区间上对 $r_n(x)$ 与 $g(x)$ 应用 Cauchy 定理, 得

$$\frac{r_n(x)}{g(x)}=\frac{r_n(x)-r_n(x_0)}{g(x)-g(x_0)}=\frac{r_n'(\xi_1)}{g'(\xi_1)},\quad \xi_1\text{在 } x \text{ 与 } x_0 \text{ 之间}.$$

再在以 x_0 与 ξ_1 为端点的区间上对 $r_n'(x)$ 与 $g'(x)$ 应用 Cauchy 定理, 得

$$\frac{r_n(x)}{g(x)}=\frac{r_n'(\xi_1)-r_n'(x_0)}{g'(\xi_1)-g'(x_0)}=\frac{r_n''(\xi_2)}{g''(\xi_2)},\quad \xi_2\text{在 }\xi_1\text{ 与 }x_0\text{ 之间}.$$

将上述步骤进行 $n+1$ 次, 可得

$$\begin{aligned}\frac{r_n(x)}{g(x)}&=\frac{r_n'(\xi_1)}{g'(\xi_1)}=\frac{r_n''(\xi_2)}{g''(\xi_2)}=\cdots=\frac{r_n^{(n)}(\xi_n)}{g^{(n)}(\xi_n)}\\&=\frac{r_n^{(n)}(\xi_n)-r_n^{(n)}(x_0)}{g^{(n)}(\xi_n)-g^{(n)}(x_0)}=\frac{r_n^{(n+1)}(\xi_{n+1})}{g^{(n+1)}(\xi_{n+1})}=\frac{f^{(n+1)}(\xi)}{(n+1)!},\end{aligned}$$

其中 $\xi=\xi_{n+1}$ 在 ξ_n 与 x_0 之间, 当然 ξ 也介于 x 与 x_0 之间. 结论得证.

(2.7.2) 式称为 $f(x)$ 在 $x=x_0$ 处的**带有 Lagrange 余项的 Taylor 公式**, $\dfrac{f^{(n+1)}(\xi)}{(n+1)!}(x-x_0)^{n+1}$ 称为 **Taylor 公式的 Lagrange 余项**. Lagrange 余项又可以写成

$$\frac{f^{(n+1)}[x_0+\theta(x-x_0)]}{(n+1)!}(x-x_0)^{n+1},\quad 0<\theta<1.$$

由 (2.7.2) 式知, 如果 $f^{(n+1)}(x)$ 在 (a,b) 内有界, 则用 $f(x)$ 的 n 阶 Taylor 多项式 $P_n(x)$ 近似 $f(x)$, 其误差有以下的估计式

$$|r_n(x)|=\left|\frac{f^{(n+1)}(\xi)}{(n+1)!}(x-x_0)^{n+1}\right|\leqslant\frac{M}{(n+1)!}|x-x_0|^{n+1},$$

其中 $M=\max\limits_{x\in(a,b)}|f^{(n+1)}(x)|$.

如果 $x_0=0$, (2.7.2) 式就变成

$$f(x)=f(0)+f'(0)x+\frac{f''(0)}{2}x^2+\cdots+\frac{f^{(n)}(0)}{n!}x^n+\frac{f^{(n+1)}(\xi)}{(n+1)!}x^{n+1},$$

其中 ξ 介于 0 与 x 之间, 也可以写成

$$f(x)=f(0)+f'(0)x+\frac{f''(0)}{2!}x^2+\cdots+\frac{f^{(n)}(0)}{n!}x^n+\frac{f^{(n+1)}(\theta x)}{(n+1)!}x^{n+1},\quad 0<\theta<1.$$

上式称为**带有 Lagrange 余项的 Maclaurin 公式**.

下面给出几个基本初等函数的带有 Lagrange 余项的 Maclaurin 公式:

(1) $\mathrm{e}^x=1+x+\dfrac{x^2}{2!}+\cdots+\dfrac{x^n}{n!}+\dfrac{\mathrm{e}^{\theta x}}{(n+1)!}x^{n+1}\quad(-\infty<x<+\infty,0<\theta<1)$;

(2) $\ln(1+x)=x-\dfrac{x^2}{2}+\dfrac{x^3}{3}-\cdots+(-1)^{n-1}\dfrac{x^n}{n}+\dfrac{(-1)^n}{(n+1)(1+\theta x)^{n+1}}x^{n+1}$
$(-1<x<+\infty,0<\theta<1)$;

(3) $\sin x=x-\dfrac{x^3}{3!}+\dfrac{x^5}{5!}-\cdots+(-1)^{n-1}\dfrac{x^{2n-1}}{(2n-1)!}+(-1)^n\dfrac{\cos\theta x}{(2n+1)!}x^{2n+1}$
$(-\infty<x<+\infty,0<\theta<1)$;

(4) $\cos x = 1 - \dfrac{x^2}{2!} + \dfrac{x^4}{4!} - \cdots + (-1)^n \dfrac{x^{2n}}{(2n)!} + (-1)^{n+1} \dfrac{\cos\theta x}{(2n+2)!} x^{2n+2}$

$(-\infty < x < +\infty, 0 < \theta < 1)$;

(5) $(1+x)^\alpha = 1 + \alpha x + \dfrac{\alpha(\alpha-1)}{2!}x^2 + \cdots + \dfrac{\alpha(\alpha-1)\cdots(\alpha-n+1)}{n!}x^n +$

$\dfrac{\alpha(\alpha-1)\cdots(\alpha-n)}{(n+1)!(1+\theta x)^{n+1-\alpha}}x^{n+1} \qquad (-1 < x < +\infty, 0 < \theta < 1)$.

利用 Taylor 公式近似计算函数值较之利用微分精确度更高, 适用的范围更广, 而且可以估计误差.

例 10 计算 e 的近似值, 使其误差小于 10^{-5}.

解 在 e^x 的带有 Lagrange 余项的 Maclaurin 公式中取 $x=1$, 得

$$e = 1 + 1 + \frac{1}{2!} + \cdots + \frac{1}{n!} + \frac{e^\theta}{(n+1)!}, \quad 0 < \theta < 1.$$

由于 $e^\theta < e < 3$, 故

$$r_n(1) = \frac{e^\theta}{(n+1)!} < \frac{3}{(n+1)!}.$$

要使误差小于 10^{-5}, 即要

$$r_n(1) < \frac{3}{(n+1)!} < 10^{-5},$$

取 $n=8$ 有 $r_n(1) < \dfrac{3}{9!} < 10^{-5}$, 于是 e 的误差小于 10^{-5} 的近似值为

$$e \approx 1 + 1 + \frac{1}{2!} + \cdots + \frac{1}{8!} \approx 2.718\ 28.$$

例 11 设 $f''(x) > 0$, 当 $x \to 0$ 时, $f(x)$ 与 x 是等价无穷小量, 证明: 当 $x \neq 0$ 时, $f(x) > x$.

证 因为当 $x \to 0$ 时, $f(x)$ 与 x 是等价无穷小量, 故 $\lim\limits_{x\to 0}\dfrac{f(x)}{x} = 1$, 从而 $f(0)=0, f'(0)=1$. 从而由 $x_0 = 0$ 处的 Taylor 公式得

$$f(x) = f(0) + f'(0)x + \frac{f''(\xi)}{2!}x^2 = x + \frac{f''(\xi)}{2!}x^2.$$

因为 $f''(x) > 0$, 所以当 $x \neq 0$ 时, 有 $f(x) > x$.

例 12 设 $f(x)$ 在 $[a,b]$ 上有二阶导数, 且 $f'(a) = f'(b) = 0$, 证明: 存在 $\xi \in (a,b)$, 使得

$$|f''(\xi)| \geqslant \frac{4}{(b-a)^2}|f(b) - f(a)|.$$

证 分别在 a 和 b 点将 $f\left(\dfrac{a+b}{2}\right)$ 写成带有 Lagrange 余项的 1 阶 Taylor 公式, 即

$$f\left(\frac{a+b}{2}\right) = f(a) + f'(a)\left(\frac{a+b}{2} - a\right) + \frac{f''(\xi_1)}{2!}\left(\frac{a+b}{2} - a\right)^2,$$

$$f\left(\frac{a+b}{2}\right) = f(b) + f'(b)\left(\frac{a+b}{2} - b\right) + \frac{f''(\xi_2)}{2!}\left(\frac{a+b}{2} - b\right)^2,$$

其中 ξ_1,ξ_2 分别在 $a,\dfrac{a+b}{2}$ 和 $\dfrac{a+b}{2},b$ 之间.

将上面两式相减, 得

$$f(b)-f(a)=\frac{1}{8}\Big[f''(\xi_1)-f''(\xi_2)\Big](b-a)^2,$$

因此

$$|f(b)-f(a)|\leqslant\frac{1}{8}\Big[|f''(\xi_1)|+|f''(\xi_2)|\Big](b-a)^2.$$

令 ξ 为 ξ_1,ξ_2 中使 $|f''(\xi_i)|(i=1,2)$ 较大的那个, 则有

$$|f(b)-f(a)|\leqslant\frac{(b-a)^2}{4}|f''(\xi)|,$$

即

$$|f''(\xi)|\geqslant\frac{4}{(b-a)^2}|f(b)-f(a)|.$$

习 题 2.7

1. 设 $f(x)=2x^3-x^2+x-3$, 写出它在 $x_0=1$ 处的 3 阶 Taylor 多项式.

2. 写出下列函数在指定点处具有 Peano 余项的 3 阶 Taylor 公式:

(1) $y=\arcsin x$, 在 $x_0=0$ 处;　　(2) $y=\mathrm{e}^{\sin x}$, 在 $x_0=0$ 处;

(3) $y=\tan x$, 在 $x_0=\dfrac{\pi}{4}$ 处;　　(4) $y=\sin x$, 在 $x_0=\dfrac{\pi}{4}$ 处.

3. 写出下列函数具有 Peano 余项的 n 阶 Maclaurin 公式:

(1) $y=\dfrac{1}{1-x}$;　　(2) $y=\ln(1-x)$;

(3) $y=\mathrm{e}^{-x^2}$;　　(4) $y=\dfrac{1}{\sqrt{1-2x}}$.

4. 写出下列函数在指定点处具有 Lagrange 余项的 n 阶 Taylor 公式:

(1) $y=\dfrac{1}{x}$, 在 $x_0=1$ 处;　　(2) $y=\ln(1-x)$, 在 $x_0=\dfrac{1}{2}$ 处;

(3) $y=x\mathrm{e}^x$, 在 $x_0=0$ 处;　　(4) $y=\dfrac{1}{x-3}$, 在 $x_0=1$ 处.

5. 求 $\sqrt{\mathrm{e}}$ 的近似值, 使其误差小于 0.01.

6. 应用 3 阶 Taylor 公式求下列各数的近似值, 并估计误差:

(1) $\sqrt[3]{30}$;　　(2) $\sin 18^\circ$;　　(3) $\ln 1.2$.

7. 利用 Taylor 公式求下列极限:

(1) $\displaystyle\lim_{x\to0}\frac{\sin x-x+\frac{x^3}{6}}{x^5}$;　　(2) $\displaystyle\lim_{x\to0}\frac{\cos x-1+\frac{x^2}{2}-\frac{x^4}{24}}{x^6}$;

(3) $\displaystyle\lim_{x\to0}\frac{\frac{x^2}{2}+1-\sqrt{1+x^2}}{x^2\sin x^2}$;　　(4) $\displaystyle\lim_{x\to0}\frac{\mathrm{e}^x\sin x-x(1+x)}{x^3}$;

(5) $\displaystyle\lim_{x\to\infty}\left[x-x^2\ln\left(1+\frac{1}{x}\right)\right]$;　　(6) $\displaystyle\lim_{n\to\infty}\left(n\sin\frac{1}{n}\right)^{n^2}$.

8. 设函数 f 在 $[0,1]$ 上二阶可导, $f(0)=f(1)$ 且 $|f''(x)|\leqslant 2$, 试证在 $[0,1]$ 上必有 $|f'(x)|\leqslant 1$.

9. 设函数 $f(x)$ 在 $[0,1]$ 上具有连续的三阶导数, 且 $f(0)=1, f(1)=2, f'\left(\dfrac{1}{2}\right)=0$, 证明: 至少存在一点 $\xi\in(0,1)$, 使 $|f'''(\xi)|\geqslant 24$.

10. 设 f 在 $[1,2]$ 上二阶可导, 且 $f(1)=0=f(2)$, 而 $F(x)=\sin^2(x-1)f(x)$. 证明在 $(1,2)$ 内至少存在一点 ξ, 使得 $F''(\xi)=0$.

11. 设 $x\in(x_0-\delta,x_0+\delta)$ 时, $|f^{(4)}(x)|\leqslant M$, 证明: 若 $0<h<\delta$, 则

$$\left|f''(x_0)-\frac{f(x_0+h)+f(x_0-h)-2f(x_0)}{h^2}\right|\leqslant\frac{Mh^2}{12}.$$

§2.8 导数在研究函数性态中的应用

本节利用微分学基本定理, 通过函数的导数来研究函数在区间上的各种性态, 如单调性、极值与最值、凹凸性等. 本节最后介绍如何根据函数的性态来作函数的图形.

2.8.1 函数的单调区间

设函数 $y=f(x)$ 在 (a,b) 内可导, 则单调增加函数 (或单调减少函数) 的图形是一条上升 (或下降) 的曲线, 曲线上除个别点处的切线是水平的外, 其余点处的切线对 x 轴的倾角都是锐角 (或钝角) (如图 2.12). 因此, 单调增加函数 (或单调减少函数) 的切线斜率大于等于零 (或小于等于零), 这说明曲线的升降与其导数的正负有一定的内在联系, 我们有如下定理.

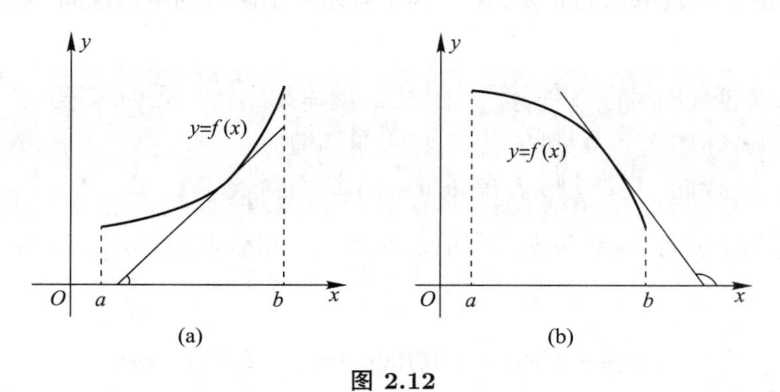

图 2.12

定理 1 设函数 f 在区间 (a,b) 内可导, 则函数 f 在区间 (a,b) 内单调增加 (或减少) 的充分必要条件是

(1) 对于任意点 $x\in(a,b)$, 有 $f'(x)\geqslant 0$ (或 $f'(x)\leqslant 0$);

(2) $f'(x)$ 在 (a,b) 的任意一个部分区间内都不恒等于零.

证 这里仅证明单调增加的情形. 先证充分性.

对于任意两点 $x_1, x_2 \in (a,b)$, 不妨设 $x_1 < x_2$, 在区间 $[x_1, x_2] \subset (a,b)$ 上应用 Lagrange 定理, 得

$$f(x_2) - f(x_1) = f'(\xi)(x_2 - x_1), \quad \xi \in (x_1, x_2).$$

由条件 (1), $f'(\xi) \geqslant 0$, 故 $f(x_1) \leqslant f(x_2)$, 即 f 在 (x_1, x_2) 内单调不减.

再证明上式中等号不可能出现. 为此用反证法, 若存在两点 $x_1, x_2 \in (a,b)$ $(x_1 < x_2)$ 且 $f(x_1) = f(x_2)$, 那么对于 $x \in (x_1, x_2)$, 由单调不减有

$$f(x_1) \leqslant f(x) \leqslant f(x_2),$$

所以 $f(x) = f(x_1) = f(x_2)$, 这就是说函数 f 在区间 $[x_1, x_2] \subset (a,b)$ 上是一个常数, 这样当 $x \in (x_1, x_2)$ 时 $f'(x) \equiv 0$, 这与条件 (2) 相矛盾, 因此对于任意两点 $x_1, x_2 \in (a,b)$, 只要 $x_1 < x_2$, 就有 $f(x_1) < f(x_2)$, 即函数 f 在区间 (a,b) 内单调增加.

再证必要性, 假定 f 在 (a,b) 内单调增加, 对 $x \in (a,b)$,

$$\frac{f(x+\Delta x) - f(x)}{\Delta x} > 0,$$

由于 f 可导, 故

$$f'(x) = \lim_{\Delta x \to 0} \frac{f(x+\Delta x) - f(x)}{\Delta x} \geqslant 0,$$

即条件 (1) 满足. 如果条件 (2) 不满足, 即在 (a,b) 内有一个部分区间 $J \subset (a,b)$, 而 $f'(x)$ 在 J 上恒等于零, 那么函数 f 在区间 J 上是一个常数, 这与 f 在 $J \subset (a,b)$ 上单调增加相矛盾, 所以条件 (2) 必须满足.

这个定理给出了函数单调的充要条件, 为了判断一个函数的单调区间, 我们给出下面的定理.

定理 2 (单调性判别法) 设函数 f 在 $[a,b]$ 上连续, 在 (a,b) 内可导.

(1) 如果在 (a,b) 内 $f' > 0$, 则 f 在 $[a,b]$ 上单调增加;

(2) 如果在 (a,b) 内 $f' < 0$, 则 f 在 $[a,b]$ 上单调减少.

证 对于任意两点 $x_1, x_2 \in (a,b)$, 不妨设 $x_1 < x_2$, 在区间 $[x_1, x_2] \subset (a,b)$ 上应用 Lagrange 定理, 得

$$f(x_2) - f(x_1) = f'(\xi)(x_2 - x_1), \quad \xi \in (x_1, x_2). \tag{2.8.1}$$

由于 $x_2 - x_1 > 0$, (2.8.1) 的正负由 $f'(\xi)$ 的符号确定. 因此, 如果在 (a,b) 内 $f' > 0$, 则 $f(x_2) > f(x_1)$; 如果在 (a,b) 内 $f' < 0$, 则 $f(x_2) < f(x_1)$.

由定理 2, 为判断给定函数 f 的单调区间, 应该先求出 f 的导数为零的点, 以及导数不存在的点. 将定义域区间分成若干个子区间, 然后根据 f' 在这些子区间上的符号, 判断函数在各子区间上的单调性.

例 1 讨论函数 $f(x) = 2x^3 - 9x^2 + 12x - 3$ 的单调性.

解 $f(x)$ 的定义域为 $(-\infty,+\infty)$, 其导数为

$$f'(x)=6x^2-18x+12=6(x-1)(x-2),$$

当 $x=1,2$ 时, $f'(x)=0$. $x=1,2$ 将 $f(x)$ 的定义域 $(-\infty,+\infty)$ 分割成三个区间 $(-\infty,1)$, $(1,2)$ 及 $(2,+\infty)$. 分别定出 $f'(x)$ 在这三个区间上的符号就可以确定 f 的单调性, 见下表:

x	$(-\infty,1)$	1	$(1,2)$	2	$(2,+\infty)$
$f'(x)$	$+$	0	$-$	0	$+$
$f(x)$	$\nearrow$	2	$\searrow$	1	$\nearrow$

故 f 在区间 $(-\infty,1)$ 和 $(2,+\infty)$ 内单调增加, 在区间 $(1,2)$ 内单调减少.

例 2 讨论函数 $f(x)=x+\dfrac{9}{x}$ 的单调性.

解 $f(x)$ 的定义域为 $(-\infty,+\infty)\backslash\{0\}$, 其导数为

$$f'(x)=1-\frac{9}{x^2}.$$

当 $x=\pm3$ 时, $f'(x)=0$. 当 $x=0$ 时, $f'(x)$ 不存在, $f(x)$ 也无定义. $x=0,\pm3$ 将 $f(x)$ 的定义域分割成四个区间, 分别定出 $f'(x)$ 在这四个区间上的符号就可以确定 f 的单调性, 见下表:

x	$(-\infty,-3)$	-3	$(-3,0)$	$(0,3)$	3	$(3,+\infty)$
$f'(x)$	$+$	0	$-$	$-$	0	$+$
$f(x)$	$\nearrow$	-6	$\searrow$	$\searrow$	6	$\nearrow$

故 f 在区间 $(-\infty,-3)$ 和 $(3,+\infty)$ 内单调增加, 在区间 $(-3,0)$ 和 $(0,3)$ 内单调减少.

例 3 证明不等式 $\sqrt[3]{x}>\dfrac{4}{3}-\dfrac{1}{3x}\,(x>1)$.

证 令

$$f(x)=\sqrt[3]{x}-\frac{4}{3}+\frac{1}{3x},\quad x\geqslant1,$$

则 f 在 $[1,+\infty)$ 上连续、可导, 且

$$f'(x)=\frac{1}{3\sqrt[3]{x^2}}-\frac{1}{3x^2}=\frac{\sqrt[3]{x^4}-1}{3x^2}.$$

当 $x\in(1,+\infty)$ 时, $f'(x)>0$. 因此 f 在 $[1,+\infty)$ 上单调增加, 故当 $x>1$ 时, $f(x)>f(1)=0$, 即

$$\sqrt[3]{x}>\frac{4}{3}-\frac{1}{3x}\quad(x>1).$$

例 4 证明不等式 $\sin x>x-\dfrac{x^3}{6}\,(x>0)$.

证 令

$$f(x)=\sin x-x+\frac{x^3}{6},\quad x\geqslant0,$$

则 f 在 $[0,+\infty)$ 上可导, 且

$$f'(x)=\cos x-1+\frac{x^2}{2},\quad f''(x)=x-\sin x,$$

显然当 $x>0$ 时, $f''(x)>0$, 从而 f' 在 $[0,+\infty)$ 上单调增加, 故当 $x>0$ 时, $f'(x)>f'(0)=0$, 从而 f 在 $[0,+\infty)$ 上单调增加, 于是 $f(x)>f(0)=0$, 即 $\sin x>x-\dfrac{x^3}{6}(x>0)$.

例 5 证明不等式 $\mathrm{e}^x\leqslant\dfrac{1}{1-x}\ (x<1)$.

证 因为当 $x<1$ 时, $1-x>0$, 所以原不等式等价于 $\mathrm{e}^x(1-x)\leqslant 1$. 为此令

$$f(x)=\mathrm{e}^x(1-x)-1,\quad x<1,$$

则 f 在 $(-\infty,1]$ 上可导, 且

$$f'(x)=-x\mathrm{e}^x\begin{cases}>0, & x<0,\\ =0, & x=0,\\ <0, & 0<x<1,\end{cases}$$

因此 f 当 $x<0$ 时单调增加, 当 $0<x<1$ 时单调减少, 而 f 在 $(-\infty,0]$ 及 $[0,1)$ 上连续, $f(0)=0$, 故当 $x<0$ 时, $f(x)<0$, 当 $0<x<1$ 时, $f(x)<0$, 即当 $x<1$ 时, 有

$$\mathrm{e}^x(1-x)\leqslant 1,$$

因此当 $x<1$ 时, $\mathrm{e}^x\leqslant\dfrac{1}{1-x}$. 从证明过程可见等号仅在 $x=0$ 时出现.

例 6 设 $0<x_1<x_2<2$, 试比较 $\dfrac{\mathrm{e}^{x_1}}{x_1^2}$ 和 $\dfrac{\mathrm{e}^{x_2}}{x_2^2}$ 的大小.

解 令 $f(x)=\dfrac{\mathrm{e}^x}{x^2}$, 则 f 在 $(0,2)$ 内可导, 且当 $x\in(0,2)$ 时,

$$f'(x)=\frac{\mathrm{e}^x\cdot x^2-\mathrm{e}^x\cdot 2x}{x^4}=\frac{x\mathrm{e}^x(x-2)}{x^4}<0.$$

故 f 在 $(0,2)$ 内单调减少, 从而当 $0<x_1<x_2<2$ 时, $f(x_1)>f(x_2)$, 即

$$\frac{\mathrm{e}^{x_1}}{x_1^2}>\frac{\mathrm{e}^{x_2}}{x_2^2}.$$

2.8.2 函数的极值

在 2.5.1 中给出了极大 (小) 值的定义. 由 Fermat 引理可知, 可导函数在极值点处的导数为零. 因此函数 f 只可能在两类点处取得极值: 一类是导数为零的点, 也称为函数的**驻点**; 一类是导数不存在的点, 即函数的**不可导点**. 这两类点统称为**临界点**. 但是, 临界点不一定就是极值点, 只是可能极值点. 例如, $x=0$ 是函数 $f(x)=x^3$ 的驻点, 但不是 f 的极值点; $x=0$ 是函数 $f(x)=x^{\frac{1}{3}}$ 的不可导点, 但不是 f 的极值点. 那么如何判别临界点是不是极值点? 下面进一步给出判断极值点的充分条件.

定理 3 (极值存在的第一充分条件) 设函数 f 在点 x_0 的某个邻域 $(x_0-\delta, x_0+\delta)$ 内连续, 在 $(x_0-\delta, x_0+\delta)\backslash\{x_0\}$ 内可导,

(1) 若当 $x\in(x_0-\delta, x_0)$ 时, $f'(x)>0$, 而当 $x\in(x_0, x_0+\delta)$ 时, $f'(x)<0$, 则 f 在点 x_0 处取得极大值;

(2) 若当 $x\in(x_0-\delta, x_0)$ 时, $f'(x)<0$, 而当 $x\in(x_0, x_0+\delta)$ 时, $f'(x)>0$, 则 f 在点 x_0 处取得极小值;

(3) 若 f' 的符号在 $(x_0-\delta, x_0)$ 和 $(x_0, x_0+\delta)$ 内保持不变, 则 x_0 不是函数 f 的极值点.

证 由定理 2, 因为当 $x\in(x_0-\delta, x_0)$ 时, $f'(x)>0$, 所以 f 在区间 $(x_0-\delta, x_0)$ 上单调增加. 又因为当 $x\in(x_0, x_0+\delta)$ 时, $f'(x)<0$, 所以 f 在区间 $(x_0, x_0+\delta)$ 上单调减少. 故当 $x\in(x_0-\delta, x_0+\delta)$ 时, 总有 $f(x)\leqslant f(x_0)$. 所以 $f(x)$ 在点 x_0 处取到极大值 $f(x_0)$.

类似可证 (2) 和 (3).

例 7 求函数 $f(x)=(x+2)^2(x-1)^3$ 的极值.

解 显然函数 f 在 $(-\infty, +\infty)$ 内连续, 且存在导数

$$f'(x)=2(x+2)(x-1)^3+3(x+2)^2(x-1)^2=(x+2)(x-1)^2(5x+4).$$

函数 f 的驻点为 $-2, -\dfrac{4}{5}, 1$, 函数 f 没有导数不存在的点. 三个可能极值点将 f 的定义域分割成四个区间, 可得下表:

x	$(-\infty, -2)$	-2	$(-2, -\frac{4}{5})$	$-\frac{4}{5}$	$(-\frac{4}{5}, 1)$	1	$(1, +\infty)$
$f'(x)$	$+$	0	$-$	0	$+$	0	$+$
$f(x)$	↗	0	↘	-8.4	↗	0	↗

从而判定 $x=-2$ 是函数的极大值点, 极大值为 $f(-2)=0$; $x=-\dfrac{4}{5}$ 是函数的极小值点, 极小值是 $f\left(-\dfrac{4}{5}\right)\approx-8.4$; 而 $x=1$ 不是极值点.

例 8 求函数 $f(x)=(2x-5)\sqrt[3]{x^2}$ 的极值.

解

$$f'(x)=\frac{10}{3}x^{-\frac{1}{3}}(x-1),$$

当 $x=1$ 时, $f'(x)=0$; 当 $x=0$ 时, $f'(x)$ 不存在. 由于当 $x<0$ 或 $x>1$ 时, $f'(x)>0$; 当 $0<x<1$ 时, $f'(x)<0$. 故 f 在 $x=0$ 处取得极大值, 极大值 $f(0)=0$; 在 $x=1$ 处取得极小值, 极小值 $f(1)=-3$.

我们还可以利用二阶导数在驻点处的符号判断驻点是否为极值点.

定理 4 (极值存在的第二充分条件) 设函数 f 在点 x_0 处二阶可导, 且 $f'(x_0)=0$, $f''(x_0)\neq0$, 则当 $f''(x_0)>0$ 时, 函数 f 在点 x_0 处取得极小值; 当 $f''(x_0)<0$ 时, 函数 f 在点 x_0 处取得极大值.

证 设 $f''(x_0)>0$. 因为 $f'(x_0)=0$, 所以

$$f''(x_0)=\lim_{x\to x_0}\frac{f'(x)-f'(x_0)}{x-x_0}=\lim_{x\to x_0}\frac{f'(x)}{x-x_0}>0,$$

由极限的保号性可知, 在 x_0 的足够小的去心邻域 $(x_0-\delta,x_0+\delta)\backslash\{x_0\}$ 内, 有

$$\frac{f'(x)}{x-x_0}>0,$$

故当 $x\in(x_0-\delta,x_0)$ 时, $f'(x)<0$, 当 $x\in(x_0,x_0+\delta)$ 时, $f'(x)>0$, 从而函数 f 在点 x_0 处取得极小值. 类似可证当 $f''(x_0)<0$ 时, 函数 f 在点 x_0 处取得极大值.

例 9 求函数 $f(x)=x^3-3x^2-9x+5$ 的极值.

解 由

$$f'(x)=3x^2-6x-9=3(x+1)(x-3),$$

得驻点 $x=-1,3$. 而

$$f''(x)=6x-6,$$

从而, $f''(-1)=-12<0$, 故 $x=-1$ 是极大值点, 极大值 $f(-1)=10$; $f''(3)=12>0$, 故 $x=3$ 是极小值点, 极小值 $f(3)=-22$.

请注意, 如果在驻点 x_0 处, $f''(x_0)=0$, 则本定理失效. 例如, 对于 $f(x)=x^3$ 和 $f(x)=x^4$, 都有 $f'(x)=0$ 和 $f''(x)=0$. 但是 $x=0$ 不是 $f(x)=x^3$ 的极值点; 而 $f(x)=x^4$ 在 $x=0$ 处取得极小值. 此时, 可借助更高阶的导数来判定驻点是否为极值点.

定理 5 设 f 在点 x_0 处 n 阶可导, 且

$$f'(x_0)=f''(x_0)=\cdots=f^{(n-1)}(x_0)=0, f^{(n)}(x_0)\neq 0.$$

则

(1) 若 n 是偶数, x_0 一定是极值点, 且当 $f^{(n)}(x_0)<0$ 时, f 在 x_0 处取得极大值 $f(x_0)$; 当 $f^{(n)}(x_0)>0$ 时, f 在 x_0 处取得极小值 $f(x_0)$;

(2) 若 n 是奇数, x_0 不是极值点.

证 因为 f 在点 x_0 处 n 阶可导, 则由 Taylor 公式得

$$f(x)=f(x_0)+f'(x_0)(x-x_0)+\frac{f''(x_0)}{2}(x-x_0)^2+\cdots+\frac{f^{(n)}(x_0)}{n!}(x-x_0)^n+o((x-x_0)^n),$$

由定理中条件 $f'(x_0)=f''(x_0)=\cdots=f^{(n-1)}(x_0)=0$, 有

$$f(x)-f(x_0)=\frac{f^{(n)}(x_0)}{n!}(x-x_0)^n+o((x-x_0)^n),$$

从而

$$\lim_{x\to x_0}\frac{f(x)-f(x_0)}{(x-x_0)^n}=\frac{f^{(n)}(x_0)}{n!},$$

由极限的保号性, 存在 x_0 的邻域 $(x_0-\delta,x_0+\delta)$, 使得对任意 $x\in(x_0-\delta,x_0+\delta)$, 有 $\dfrac{f(x)-f(x_0)}{(x-x_0)^n}$ 与 $f^{(n)}(x_0)$ 同号.

当 n 为偶数时, $f(x)-f(x_0)$ 与 $f^{(n)}(x_0)$ 同号, 即当 $f^{(n)}(x_0)<0$ 时, f 在点 x_0 处取得极大值; 当 $f^{(n)}(x_0)>0$ 时, f 在点 x_0 处取得极小值.

当 n 为奇数时, 则 $\dfrac{f(x)-f(x_0)}{x-x_0}$ 的符号在 $(x_0-\delta,x_0)$ 和 $(x_0,x_0+\delta)$ 内保持不变, 从而 x_0 不是函数 f 的极值点.

例如, 对于 $f(x)=x^3$ 和 $f(x)=x^4$, 有 $f'''(0)=6\neq 0$ 和 $f^{(4)}(0)=24\neq 0$. 故由定理 5, 可得 $x=0$ 不是 $f(x)=x^3$ 的极值点; 同时 $f(x)=x^4$ 在 $x=0$ 处取得极小值.

2.8.3 函数的最值

在生产实践中, 常常要考虑在一定条件下如何使产量最多、速度最快、质量最好、费用最省、效率最高等问题. 这些问题在数学上的反映就是求函数在某个区间上的最大值或最小值 (简称最值).

假设 f 在闭区间 $[a,b]$ 上连续, 在 (a,b) 内只有有限多个可能极值点. 求函数 f 在 $[a,b]$ 上的最大 (最小) 值, 只需计算出所有可能极值点以及端点 a, b 处的函数值, 加以比较, 其中最大者与最小者就分别是 f 在 $[a,b]$ 上的最大值与最小值.

例 10 求 $f(x)=(x-1)\sqrt[3]{x^2}$ 在 $[-1,1]$ 上的最大值和最小值.

解
$$f'(x)=\sqrt[3]{x^2}+\frac{2(x-1)}{3\sqrt[3]{x}}=\frac{5x-2}{3\sqrt[3]{x}},$$
故 $x=0$ 是函数的不可导点, $x=\dfrac{2}{5}$ 是函数的驻点, 即在 $(-1,1)$ 内的可能极值点为 $x=0,\dfrac{2}{5}$, 而
$$f(-1)=-2,\ f(0)=0,\ f\left(\frac{2}{5}\right)=-\frac{3\sqrt[3]{20}}{25},\ f(1)=0,$$
所以函数 f 在 $[-1,1]$ 上的最大值为 0, 它分别在 $x=0$ 及 1 两处达到; 最小值为 -2, 它在 $x=-1$ 处达到.

例 11 证明当 $0\leqslant x\leqslant 1, k>1$ 时, $\dfrac{1}{2^{k-1}}\leqslant x^k+(1-x)^k\leqslant 1$.

证 设 $f(x)=x^k+(1-x)^k, x\in[0,1]$, 则
$$f'(x)=k[x^{k-1}-(1-x)^{k-1}],$$
令 $f'(x)=0$, 解得 f 在 $(0,1)$ 内的可能极值点为 $x=\dfrac{1}{2}$, 显然 f 在 $[0,1]$ 上连续, 而 $f(0)=1, f\left(\dfrac{1}{2}\right)=\dfrac{1}{2^{k-1}}, f(1)=1$, 所以 f 在 $[0,1]$ 上的最大值为 1, 最小值为 $\dfrac{1}{2^{k-1}}$. 因此当 $0\leqslant x\leqslant 1$ 时,
$$\frac{1}{2^{k-1}}\leqslant x^k+(1-x)^k\leqslant 1.$$

在研究函数的最值问题时, 常常会遇到一些特殊情况. 例如, 若 f 是区间 $[a,b]$ 上的单调函数, 则其最大 (小) 值必在区间 $[a,b]$ 的端点处取得; 设 f 在区间 I (开或闭区间、有限或无限区间) 上连续, 在区间 I 内部有唯一的可能极值点 x_0, 如果经判断函数在这个临界点取得极大 (小) 值, 则 x_0 就是 f 在区间 I 上的最大 (小) 值点; 在实际问题中, 若 f 在区间 I 上连续, 在区间 I 内部有唯一的可能极值点 x_0, 如果能根据问题的实际意义, 判定 f 在区间 I 内部必有最大 (小) 值, 那么 x_0 就是 f 在区间 I 上的最大 (小) 值点.

例 12　求函数 $f(x)=x^{\frac{1}{3}}(x-4)$ 在其定义域上的最大值, 最小值.

解　f 的定义域为 $(-\infty,+\infty)$, 且 f 在其定义域上连续.

$$f'(x)=\frac{4}{3}x^{\frac{1}{3}}-\frac{4}{3}x^{-\frac{2}{3}}=\frac{4(x-1)}{3x^{\frac{2}{3}}},$$

得驻点 $x=1$ 和不可导点 $x=0$. 又 f 在 $(-\infty,0)$ 和 $(0,1)$ 上单调递减, 在 $(1,\infty)$ 上单调递增. 由极值存在的第一充分条件, $x=0$ 不是极值点, $x=1$ 是函数 f 在 $(-\infty,+\infty)$ 内唯一的可能极值点, 故函数 f 在 $x=1$ 处取得最小值 $f(1)=-3$. 又

$$\lim_{x\to\pm\infty}x^{\frac{1}{3}}(x-4)=+\infty.$$

函数曲线如图 2.13 所示, 函数 f 在其定义域上没有最大值.

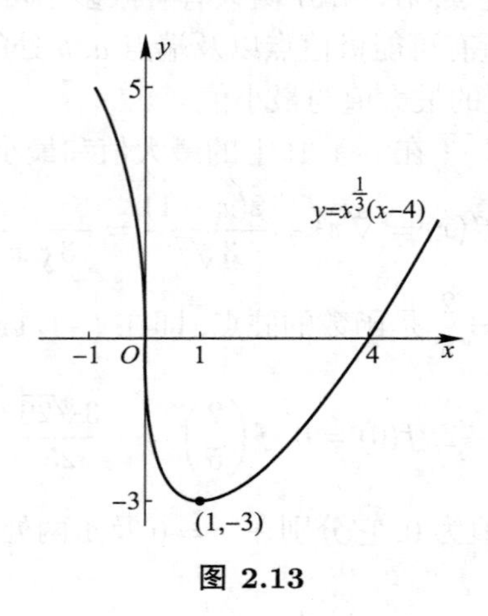

图 2.13

例 13　讨论方程 $xe^{-x}=a$ (其中 a 为正常数) 有几个实根.

解　令

$$f(x)=xe^{-x}-a,\ x\in(-\infty,+\infty),$$

则 f 在 $(-\infty,+\infty)$ 内的零点与方程 $xe^{-x}=a$ 的实根相同, 由

$$f'(x)=e^{-x}(1-x),$$

求得 f 在 $(-\infty,+\infty)$ 内唯一的可能极值点 $x=1$, 经检验, 当 $x<1$ 时, $f'>0$, 当 $x>1$ 时, $f'<0$, 从而 $x=1$ 为 f 的极大值点, 因此 $x=1$ 是 f 在 $(-\infty,+\infty)$ 上的最大值点, 最大值为 $f(1)=\dfrac{1}{e}-a$, 又因

$$\lim_{x\to-\infty}f(x)=\lim_{x\to-\infty}(xe^{-x}-a)=-\infty,$$

$$\lim_{x\to+\infty}f(x)=\lim_{x\to+\infty}(xe^{-x}-a)=-a<0,$$

所以存在 $x_1<0$, 使 $f(x_1)<0$; 存在 $x_2>0$, 使 $f(x_2)<0$.

当 $f(1)=\dfrac{1}{e}-a<0$, 即 $a>\dfrac{1}{e}$ 时, 函数 f 没有零点, 原方程没有实根;

当 $f(1)=\frac{1}{\mathrm{e}}-a=0$, 即 $a=\frac{1}{\mathrm{e}}$ 时, 函数 f 有唯一零点 $x=1$, 原方程有唯一实根 $x=1$;

当 $f(1)=\frac{1}{\mathrm{e}}-a>0$, 即 $0<a<\frac{1}{\mathrm{e}}$ 时, 函数 f 在 $(-\infty,1]$ 上连续, 单调增加且 $f(x_1)f(1)<0$, 可知 f 在 $(-\infty,1)$ 内有唯一零点, 同理在 $(1,+\infty)$ 内有唯一零点, 从而原方程有两个实根分别在 $(-\infty,1)$ 以及 $(1,+\infty)$ 内.

例 14 建造一个有顶无底, 容积为 V 的圆柱形容器, 问怎样选择它的直径与高, 使得所用的材料最省?

解 所用材料最省是指它的表面积最小. 表面积 S 与底面圆的直径 d 和容器的高 h 之间有关系式 $S=\pi dh+\frac{\pi}{4}d^2$, 但圆柱形容器的容积 $V=\frac{\pi}{4}d^2h$, 因此表面积

$$S=\frac{4V}{d}+\frac{\pi}{4}d^2,\quad d\in(0,+\infty),$$

由

$$S'=-\frac{4V}{d^2}+\frac{\pi}{2}d$$

可知它在 $(0,+\infty)$ 内只有唯一的可能极值点 $d=2\sqrt[3]{\frac{V}{\pi}}$. 经检验,

$$S''\Big|_{d=2\sqrt[3]{\frac{V}{\pi}}}=\left(\frac{8V}{d^3}+\frac{\pi}{2}\right)\Big|_{d=2\sqrt[3]{\frac{V}{\pi}}}>0.$$

可知 $d=2\sqrt[3]{\frac{V}{\pi}}$ 的确是函数的极小值点, 因此 $d=2\sqrt[3]{\frac{V}{\pi}}$ 是函数 $S=\frac{4V}{d}+\frac{\pi}{4}d^2$ 在 $(0,+\infty)$ 内的最小值点, 这时

$$h=\frac{4V}{\pi d^2}\Big|_{d=2\sqrt[3]{\frac{V}{\pi}}}=\sqrt[3]{\frac{V}{\pi}}.$$

所以建造时, 应取 $d=2\sqrt[3]{\frac{V}{\pi}}, h=\sqrt[3]{\frac{V}{\pi}}$, 可使圆柱形容器达到所规定的容积, 而又使所耗用的材料最少.

2.8.4 函数的凹凸性与曲线的凸向、拐点

函数 $y=x^3$ 在区间 $(-\infty,0)$ 和 $(0,+\infty)$ 内都是单调增加的, 但是其曲线在两个区间内有着不同的弯曲方向: 函数曲线 $y=x^3$ 在 $(-\infty,0)$ 内向上凸, 在 $(0,+\infty)$ 内向下凸. 凹凸性是函数的另一种重要性质.

观察图 2.14 中函数 $y=f(x)$ 的图形, 该函数曲线向下凸, 即在该曲线上任取两点 $A(x_1,f(x_1))$ 与 $B(x_2,f(x_2))$, 连接两点的弦 $\overline{AB}$ 总位于这两点间的弧段上方. 由于弦 $\overline{AB}$ 所在的直线方程为

$$y=\frac{f(x_2)-f(x_1)}{x_2-x_1}(x-x_2)+f(x_2),$$

由于介于 x_1 与 x_2 之间的任意一点总可以表示为

$$x=\lambda x_1+(1-\lambda)x_2,\ 0\leqslant\lambda\leqslant 1,$$

代入直线方程后得 $y=\lambda f(x_1)+(1-\lambda)f(x_2)$. 从而有

$$f(\lambda x_1+(1-\lambda)x_2)\leqslant \lambda f(x_1)+(1-\lambda)f(x_2).$$

由此给出如下定义.

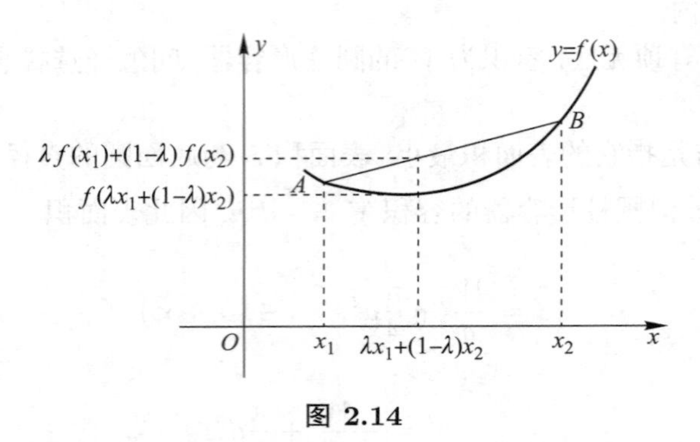

图 2.14

定义 1 设函数 f 在开区间 I 上有定义, 若对于 I 内任意两点 x_1,x_2 和任意 $\lambda\in[0,1]$, 总有

$$f(\lambda x_1+(1-\lambda)x_2)\leqslant \lambda f(x_1)+(1-\lambda)f(x_2),$$

则称 f 为区间 I 上的**凸函数**, 函数曲线是**向下凸**的 (图 2.14). 若总有

$$f(\lambda x_1+(1-\lambda)x_2)\geqslant \lambda f(x_1)+(1-\lambda)f(x_2),$$

则称 f 为区间 I 上的**凹函数**, 函数曲线是**向上凸**的 (图 2.15).

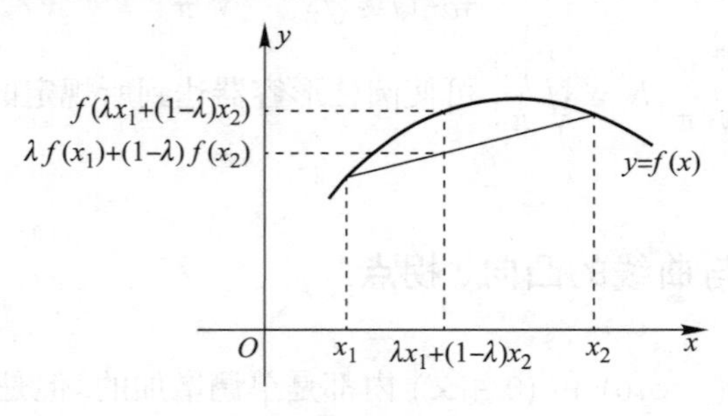

图 2.15

介于 x_1 与 x_2 之间的任意一点可表示为 $x=\lambda x_1+(1-\lambda)x_2,\ 0\leqslant\lambda\leqslant 1$, 故 $\lambda=\dfrac{x_2-x}{x_2-x_1}>0$, 于是凸函数 (或凹函数) 定义中的不等式也可以等价地换成

$$f(x)\leqslant \frac{x_2-x}{x_2-x_1}f(x_1)+\frac{x-x_1}{x_2-x_1}f(x_2)$$

$$\left(\text{或 } f(x)\geqslant \frac{x_2-x}{x_2-x_1}f(x_1)+\frac{x-x_1}{x_2-x_1}f(x_2)\right).$$

定理 6 已知 f 是在 I 内可导的函数,
(1) f 在 I 内是凸函数的充分必要条件是它的导函数 f' 在 I 内单调不减;
(2) f 在 I 内是凹函数的充分必要条件是它的导函数 f' 在 I 内单调不增.

证 只证凸函数的情形.

先证必要性. 若 f 在 I 内是凸函数, 而 $x_1 < x_2$ 是 I 内任意两点, 则对于 (x_1, x_2) 内任意一点 x, 有

$$f(x) \leqslant \frac{x_2 - x}{x_2 - x_1} f(x_1) + \frac{x - x_1}{x_2 - x_1} f(x_2),$$

变形即得

$$\frac{f(x) - f(x_1)}{x - x_1} \leqslant \frac{f(x) - f(x_2)}{x - x_2},$$

于是

$$f'(x_1) = \lim_{x \to x_1} \frac{f(x) - f(x_1)}{x - x_1} \leqslant \lim_{x \to x_1} \frac{f(x) - f(x_2)}{x - x_2} = \frac{f(x_1) - f(x_2)}{x_1 - x_2};$$
$$f'(x_2) = \lim_{x \to x_2} \frac{f(x) - f(x_2)}{x - x_2} \geqslant \lim_{x \to x_2} \frac{f(x) - f(x_1)}{x - x_1} = \frac{f(x_1) - f(x_2)}{x_1 - x_2}.$$

从而 $f'(x_1) \leqslant f'(x_2)$, 亦即 f' 在 I 内单调不减.

再证充分性. 已知 f' 在 I 内单调不减, 对于 I 内任意两点 x_1, x_2, $x_1 < x_2$, 以及介于 x_1, x_2 之间的任意点 x, 在 $[x_1, x]$, $[x, x_2]$ 上分别应用 Lagrange 定理得

$$\frac{f(x) - f(x_1)}{x - x_1} = f'(\xi_1) \quad (x_1 < \xi_1 < x),$$
$$\frac{f(x_2) - f(x)}{x_2 - x} = f'(\xi_2) \quad (x < \xi_2 < x_2).$$

因为 $x_1 < \xi_1 < x < \xi_2 < x_2$, 而 f' 在 I 内单调不减, 故 $f'(\xi_1) \leqslant f'(\xi_2)$, 从而 $\dfrac{f(x) - f(x_1)}{x - x_1} \leqslant \dfrac{f(x_2) - f(x)}{x_2 - x}$, 经变形即得

$$f(x) \leqslant \frac{x_2 - x}{x_2 - x_1} f(x_1) + \frac{x - x_1}{x_2 - x_1} f(x_2).$$

故 f 在 I 内是凸函数.

这个判别法的几何意义是: 若曲线上各点处的切线斜率是单调不减的, 则该曲线是向下凸的; 若曲线上各点处的切线斜率是单调不增的, 则该曲线是向上凸的.

由于函数的二阶导数 f'' 的符号可以判定导数 f' 的单调性, 所以有下面的定理.

定理 7 设函数 f 在区间 I 内二阶可导.
(1) 如果 $f''(x) > 0$, 则函数 f 在区间 I 内是凸函数.
(2) 如果 $f''(x) < 0$, 则函数 f 在区间 I 内是凹函数.

定义 2 称连续曲线上向上凸与向下凸的分界点为曲线的**拐点**.

曲线的拐点如图 2.16 所示. 要定出曲线 $y=f(x)$ 的拐点, 首先要找出使 $f''(x)$ 可能改变符号的那些转折点, 即 $f''(x)=0$ 以及 $f''(x)$ 不存在的点. 对于上面求出的点 $(x_0,f(x_0))$, 讨论在其两侧 $f''(x)$ 是否变号, 若 $f''(x)$ 变号, 则 $(x_0,f(x_0))$ 是曲线的拐点, 否则不是拐点.

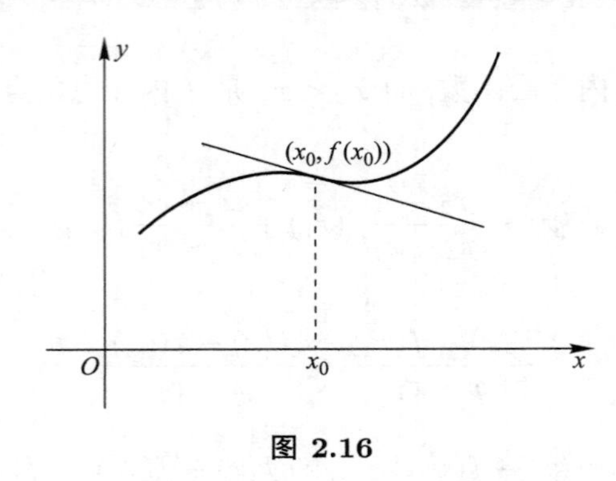

图 2.16

例 15　判定曲线 $y=\sin x$ 在 $[0,2\pi]$ 上的凸向.

解

$$y'=\cos x,\ y''=-\sin x,$$

$x=\pi$ 时, $y''=0$. 在区间 $(0,2\pi)$ 内没有 $y''(x)$ 不存在的点. 在 $(0,\pi)$ 内, $y''<0$, 函数 $y=\sin x$ 是凹函数, 曲线 $y=\sin x$ 向上凸; 在 $(\pi,2\pi)$ 内, $y''>0$, 函数 $y=\sin x$ 是凸函数, 曲线 $y=\sin x$ 向下凸.

例 16　求曲线 $y=x\sqrt[3]{x-1}$ 的凸向与拐点.

解

$$y'=\sqrt[3]{x-1}+\frac{x}{3\sqrt[3]{(x-1)^2}}=\frac{4x-3}{3\sqrt[3]{(x-1)^2}},$$

$$y''=\frac{4\sqrt[3]{(x-1)^2}-\dfrac{2}{3}(4x-3)(x-1)^{-\frac{1}{3}}}{3\sqrt[3]{(x-1)^4}}=\frac{4x-6}{9(x-1)^{\frac{5}{3}}},$$

当 $x=\dfrac{3}{2}$ 时, $y''=0$; 当 $x=1$ 时, y'' 不存在. 判断 y'' 的符号, 确定曲线的凸向及拐点, 列表如下:

x	$(-\infty,1)$	1	$\left(1,\frac{3}{2}\right)$	$\frac{3}{2}$	$\left(\frac{3}{2},+\infty\right)$
$y''(x)$	$+$	不存在	$-$	0	$+$
$y(x)$	下凸	0	上凸	$\frac{3\sqrt[3]{4}}{4}$	下凸

所以曲线 $y=x\sqrt[3]{x-1}$ 在 $(-\infty,1)$ 及 $\left(\dfrac{3}{2},+\infty\right)$ 内是向下凸的, 在 $\left(1,\dfrac{3}{2}\right)$ 内是向上凸的; 点 $(1,0)$ 和 $\left(\dfrac{3}{2},\dfrac{3\sqrt[3]{4}}{4}\right)$ 是拐点.

例 17　证明 Young (杨) 不等式: 对任意 $x,y>0$ 和 $\lambda\in[0,1]$, 有

$$\lambda x+(1-\lambda)y\geqslant x^{\lambda}y^{1-\lambda}.$$

证 由于

$$(\ln x)'' = -\frac{1}{x^2} < 0.$$

所以对数函数 $y = \ln x$ 在 $(0, +\infty)$ 内是凹函数, 因此对于 $x, y > 0, \lambda \in [0, 1]$, 有

$$\ln[\lambda x + (1-\lambda)y] \geqslant \lambda \ln x + (1-\lambda)\ln y,$$

对上式两边取指数函数可得 Young 不等式. 特别地, 如果取 $\lambda = \dfrac{1}{2}$, 上面的不等式化为

$$\frac{x+y}{2} \geqslant \sqrt{xy}.$$

2.8.5 渐近线

当曲线 $y = f(x)$ 上的动点 P 沿曲线无限远离坐标原点时, 如果存在某条定直线, 使得点 P 与该直线的距离趋于零, 则称此直线为曲线的**渐近线**, 如图 2.17 所示.

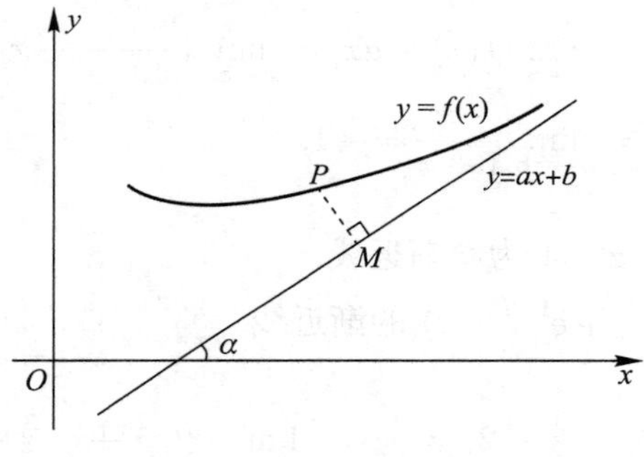

图 2.17

渐近线分三类, 分别是**铅直渐近线**、**水平渐近线**和**斜渐近线**.

若 $\lim\limits_{x \to x_0^+} f(x) = \infty$ (或 $\lim\limits_{x \to x_0^-} f(x) = \infty$, 或 $\lim\limits_{x \to x_0} f(x) = \infty$), 则曲线 $y = f(x)$ 以直线 $x = x_0$ 为铅直渐近线.

若 $\lim\limits_{x \to +\infty} f(x) = b$ (或 $\lim\limits_{x \to -\infty} f(x) = b$, 或 $\lim\limits_{x \to \infty} f(x) = b$), 则曲线 $y = f(x)$ 以直线 $y = b$ 为水平渐近线.

如图 2.17, 当点 P 沿曲线向右方无限远离原点时, 曲线以 $y = ax + b$ 为斜渐近线的充分必要条件是点 P 与 $y = ax + b$ 间的距离趋于零, 即

$$\lim_{x \to +\infty} \frac{|f(x) - ax - b|}{\sqrt{1 + a^2}} = 0,$$

亦即

$$\lim_{x \to +\infty} [f(x) - ax - b] = 0,$$

而这等价于

$$a=\lim_{x\to+\infty}\frac{f(x)}{x},\ b=\lim_{x\to+\infty}[f(x)-ax].$$

因此, $a=\lim\limits_{x\to+\infty}\frac{f(x)}{x}\Big($或 $a=\lim\limits_{x\to-\infty}\frac{f(x)}{x}$, 或 $a=\lim\limits_{x\to\infty}\frac{f(x)}{x}\Big)$, $b=\lim\limits_{x\to+\infty}[f(x)-ax]\Big($或 $b=\lim\limits_{x\to-\infty}[f(x)-ax]$, 或 $b=\lim\limits_{x\to\infty}[f(x)-ax]\Big)$, 曲线 $y=f(x)$ 以直线 $y=ax+b$ 为斜渐近线.

例 18　求曲线 $y=\frac{x^2}{1+x}$ 的渐近线.

解　因

$$\lim_{x\to-1^+}\frac{x^2}{1+x}=+\infty,\quad \lim_{x\to-1^-}\frac{x^2}{1+x}=-\infty,$$

故曲线 $y=\frac{x^2}{1+x}$ 以直线 $x=-1$ 为铅直渐近线, 又因

$$\begin{aligned}a&=\lim_{x\to\infty}\frac{f(x)}{x}=\lim_{x\to\infty}\frac{\frac{x^2}{1+x}}{x}=1,\\ b&=\lim_{x\to\infty}[f(x)-ax]=\lim_{x\to\infty}\left(\frac{x^2}{1+x}-x\right)\\ &=\lim_{x\to\infty}\frac{-x}{1+x}=-1,\end{aligned}$$

故曲线 $y=\frac{x^2}{1+x}$ 以直线 $y=x-1$ 为斜渐近线.

例 19　求曲线 $y=x^3(\mathrm{e}^{\frac{1}{x}}+\mathrm{e}^{-\frac{1}{x}}-2)$ 的渐近线.

解　因

$$\lim_{x\to0^+}x^3(\mathrm{e}^{\frac{1}{x}}+\mathrm{e}^{-\frac{1}{x}}-2)=+\infty,\ \lim_{x\to0^-}x^3(\mathrm{e}^{\frac{1}{x}}+\mathrm{e}^{-\frac{1}{x}}-2)=-\infty,$$

故曲线以直线 $x=0$ 为铅直渐近线, 又因

$$\begin{aligned}a&=\lim_{x\to\infty}\frac{f(x)}{x}=\lim_{x\to\infty}\frac{x^3(\mathrm{e}^{\frac{1}{x}}+\mathrm{e}^{-\frac{1}{x}}-2)}{x}\\ &=\lim_{t\to0}\frac{\mathrm{e}^t+\mathrm{e}^{-t}-2}{t^2}=\lim_{t\to0}\frac{\mathrm{e}^t-\mathrm{e}^{-t}}{2t}=\lim_{t\to0}\frac{\mathrm{e}^t+\mathrm{e}^{-t}}{2}=1,\\ b&=\lim_{x\to\infty}[f(x)-ax]=\lim_{x\to\infty}\left[x^3(\mathrm{e}^{\frac{1}{x}}+\mathrm{e}^{-\frac{1}{x}}-2)-x\right]\\ &=\lim_{t\to0}\frac{\mathrm{e}^t+\mathrm{e}^{-t}-2-t^2}{t^3}=\lim_{t\to0}\frac{\mathrm{e}^t-\mathrm{e}^{-t}-2t}{3t^2}\\ &=\lim_{t\to0}\frac{\mathrm{e}^t+\mathrm{e}^{-t}-2}{6t}=\lim_{t\to0}\frac{\mathrm{e}^t-\mathrm{e}^{-t}}{6}=0,\end{aligned}$$

故曲线以直线 $y=x$ 为斜渐近线.

2.8.6　函数作图

将本节所讨论的函数的性态综合起来, 可以得到函数作图的一般步骤如下:

(1) 确定函数的定义域;

(2) 讨论函数关于坐标轴的对称性及周期性;

(3) 求出一阶、二阶导数表达式, 得到一阶及二阶导数等于零以及不存在的点;

(4) 列表定出各段区间上一阶、二阶导数的符号, 以确定函数曲线的升降与凸向, 算出极值及拐点坐标;

(5) 讨论曲线的渐近线;

(6) 适当多描出一些点, 尤其是一些特殊的点, 如间断点、极值点、拐点、曲线与坐标轴的交点等, 从而描绘出曲线的图形.

例 20 作出函数 $y=\dfrac{x^2}{1+x}$ 的图形.

解 y 的定义域为 $(-\infty,-1)\cup(-1,+\infty)$, 当 $x=0$ 时, $y=0$, 曲线通过原点. 函数无对称性, 无周期性.

$$y'=\frac{x(x+2)}{(x+1)^2},\ y''=\frac{2}{(x+1)^3},$$

当 $x=0, x=-2$ 时, $y'=0$; $x=-1$ 时, y', y'' 不存在. 由例 18 知, $x=-1$ 是曲线的铅直渐近线, $y=x-1$ 是斜渐近线. 列表如下:

x	$(-\infty,-2)$	-2	$(-2,-1)$	$(-1,0)$	0	$(0,+\infty)$
y'	$+$	0	$-$	$-$	0	$+$
y''	$-$	$-$	$-$	$+$	$+$	$+$
y	↗	极大值 -4	↘	↘	极小值 0	↗

图形如图 2.18 所示.

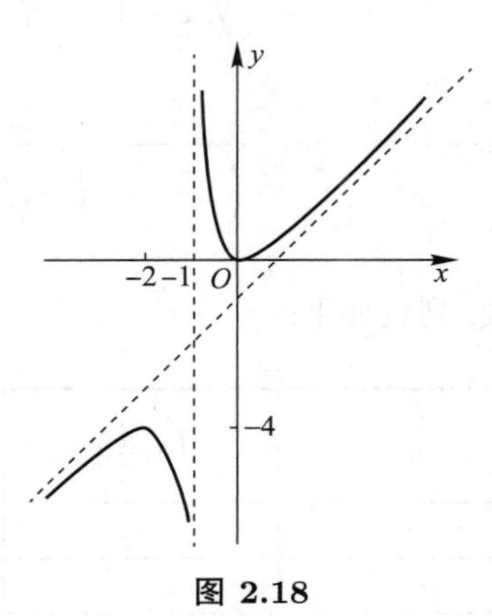

图 2.18

例 21 作出曲线 $y=f(x)=\sqrt{\dfrac{x^3}{x-1}}$ 的图形.

解 y 的定义域为 $(-\infty,0]\cup(1,+\infty)$, 函数无对称性, 无周期性.

$$y'=\left(x-\frac{3}{2}\right)\sqrt{\frac{x}{(x-1)^3}},\quad y''=\frac{3}{4}\sqrt{\frac{x-1}{x^3}}\cdot\frac{x}{(x-1)^3},$$

当 $x=0, x=\frac{3}{2}$ 时, $y'=0$. y'' 在定义域内无零点. 因为

$$\lim_{x\to 0^-} f(x)=\lim_{x\to 0^-}\sqrt{\frac{x^3}{x-1}}=0,\quad \lim_{x\to 1^+}\sqrt{\frac{x^3}{x-1}}=+\infty.$$

故曲线以 $x=1$ 为铅直渐近线. 又

$$a=\lim_{x\to+\infty}\frac{f(x)}{x}=\lim_{x\to+\infty}\frac{\sqrt{\frac{x^3}{x-1}}}{x}=1,$$

$$b=\lim_{x\to+\infty}[f(x)-ax]=\lim_{x\to+\infty}\left(\sqrt{\frac{x^3}{x-1}}-x\right)$$

$$=\lim_{x\to+\infty}\frac{\frac{x^3}{x-1}-x^2}{\sqrt{\frac{x^3}{x-1}}+x}=\lim_{x\to+\infty}\frac{1}{\left(1-\frac{1}{x}\right)\left(\sqrt{\frac{x}{x-1}}+1\right)}=\frac{1}{2},$$

故曲线以 $y=x+\frac{1}{2}$ 为斜渐近线.

$$a^*=\lim_{x\to-\infty}\frac{f(x)}{x}=\lim_{x\to-\infty}\frac{\sqrt{\frac{x^3}{x-1}}}{x}=-1,$$

$$b^*=\lim_{x\to-\infty}[f(x)-a^*x]=\lim_{x\to-\infty}\left(\sqrt{\frac{x^3}{x-1}}+x\right)$$

$$=\lim_{x\to-\infty}\frac{\frac{x^3}{x-1}-x^2}{\sqrt{\frac{x^3}{x-1}}-x}=\lim_{x\to-\infty}\frac{1}{\left(1-\frac{1}{x}\right)\left(-\sqrt{\frac{x}{x-1}}-1\right)}=-\frac{1}{2},$$

故曲线以 $y=-x-\frac{1}{2}$ 为斜渐近线. 列表如下:

x	$(-\infty,0)$	0	$\left(1,\frac{3}{2}\right)$	$\frac{3}{2}$	$\left(\frac{3}{2},+\infty\right)$
y'	$-$	0	$-$	0	$+$
y''	$+$	不存在	$+$	$+$	$+$
y	↘	0	↘	$\frac{3\sqrt{3}}{2}$	↗

图形如图 2.19 所示.

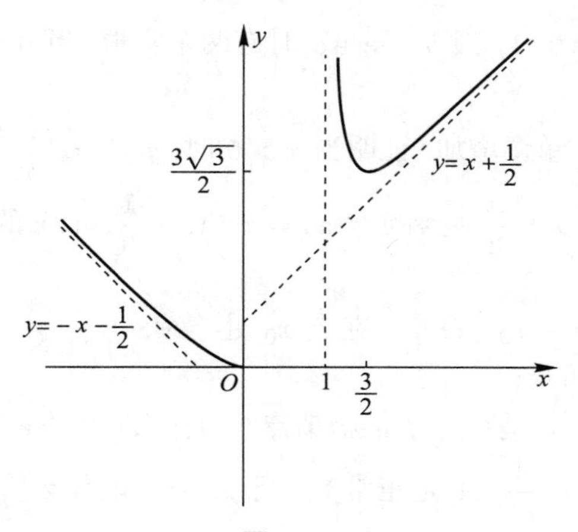

图 2.19

习 题 2.8

1. 求下列函数的单调区间:

(1) $y=x^3-3x^2-9x+14$;

(2) $y=\dfrac{x}{1+x^2}$;

(3) $y=\sqrt{2x-x^2}$;

(4) $y=x-2\sin x,\ 0\leqslant x\leqslant 2\pi$;

(5) $y=x^4-2x^2-5$;

(6) $y=2x^2-\ln x$;

(7) $y=x-\ln(1+x)$;

(8) $y=x-\mathrm{e}^x$.

2. 证明下列不等式:

(1) $2\sqrt{x}>3-\dfrac{1}{x},\ x>1$;

(2) $\ln(1+x)>\dfrac{\arctan x}{1+x},x>0$;

(3) $\tan x>x+\dfrac{x^3}{3},\ 0<x<\dfrac{\pi}{2}$;

(4) $\ln x>\dfrac{2(x-1)}{x+1},\ x>1$;

(5) $1-x+\dfrac{x^2}{2}>\mathrm{e}^{-x}>1-x,\ x>0$;

(6) $x-\dfrac{x^2}{2}<\ln(1+x)<x,\ x>0$.

3. 比较数 π^{e} 和 e^{π} 的大小.

4. 求下列函数的极值:

(1) $y=2x^3-3x^2$;

(2) $y=\sqrt[3]{(x^2-a^2)^2}$(a 为正常数);

(3) $y=(x-5)^2\sqrt[3]{(x+1)^2}$;

(4) $y=\mathrm{e}^x\cos x,0\leqslant x\leqslant 2\pi$;

(5) $y=\sqrt[5]{(2x-x^2)^2}$;

(6) $y=(x-1)^3(2x+3)^2$;

(7) $y=\dfrac{(x-2)(x-3)}{x^2}$;

(8) $y=\cos x+\sin x,-\dfrac{\pi}{2}\leqslant x\leqslant\dfrac{\pi}{2}$;

(9) $y=x+\sqrt{1-x}$;

(10) $y=x^2\mathrm{e}^{-x^2}$;

(11) $y=x-\ln(1+x^2)$;

(12) $y=x^{\frac{1}{x}}(x>0)$.

5. 证明方程 $\sin x=x$ 只有一个实根.

6. 证明方程 $\mathrm{e}^x-x-1=0$ 只有一个实根.

7. 讨论方程 $\ln x=ax$ 有几个实根 (a 为正常数).

8. 证明方程 $a^x = bx(a>1)$ 当 $b > \mathrm{e}\ln a$ 时有两个实根, 当 $0 \leqslant b < \mathrm{e}\ln a$ 时没有实根, 当 $b<0$ 时有唯一实根.

9. 已知 $f(0)=0$, $f'(x)$ 单调增加. 证明当 $x>0$ 时, $g(x)=\dfrac{f(x)}{x}$ 单调增加.

10. 问常数 a 取何值时 $x=\dfrac{\pi}{3}$ 是函数 $f(x)=a\sin x+\dfrac{1}{3}\sin 2x$ 的极值点, 它是极大值点还是极小值点? 并求此极值.

11. 已知函数 $f(x)=(x-x_0)\varphi(x)$, φ 在点 x_0 处连续.

(1) 证明 f 在点 x_0 处可导;

(2) 若 $\varphi(x_0)\neq 0$, 问点 x_0 是否是 f 的极值点? 为什么?

12. 已知 $f(x)=3x^2+\dfrac{A}{x^3}$, A 是正常数, 问 A 至少取什么值才能使对于一切 $x>0$ 有 $f(x)\geqslant 20$.

13. 已知 $f(x)$ 非负, 常数 $c>0$, 证明函数 $F(x)=cf^2(x)$ 与 $f(x)$ 有相同的极值点.

14. 求下列函数在指定区间上的最大值与最小值 (如果存在的话):

(1) $y=(x+1)^2, [-2,2]$;

(2) $y=\dfrac{1}{3}x^3-2x^2+5, [-2,2]$;

(3) $y=x+\cos x, [0,2\pi]$;

(4) $y=\sqrt[3]{(x^2-2x)^2}, [0,3]$;

(5) $y=|x^2-3x+2|, [-10,10]$;

(6) $y=\dfrac{1-x+x^2}{1+x-x^2}, [0,1]$;

(7) $y=\arctan\dfrac{1-x}{1+x}, [0,1]$;

(8) $y=\dfrac{a^2}{x}+\dfrac{b^2}{1-x}$, $a>b>0$, $(0,1)$;

(9) $y=x^x, \left[\dfrac{1}{10},+\infty\right)$;

(10) $y=2\tan x-\tan^2 x, \left[0,\dfrac{\pi}{2}\right)$;

(11) $y=x\ln x$, $(0,\mathrm{e}]$;

(12) $y=x\mathrm{e}^{-x^2}$, $(-\infty,+\infty)$.

15. 求数列 $x_n=\sqrt[n]{n}\,(n=1,2,\cdots)$ 的最大项.

16. 证明下列不等式:

(1) 当 $-2\leqslant x\leqslant 2$ 时, $|3x-x^3|\leqslant 2$;

(2) 当 $0\leqslant x\leqslant\dfrac{\pi}{2}$ 时, $1\leqslant \sin x+\cos x\leqslant\sqrt{2}$;

(3) $x^4-2x^3+2x^2+1\geqslant\dfrac{5}{16}$;

17. 证明当 $x\leqslant 1$ 时, $4ax^3+3(b-4a)x^2+6(2a-b)x-2(2a-b)<0$, 其中 a,b 是常数, 且 $0<b<2a$.

18. 将数 8 分成两个正数的和, 使它们的立方和最小.

19. 将数 -16 分成两个数的乘积, 使它们的平方和最小.

20. 直角三角形的斜边长为 5 cm, 问两直角边边长各为多少时可以使该三角形面积最大? 最大面积是多少?

21. 矩形的面积为 16 m^2, 问长、宽各为多少时其周长最小?

22. 证明在所有给定周长的长方形中面积最大的是正方形.

23. 将一块边长为 12 cm 的正方形铁皮, 剪去四角, 折成一个无盖的长方体容器, 要使其容积最大, 问剪去的四个小正方形边长应取多大?

24. 做一个带盖的长方体盒子, 体积为 72 cm^3, 底面的两边长成 1:2, 问长、宽、高各为多少时可使盒子的表面积最小?

25. 一扇形半径为 r, 对应的圆弧长为 s. 假如扇形的周长 $(2r+s)$ 是 100 m, 问 r 和 s 各取何值时扇形的面积最大?

26. 通道宽 2 m 及 3 m, 形成一个直角转角, 如图 2.20 所示. 将一钢管不离开地面地移动过转角, 问钢管最长不能超过多少?

27. A, B 同在一输电线的一侧, A, B 与输电线的垂直距离分别为 $AA'=1$ km 和 $BB'=1.5$ km, 而 A 和 B 的水平距离为 $A'B'=3$ km, 如图 2.21 所示. 现在要在输电线上的某处 C 建一家变电站服务于 A, B. 问 C 应该选在何处, 可使所需的输电线最短?

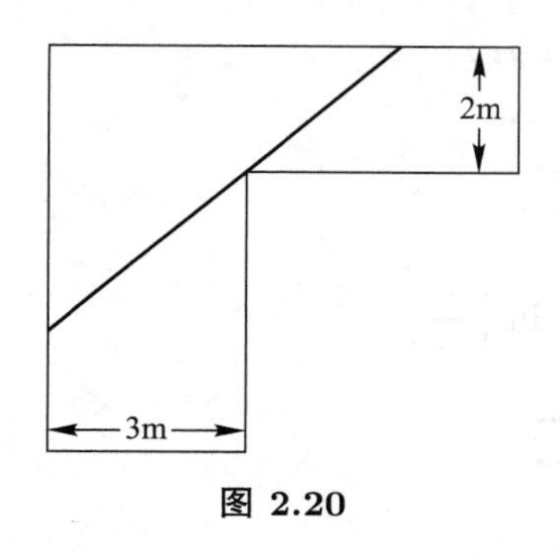

图 2.20

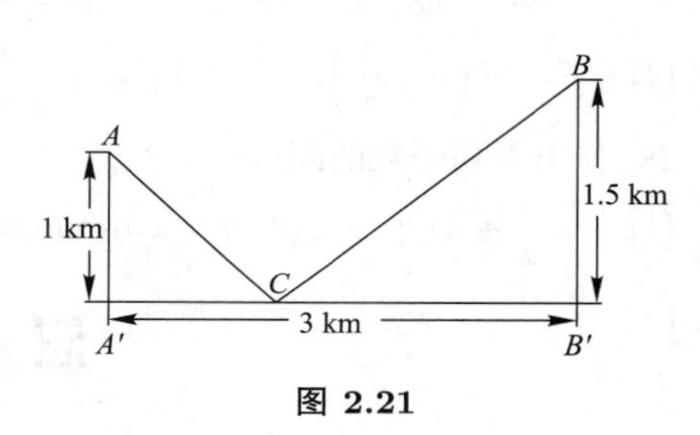

图 2.21

28. 正午时甲轮船位于乙轮船正东 75 km 处以时速 12 km/h 朝西航行, 而乙轮船以时速 6 km 向正北航行, 问下午几点时两船相距最近?

29. 一小岛离河边最近点 P 的直线距离为 2 km. 一人划船的速度是每小时 3 km, 行走的速度是每小时 4 km. 问该人将小船停靠在哪一点, 才能用最短的时间到达沿河岸线下游离 P 点 10 km 的小镇?

30. 已知在 $[0,1]$ 上二阶可导的函数 f 在 $(0,1)$ 内达到最大值, 并且当 $x\in[0,1]$ 时, $|f''(x)|\leqslant 1$. 证明 $|f'(0)|+|f'(1)|\leqslant 1$.

31. 证明下列不等式:

(1) 当 $x>0$ 时, $x^k-kx\leqslant 1-k\,(0<k<1)$;

(2) $a^m b^{m'}\leqslant ma+m'b$ (a,b,m,m' 为正常数且 $m+m'=1$);

(3) $ab\leqslant \dfrac{1}{m}a^m+\dfrac{1}{n}b^n\left(a,b>0, \text{常数 } m,n \text{ 大于 } 1 \text{ 且 } \dfrac{1}{m}+\dfrac{1}{n}=1\right)$.

32. 求下列曲线的凸向与拐点:

(1) $y=x^3-5x^2+3x-5$;　　(2) $y=x^4-2x^3$;

(3) $y=\ln(x^2+1)$;　　(4) $y=\mathrm{e}^{\arctan x}$;

(5) $y=\dfrac{x^3}{x^2+3a^2}$ ($a>0$ 为常数);　　(6) $y=a-\sqrt[3]{x-b}$ (a,b 为常数);

(7) $y=x+\sin x$;　　(8) $y=(\ln x)^2$.

33. 问常数 a,b 取何值时点 $(1,3)$ 是曲线 $y=ax^3+bx^2$ 的拐点.

34. 令 $f(x)=x^2+\dfrac{a}{x}$,

(1) 问常数 a 取何值时, 函数在点 $x=2$ 处取到极小值;

(2) 问常数 a 取何值时, 曲线的拐点在 $x=1$ 处取到?

35. 令 $f(x)=x^3+ax^2+bx$.

(1) 问常数 a,b 取何值时, 函数在 $x=-1$ 处取到极大值, 且在 $x=3$ 处取到极小值;

(2) 问常数 a,b 取何值时, 函数在 $x=4$ 处取到极小值, 且曲线的拐点在 $x=1$ 处取到?

36. 证明下列不等式:

(1) $a^{\frac{x+y}{2}}\leqslant\dfrac{a^x+a^y}{2}$, $a>0$;

(2) $(x+y)\ln\dfrac{x+y}{2}\leqslant x\ln x+y\ln y$, $x,y>0$.

37. 求下列曲线的渐近线:

(1) $y=\dfrac{x^2}{x^2-4x-5}$; (2) $y=\dfrac{x^2}{x^2-1}$; (3) $y=x\mathrm{e}^{\frac{1}{x}}$;

(4) $y=x\ln\left(\mathrm{e}+\dfrac{1}{x}\right)$; (5) $y=x+\dfrac{1}{x}+\ln(1+\mathrm{e}^x)$.

38. 作出下列函数的图形:

(1) $y=\dfrac{1}{x}+4x^2$; (2) $y=x\arctan x$; (3) $y=\ln\dfrac{1+x}{1-x}$.

总习题二

1. 求下列函数的导数:

(1) $y=\arcsin\sqrt{\dfrac{1-x}{1+x}}$; (2) $y=\ln\sqrt{\dfrac{\mathrm{e}^{2x}}{1+\mathrm{e}^{2x}}}$;

(3) $y=\cot^2(1-x)\sec\dfrac{x}{2}$; (4) $y=(1-x)^{1-x}$;

(5) $y=\dfrac{\sqrt{x^2+a^2}-\sqrt{x^2-a^2}}{\sqrt{x^2+a^2}+\sqrt{x^2-a^2}}$; (6) $y=x^{\sqrt{2}}+x^x$;

(7) $y=(1+x)(1+x^2)(1+x^4)\cdots(1+x^{2^n})$, $|x|<1$;

(8) $y=\log_{f(x)}g(x)$(f, g 可导且 $f(x)>1$).

2. 求下列函数的微分:

(1) $y=\dfrac{1}{3}\tan^3x+\tan x$; (2) $y=\dfrac{\arctan 2x}{1+x^2}$;

(3) $y=\dfrac{x\ln x}{1-x}+\ln(1-x)$; (4) $y=\sin x-x\cos x$;

(5) $y=\arcsin\sqrt{1-x^2}$; (6) $y=\mathrm{e}^{\sin^2x}$.

3. 讨论函数

$$f(x)=\begin{cases}\dfrac{x}{1-\mathrm{e}^{\frac{1}{x}}}, & x\neq 0,\\ 0, & x=0\end{cases}$$

的连续性与可导性.

4. 已知

$$f(x)=\begin{cases}\dfrac{\varphi(x)-\cos x}{x}, & x\neq 0,\\ a, & x=0,\end{cases}$$

其中 φ 具有二阶连续导数, 且 $\varphi(0)=1$.

(1) 确定常数 a 的值, 使 $f(x)$ 在 $x=0$ 处连续;

(2) 求 $f'(x)$, 并讨论 $f'(x)$ 的连续性.

5. 求下列函数的二阶导数:

(1) $\begin{cases} x=f'(t), \\ y=tf'(t)-f(t), \end{cases}$ 其中 f 具有二阶导数, 求 $\dfrac{\mathrm{d}^2y}{\mathrm{d}x^2}$;

(2) $\begin{cases} x=3t^2+2t+3, \\ \mathrm{e}^y\cdot\sin t-y+1=0, \end{cases}$ 求 $\left.\dfrac{\mathrm{d}^2y}{\mathrm{d}x^2}\right|_{t=0}$.

6. 验证参数方程确定的函数 $\begin{cases} x=\mathrm{e}^t\sin t, \\ y=\mathrm{e}^t\cos t \end{cases}$ 满足方程 $y''(x+y)^2=2(xy'-y)$.

7. 求下列函数的高阶导数:

(1) $y=\dfrac{x^3}{1-x}$, 求 $y^{(n)}$;

(2) $y=(x^2+1)\cos x$, 求 $y^{(20)}$;

(3) $y=\sin^3 x$, 求 $y^{(n)}$;

(4) $y=x^n(x-1)^n\cos\dfrac{\pi x^2}{4}$, 求 $y^{(n)}(1)$.

8. 求下列极限:

(1) $\lim\limits_{x\to 0}\left(\dfrac{x-1}{1-\mathrm{e}^x}+\dfrac{1}{x}\right)$;

(2) $\lim\limits_{x\to+\infty}\left[\ln(1+2^x)\ln\left(1+\dfrac{3}{x}\right)\right]$;

(3) $\lim\limits_{x\to 0}\dfrac{x-\sin x}{(1-\cos x)\ln(1+x)}$;

(4) $\lim\limits_{x\to+\infty}\left(x^{\frac{1}{x}}-1\right)^{\frac{1}{\ln x}}$;

(5) $\lim\limits_{x\to 0}\dfrac{\sqrt{1-\sin x}-\sqrt{1-x}}{x^2-x\ln(1+x)}$;

(6) $\lim\limits_{x\to 0}\dfrac{x\ln(1-2x)}{\sqrt{1+x\sin x}-\mathrm{e}^{x^2}}$;

(7) $\lim\limits_{x\to+\infty}\dfrac{2\ln x+\sin x}{\ln x+\cos x}$;

(8) $\lim\limits_{x\to 0}\dfrac{\mathrm{e}^{(1+x)^{\frac{1}{x}}}-(1+x)^{\frac{\mathrm{e}}{x}}}{x^2}$.

9. 在曲线 $y=\mathrm{e}^{2x}$ 上求一点, 使得该点的切线通过原点 $(0,0)$.

10. 设 f 在 $[1,2]$ 上二阶可导, 且 $f(1)=0=f(2)$. 令 $F(x)=\sin^2(x-1)f(x)$. 证明在 $(1,2)$ 内至少存在一点 ξ, 使得 $F''(\xi)=0$.

11. 设 f 在 $[0,1]$ 上连续, 在 $(0,1)$ 内可导, 且 $f(1)=0$, 证明: 至少存在一点 $\xi\in(0,1)$, 使得 $3f(\xi)+\xi f'(\xi)=0$.

12. 设 $f(x)$ 在 $[a,b]$ 上连续, 在 (a,b) 内二阶可导, 且 $f(a)=f(b)=f(c)=0$, 其中 $c\in(a,b)$. 证明:

(1) 至少存在两个不同的点 $\xi_1,\xi_2\in(a,b)$, 使得 $f'(\xi_i)+f(\xi_i)=0, i=1,2$;

(2) 存在 $\xi\in(a,b)$, 使得 $f''(\xi)=f(\xi)$.

13. 设函数 $f(x)$ 在闭区间 $[a,b]$ 上连续, 在开区间 (a,b) 内可导, 且 $f(a)=b, f(b)=a$. 证明:

(1) 至少存在一点 $c\in(a,b)$, 使得 $f(c)=c$;

(2) 至少存在互异的两点 $\xi,\eta\in(a,b)$, 使得 $f'(\xi)\cdot f'(\eta)=1$.

14. 设函数 f 在区间 $[a,b]$ 上二阶可导, 且 $f(a)=f(b)$. 证明: 对于任意的 $\alpha>0$, 都存在 $\xi\in(a,b)$, 使得 $f''(\xi)=\dfrac{\alpha f'(\xi)}{b-\xi}$.

15. 证明:

(1) $e^x \geqslant 1 + xe^{\frac{x-1}{2}}$, $x \geqslant 0$;

(2) $x^2 + 1 > \ln x, x > 0$;

(3) $(1+x)^2[2\ln(1+x) - 1] + 1 \geqslant 4x\arctan x - 2\ln(1+x^2), x \geqslant 0$.

16. 在抛物线 $y = \frac{1}{4}x^2$ 上求一点 $P\left(a, \frac{1}{4}a^2\right)$ $(a > 0)$, 使弦 PQ 的长度最短, 并求最短长度, 其中 Q 是过点 P 的法线与抛物线的另一个交点.

17. 设 $f_n(x) = \frac{1}{n+1}x - \arctan x$ (其中 n 为正整数).

(1) 证明: $f_n(x)$ 在区间 $(0, +\infty)$ 内有唯一的零点, 即存在唯一的 $x_n \in (0, +\infty)$, 使得 $f_n(x_n) = 0$;

(2) 计算极限 $\lim\limits_{n\to\infty} \frac{x_{n+1}}{x_n}$.

18. 判定方程 $e^x - |x+2| = 0$ 有几个实根并指出所在区间.

19. 已知 $k > 0$, 证明方程 $4x^6 + x^2 - k = 0$ 恰有两实根.

20. 已知函数 f, φ 在 $(-\infty, +\infty)$ 内有定义, 且 φ 在 $(-\infty, +\infty)$ 内单调增加. 证明函数 f 与 $\varphi \circ f$ 有相同的极值点.

21. 讨论 $y = \left(1 + x + \frac{x^2}{2!} + \cdots + \frac{x^n}{n!}\right)e^{-x}$ 的极值.

22. 问哪个正数的四次方根比它本身的两倍大得最多?

23. 将半径为 R 的圆形铁皮截去一个扇形后做成一个圆锥形容器, 如图 2.22. 问取扇形的圆心角 φ 多大时做成的圆锥形容器容积最大?

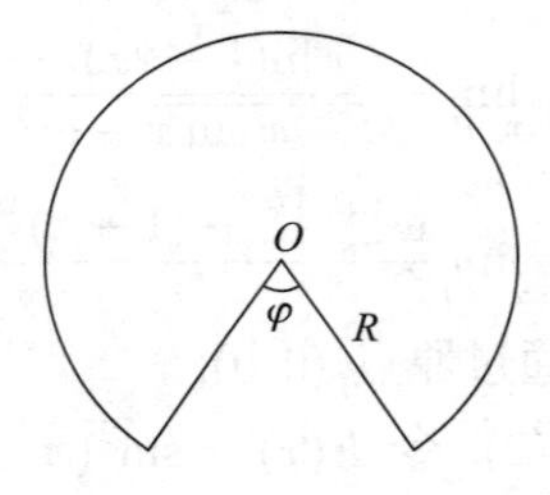

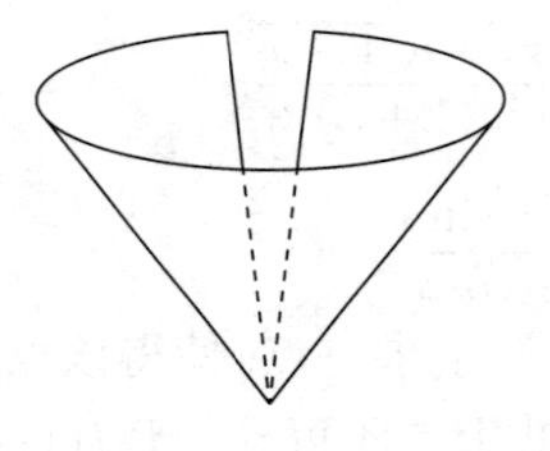

图 2.22

第二章
部分习题答案

第三章　一元函数积分学

本章介绍一元函数积分学,包括定积分和不定积分. 定积分最早起源于求平面图形的面积,其理论被广泛地应用于自然科学和工程技术的各个领域. 不定积分又称为“反导数”,它是微分运算的逆运算,定积分与不定积分是既有区别又有联系的两个基本概念.

§3.1　定积分的概念和性质

3.1.1　两个实例

1. 曲边梯形的面积

设 $y=f(x)$ 是定义在区间 $[a,b]$ 上的非负连续函数,求以曲线 $y=f(x)$,直线 $x=a,x=b$ 以及 x 轴所围成的曲边梯形的面积 A.

分割　在区间 $[a,b]$ 内任意插入一组分点

$$a=x_0<x_1<x_2<\cdots<x_{n-1}<x_n=b,$$

将 $[a,b]$ 分割成 n 个小区间 $[x_0,x_1],[x_1,x_2],\cdots,[x_{n-1},x_n]$,各个小区间的长度为 $\Delta x_i=x_i-x_{i-1}(i=1,2,\cdots,n)$,过每个分点作平行于 y 轴的直线,把曲边梯形分成 n 个小曲边梯形,如图 3.1 所示. 用 $\Delta A_i(i=1,2,\cdots,n)$ 表示第 i 个小曲边梯形的面积. 于是 $A=\sum\limits_{i=1}^{n}\Delta A_i$.

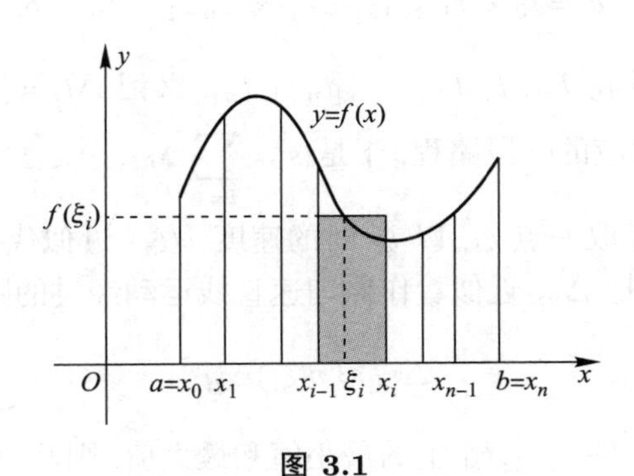

图 3.1

近似　在区间 $[x_{i-1},x_i]$ 上任取一点 ξ_i,用以 $[x_{i-1},x_i]$ 为底,$f(\xi_i)$ 为高的小矩形面积近似代替小曲边梯形的面积 ΔA_i,即

$$\Delta A_i\approx f(\xi_i)\Delta x_i\quad(i=1,2,\cdots,n).$$

这个近似代替的误差的绝对值

$$|\Delta A_i - f(\xi_i)\Delta x_i| \leqslant [\max_{x\in[x_{i-1},x_i]} f(x) - \min_{x\in[x_{i-1},x_i]} f(x)]\Delta x_i,$$

由于 f 是区间 $[x_{i-1},x_i]$ 上的连续函数, 有

$$\lim_{\Delta x_i\to 0}[\max_{x\in[x_{i-1},x_i]} f(x) - \min_{x\in[x_{i-1},x_i]} f(x)] = 0,$$

所以, 用小矩形的面积 $f(\xi_i)\Delta x_i$ 近似代替小曲边梯形的面积 ΔA_i 所产生的误差是当 $\Delta x_i \to 0$ 时 Δx_i 的高阶无穷小量.

求和 曲边梯形的面积 A 近似等于 n 个小矩形的面积之和, 即

$$A \approx \sum_{i=1}^{n} f(\xi_i)\Delta x_i.$$

取极限 当区间 $[a,b]$ 分割不断加细时, 上述和式值越来越接近于曲边梯形面积的"真实值", 为此我们要取极限. 记

$$d = \max_{1\leqslant i\leqslant n}\{\Delta x_i\},$$

并令 $d\to 0$, $\lim\limits_{d\to 0}\sum\limits_{i=1}^{n} f(\xi_i)\Delta x_i$ 就是曲边梯形的面积.

以上四个步骤可以概括为一句话: "分割取近似, 求和取极限." 这种处理问题的思想方法具有一定的普遍性, 下面再看一个物理上的例子.

2. 变速直线运动的路程

设一质点做变速直线运动. 已知速度 $v(v(t)\geqslant 0)$ 是时间 t 的连续函数, 求从时刻 $t=a$ 到时刻 $t=b$ 质点所经过的路程 s. 我们也用四个步骤来实现 s 的计算.

分割 在 $[a,b]$ 内任意取定一组分点

$$a = t_0 < t_1 < t_2 < \cdots < t_{n-1} < t_n = b,$$

将 $[a,b]$ 分割成 n 个小时段$[t_0,t_1],[t_1,t_2],\cdots,[t_{n-1},t_n]$, 又记 $\Delta t_i = t_i - t_{i-1}(i=1,2,\cdots,n)$. 用 Δs_i 表示小时段 $[t_{i-1},t_i]$ 对应的一段路程, 于是 $s=\sum\limits_{i=1}^{n}\Delta s_i$.

近似 在 $[t_{i-1},t_i]$ 上任取一点 ξ_i, 以 ξ_i 时的速度 $v(\xi_i)$ 近似代替 $[t_{i-1},t_i]$ 上各个时刻的速度, 这相当于在 $[t_{i-1},t_i]$ 上把 Δs_i 近似看作做匀速直线运动经过的路程, 即

$$\Delta s_i \approx v(\xi_i)\Delta t_i.$$

设 m_i 和 M_i 是速度函数 v 在 $[t_{i-1},t_i]$ 上的最小值和最大值, 则

$$m_i\Delta t_i \leqslant v(\xi_i)\Delta t_i \leqslant M_i\Delta t_i,$$

从而

$$\frac{|\Delta s_i - v(\xi_i)\Delta t_i|}{\Delta t_i} \leqslant M_i - m_i.$$

当 $\Delta t_i \to 0$ 时, $M_i - m_i \to 0$, 故误差 $|\Delta s_i - v(\xi_i)\Delta t_i|$ 是当 $\Delta t_i \to 0$ 时 Δt_i 的高阶无穷小量.

求和 将各段路程的近似值累加起来得变速直线运动的路程 s, 即

$$s \approx \sum_{i=1}^{n} v(\xi_i)\Delta t_i.$$

取极限 令 $\lambda = \max\limits_{1 \leqslant i \leqslant n}\{\Delta t_i\}$, $s = \lim\limits_{\lambda \to 0}\sum\limits_{i=1}^{n} v(\xi_i)\Delta t_i$ 就是变速直线运动的路程.

以上两个例子, 一个是几何问题, 另一个是物理问题. 尽管两个问题的实际意义不相同, 但它们在数量关系上存在共性: 都可归结为同一类型的 "和式" 的极限, 将它们的共性加以抽象, 便得到定积分的概念.

定义 1 设 f 是定义在 $[a,b]$ 上的有界函数, 在 $[a,b]$ 内任取一组分点

$$a = x_0 < x_1 < x_2 < \cdots < x_{n-1} < x_n = b,$$

将 $[a,b]$ 分割成 n 个小区间 $[x_{i-1}, x_i]$ $(i = 1, 2, \cdots, n)$, 任取一点 $\xi_i \in [x_{i-1}, x_i]$ $(i = 1, 2, \cdots, n)$, 作和式 $\sum\limits_{i=1}^{n} f(\xi_i)\Delta x_i$, 其中 $\Delta x_i = x_i - x_{i-1}$. 令 $\lambda = \max\limits_{1 \leqslant i \leqslant n}\{\Delta x_i\}$. 如果不论 $[a,b]$ 怎样分割, 也不论对 $\xi_i \in [x_{i-1}, x_i]$ 如何选取, 只要当 $\lambda \to 0$ 时, 和式 $\sum\limits_{i=1}^{n} f(\xi_i)\Delta x_i$ 总趋于同一极限值, 则称该极限值为函数 f 在 $[a,b]$ 上的**定积分**, 记为 $\int_a^b f(x)\mathrm{d}x$, 即

$$\int_a^b f(x)\mathrm{d}x = \lim_{\lambda \to 0}\sum_{i=1}^{n} f(\xi_i)\Delta x_i.$$

在符号 $\int_a^b f(x)\mathrm{d}x$ 中, f 称为**被积函数**, $f(x)\mathrm{d}x$ 称为**被积表达式**, x 称为**积分变量**, a 和 b 分别称为**积分下限**和**积分上限**, $[a,b]$ 称为**积分区间**. 对定积分的定义有两点补充说明:

(1) 在 $\int_a^b f(x)\mathrm{d}x$ 的定义中, 要求 $a < b$. 当 $a \geqslant b$ 时, $\int_a^b f(x)\mathrm{d}x$ 未加定义. 我们规定

$$\int_a^a f(x)\mathrm{d}x = 0;$$

$$\int_a^b f(x)\mathrm{d}x = -\int_b^a f(x)\mathrm{d}x, \quad a > b.$$

(2) 按 $\int_a^b f(x)\mathrm{d}x$ 的定义, 其值与积分变量无关, 因此

$$\int_a^b f(x)\mathrm{d}x = \int_a^b f(t)\mathrm{d}t = \int_a^b f(u)\mathrm{d}u.$$

在定积分的概念提出后, 自然要问: 区间 $[a,b]$ 上什么样的函数 f 是可积的?我们不加证明地给出如下结论:

若 f 在 $[a,b]$ 上连续, 则 f 在 $[a,b]$ 上可积;

若 f 在 $[a,b]$ 上有界且在 $[a,b]$ 上除去有限个点外是连续的, 则 f 在 $[a,b]$ 上可积;

若 f 在 $[a,b]$ 上单调有界, 则 f 在 $[a,b]$ 上可积.

例 1　求 $\int_0^1 x^3\mathrm{d}x$ 的值.

解　因为 $y=x^3$ 在 $[0,1]$ 上连续, 所以 $\int_0^1 x^3\mathrm{d}x$ 存在. 我们将 $[0,1]$ 作 n 等分, ξ_i 取为第 i 个小区间的右端点, 则

$$\begin{aligned}\int_0^1 x^3\mathrm{d}x &= \lim_{n\to\infty}\sum_{i=1}^n \frac{1}{n}\left(\frac{i}{n}\right)^3 = \lim_{n\to\infty}\frac{1}{n^4}\sum_{i=1}^n i^3 \\ &= \lim_{n\to\infty}\frac{1}{n^4}\left[\frac{1}{2}n(n+1)\right]^2 = \frac{1}{4}.\end{aligned}$$

3.1.2　定积分的性质

性质 1 (线性性质)　设 f, g 在 $[a,b]$ 上可积, k 是任意常数, 则 kf 和 $f\pm g$ 也在 $[a,b]$ 上可积, 且

(1) $\int_a^b kf(x)\mathrm{d}x = k\int_a^b f(x)\mathrm{d}x$;

(2) $\int_a^b [f(x)\pm g(x)]\mathrm{d}x = \int_a^b f(x)\mathrm{d}x \pm \int_a^b g(x)\mathrm{d}x$.

证　(1)

$$\begin{aligned}\int_a^b kf(x)\mathrm{d}x &= \lim_{\lambda\to 0}\sum_{i=1}^n kf(\xi_i)\Delta x_i \\ &= k\lim_{\lambda\to 0}\sum_{i=1}^n f(\xi_i)\Delta x_i = k\int_a^b f(x)\mathrm{d}x.\end{aligned}$$

(2)

$$\begin{aligned}\int_a^b [f(x)\pm g(x)]\mathrm{d}x &= \lim_{\lambda\to 0}\sum_{i=1}^n [f(\xi_i)\pm g(\xi_i)]\Delta x_i \\ &= \lim_{\lambda\to 0}\sum_{i=1}^n f(\xi_i)\Delta x_i \pm \lim_{\lambda\to 0}\sum_{i=1}^n g(\xi_i)\Delta x_i \\ &= \int_a^b f(x)\mathrm{d}x \pm \int_a^b g(x)\mathrm{d}x.\end{aligned}$$

性质 2 (区间可加性)　设 f 在一个闭区间上可积, 则 f 在该区间的任何子区间上也可积, 并且对该区间上的任意三点 a, b, c, 都有

$$\int_a^b f(x)\mathrm{d}x = \int_a^c f(x)\mathrm{d}x + \int_c^b f(x)\mathrm{d}x.$$

证　首先不妨假设 $a<c<b$. 因为 $\int_a^b f(x)\mathrm{d}x$ 存在, 所以极限 $\lim\limits_{\lambda\to 0}\sum\limits_{i=1}^n f(\xi_i)\Delta x_i$ 与 $[a,b]$ 的

分割法无关. 现在对 $[a,b]$ 作分割, 但保持 c 为一个分点:

$$a = x_0 < \cdots < x_{k-1} < c = x_k < x_{k+1} < \cdots < x_n = b,$$

则

$$\sum_{i=1}^{n} f(\xi_i)\Delta x_i = \sum_{i=1}^{k} f(\xi_i)\Delta x_i + \sum_{i=k+1}^{n} f(\xi_i)\Delta x_i,$$

记 $\lambda = \max\limits_{1\leqslant i\leqslant n}\{\Delta x_i\}$ 和 $\lambda_1 = \max\limits_{1\leqslant i\leqslant k}\{\Delta x_i\}$, $\lambda_2 = \max\limits_{k+1\leqslant i\leqslant n}\{\Delta x_i\}$, 则当 $\lambda \to 0$ 时, 有 $\lambda_1 \to 0$, $\lambda_2 \to 0$. 令 $\lambda \to 0$, 对上式两端同时取极限, 得

$$\int_a^b f(x)\mathrm{d}x = \int_a^c f(x)\mathrm{d}x + \int_c^b f(x)\mathrm{d}x.$$

当 $a < b < c$ 时, 由前面的结果有

$$\int_a^c f(x)\mathrm{d}x = \int_a^b f(x)\mathrm{d}x + \int_b^c f(x)\mathrm{d}x,$$

移项得

$$\begin{aligned}\int_a^b f(x)\mathrm{d}x &= \int_a^c f(x)\mathrm{d}x - \int_b^c f(x)\mathrm{d}x \\ &= \int_a^c f(x)\mathrm{d}x + \int_c^b f(x)\mathrm{d}x.\end{aligned}$$

对于 a, b, c 的其他大小关系, 可以类似地证明结论.

有了以上几个性质, 我们来看一看定积分的几何意义. 假定 f 在 $[a,b]$ 上连续, 设由曲线 $y = f(x)$, 直线 $x = a, x = b$ 及 x 轴所围成的曲边梯形的面积为 A.

(1) 如果 $f(\xi_i) > 0$, 则 $f(\xi_i)\Delta x_i$ 是小矩形的面积. 因此, 如果 $f(x) \geqslant 0$, 那么 $\int_a^b f(x)\mathrm{d}x = A$. 如图 3.2(a) 所示.

(2) 如果 $f(\xi_i) < 0$, 则 $f(\xi_i)\Delta x_i$ 是小矩形的面积的负值. 因此, 如果 $f(x) \leqslant 0$, 那么 $\int_a^b f(x)\mathrm{d}x = -A$. 如图 3.2(b) 所示.

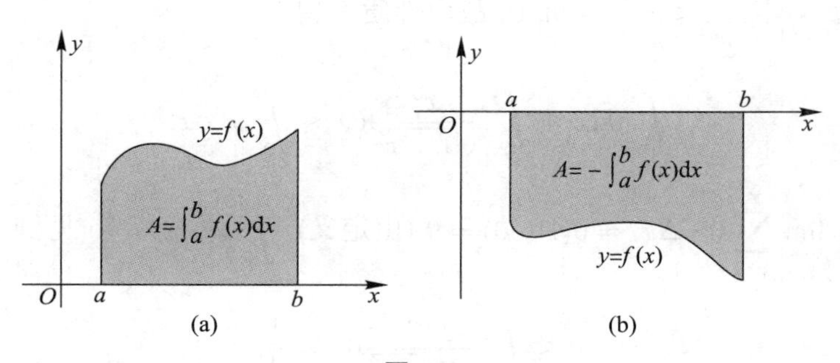

图 3.2

在一般情形下, 设 $a=c_1<c_2<c_3<\cdots<c_{k-1}<c_k=b$, 使 f 在 $[c_{i-1},c_i]$ 上不变号, 则

$$\int_a^b f(x)\mathrm{d}x=\int_{c_1}^{c_2} f(x)\mathrm{d}x+\int_{c_2}^{c_3} f(x)\mathrm{d}x+\cdots+\int_{c_{k-1}}^{c_k} f(x)\mathrm{d}x$$

是一些曲边梯形的面积的代数和. 如图 3.3, 有

$$\int_a^b f(x)\mathrm{d}x=A_1-A_2+A_3-A_4+A_5.$$

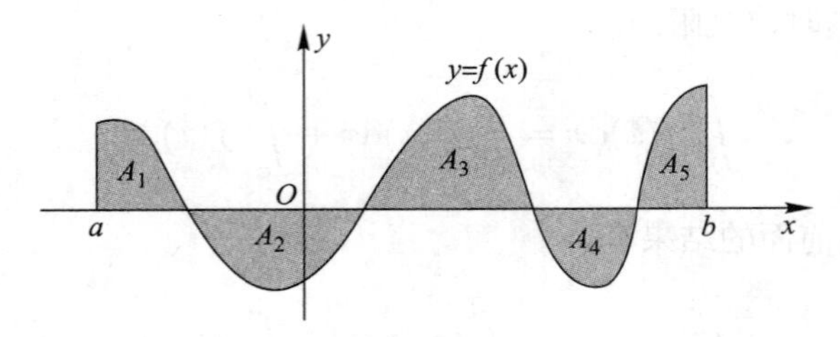

图 3.3

性质 3 (单调性) 设 f,g 都在 $[a,b]$ 上可积, 且 $f(x)\leqslant g(x)(a\leqslant x\leqslant b)$, 则

$$\int_a^b f(x)\mathrm{d}x\leqslant\int_a^b g(x)\mathrm{d}x.$$

证 因为 $f(x)\leqslant g(x)$, $x\in[a,b]$, 所以 $f(\xi_i)\leqslant g(\xi_i)$ $(i=1,2,\cdots,n)$, 又由于 $\Delta x_i>0$, 因此 $f(\xi_i)\Delta x_i\leqslant g(\xi_i)\Delta x_i$, 从而

$$\sum_{i=1}^n f(\xi_i)\Delta x_i\leqslant\sum_{i=1}^n g(\xi_i)\Delta x_i,$$

令 $\lambda=\max\limits_{1\leqslant i\leqslant n}\{\Delta x_i\}\to 0$, 对上式两端取极限, 得

$$\int_a^b f(x)\mathrm{d}x\leqslant\int_a^b g(x)\mathrm{d}x.$$

例 2 证明 $0\leqslant\displaystyle\int_0^1\frac{x^3}{\sqrt{1+x^2}}\mathrm{d}x\leqslant\frac{1}{4}$.

证 因为 $0\leqslant\dfrac{x^3}{\sqrt{1+x^2}}\leqslant x^3$,$x\in[0,1]$, 故由性质 3 得

$$\int_0^1 0\mathrm{d}x\leqslant\int_0^1\frac{x^3}{\sqrt{1+x^2}}\mathrm{d}x\leqslant\int_0^1 x^3\mathrm{d}x,$$

又因为 $\displaystyle\int_0^1 0\mathrm{d}x=\lim_{\lambda\to 0}\sum_{i=1}^n 0\cdot\Delta x_i=0(1-0)=0$ (由定义), $\displaystyle\int_0^1 x^3\mathrm{d}x=\frac{1}{4}$ (见例 1), 所以

$$0\leqslant\int_0^1\frac{x^3}{\sqrt{1+x^2}}\mathrm{d}x\leqslant\frac{1}{4}.$$

推论 1 设 f 在 $[a,b]$ 上可积, 且 $f(x)\geqslant 0(a\leqslant x\leqslant b)$, 则

$$\int_a^b f(x)\mathrm{d}x\geqslant 0.$$

推论 2 设 f 在 $[a,b]$ 上连续, $f(x)\geqslant 0(a\leqslant x\leqslant b)$, 且 $f(x)$ 在 $[a,b]$ 上不恒为零, 则

$$\int_a^b f(x)\mathrm{d}x>0.$$

由性质 3 显然可得推论 1, 推论 2, 证明留给读者.

推论 3 设 f 在 $[a,b]$ 上可积, 则 $|f|$ 在 $[a,b]$ 上也可积, 且

$$\left|\int_a^b f(x)\mathrm{d}x\right|\leqslant\int_a^b|f(x)|\mathrm{d}x.$$

证

$$-|f(x)|\leqslant f(x)\leqslant|f(x)|,$$

故由性质 3 得

$$-\int_a^b|f(x)|\mathrm{d}x\leqslant\int_a^b f(x)\mathrm{d}x\leqslant\int_a^b|f(x)|\mathrm{d}x,$$

即

$$\left|\int_a^b f(x)\mathrm{d}x\right|\leqslant\int_a^b|f(x)|\mathrm{d}x.$$

性质 4 (估值定理) 设 f 在 $[a,b]$ 上可积, 且 $m\leqslant f(x)\leqslant M$, 则

$$m(b-a)\leqslant\int_a^b f(x)\mathrm{d}x\leqslant M(b-a).$$

证 因为 $m\leqslant f(x)\leqslant M$, 由定积分的定义和性质 3 得

$$m(b-a)\leqslant\int_a^b f(x)\mathrm{d}x\leqslant M(b-a).$$

例 3 证明不等式 $\dfrac{2}{\sqrt[4]{\mathrm{e}}}\leqslant\displaystyle\int_0^2\mathrm{e}^{x^2-x}\mathrm{d}x\leqslant 2\mathrm{e}^2$.

证明 令 $f(x)=\mathrm{e}^{x^2-x}$, 则 $f'(x)=\mathrm{e}^{x^2-x}(2x-1)$. 令 $f'(x)=0$, 得 $x=\dfrac{1}{2}$. 又

$$f(0)=1,\quad f\left(\frac{1}{2}\right)=\frac{1}{\sqrt[4]{\mathrm{e}}},\quad f(2)=\mathrm{e}^2,$$

所以 $\max\limits_{0\leqslant x\leqslant 2}f(x)=\mathrm{e}^2$, $\min\limits_{0\leqslant x\leqslant 2}f(x)=\dfrac{1}{\sqrt[4]{\mathrm{e}}}$. 由性质 4 得

$$\frac{2}{\sqrt[4]{\mathrm{e}}}=\frac{1}{\sqrt[4]{\mathrm{e}}}(2-0)\leqslant\int_0^2\mathrm{e}^{x^2-x}\mathrm{d}x\leqslant\mathrm{e}^2(2-0)=2\mathrm{e}^2.$$

性质 5 (定积分中值定理) 设 f 在 $[a,b]$ 上连续, 则存在 $\xi\in[a,b]$, 使得

$$\int_a^b f(x)\mathrm{d}x=f(\xi)(b-a).$$

证 记 $m=\min\limits_{a\leqslant x\leqslant b}f(x)$, $M=\max\limits_{a\leqslant x\leqslant b}f(x)$, 由估值定理得

$$m(b-a)\leqslant\int_a^b f(x)\mathrm{d}x\leqslant M(b-a),$$

从而

$$m\leqslant\frac{\int_a^b f(x)\mathrm{d}x}{b-a}\leqslant M.$$

由闭区间上连续函数的介值定理, 存在 $\xi\in[a,b]$, 使得

$$f(\xi)=\frac{\int_a^b f(x)\mathrm{d}x}{b-a},$$

即

$$\int_a^b f(x)\mathrm{d}x=f(\xi)(b-a).$$

这个性质的几何解释是: 在区间 $[a,b]$ 上至少存在一点 ξ, 使得在 $[a,b]$ 上的曲边梯形的面积等于同底边而高为 $f(\xi)$ 的矩形面积 (如图 3.4).

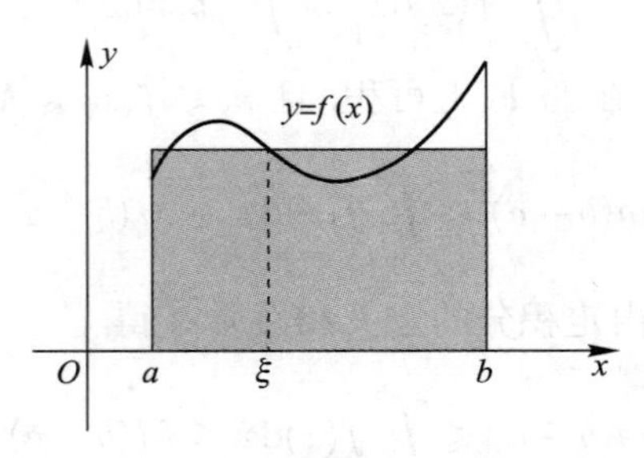

图 3.4

例 4 证明 $\lim\limits_{n\to\infty}\int_n^{n+1}\mathrm{e}^{-x}\mathrm{d}x=0$.

证 因为 $y=\mathrm{e}^{-x}$ 在 $[n,n+1]$ 上连续, 故由定积分中值定理, 存在 $\xi_n\in[n,n+1]$, 使得

$$\int_n^{n+1}\mathrm{e}^{-x}\mathrm{d}x=\mathrm{e}^{-\xi_n}(n+1-n)=\mathrm{e}^{-\xi_n}.$$

当 $n\to\infty$ 时, 有 $\xi_n\to+\infty$, 所以

$$\lim_{n\to\infty}\int_n^{n+1}\mathrm{e}^{-x}\mathrm{d}x=\lim_{n\to\infty}\mathrm{e}^{-\xi_n}=0.$$

习 题 3.1

1. 利用定积分的性质, 比较下列积分的大小:

(1) $\int_0^1 x\mathrm{d}x, \int_0^1 x^2\mathrm{d}x, \int_0^1 x^3\mathrm{d}x$; (2) $\int_0^1 \mathrm{e}^{-x}\mathrm{d}x, \int_0^1 \mathrm{e}^{-x^2}\mathrm{d}x$;

(3) $\int_1^2 \ln x\mathrm{d}x, \int_1^2 \ln^2 x\mathrm{d}x$.

2. 证明下列不等式:

(1) $\dfrac{2}{5} \leqslant \int_1^2 \dfrac{x}{1+x^2}\mathrm{d}x \leqslant \dfrac{1}{2}$;

(2) $\dfrac{2}{\pi}\left(\dfrac{\pi}{2}-\dfrac{\pi}{4}\right) \leqslant \int_{\frac{\pi}{4}}^{\frac{\pi}{2}} \dfrac{\sin x}{x}\mathrm{d}x \leqslant \dfrac{2\sqrt{2}}{\pi}\left(\dfrac{\pi}{2}-\dfrac{\pi}{4}\right)$.

3. 设函数 f 在 $[0,1]$ 上连续, 在 $(0,1)$ 内可导, 且

$$3\int_{\frac{2}{3}}^{1} f(x)\mathrm{d}x = f(0),$$

试证: 在 $(0,1)$ 内存在一点 ξ, 使得 $f'(\xi)=0$.

4. 设 f 在 $[a,b]$ 上连续, 试证: 若 $\int_a^b f^2(x)\mathrm{d}x = 0$, 则在 $[a,b]$ 上 $f(x)\equiv 0$.

5. 设 $f(x), g(x)$ 在 $[a,b]$ 上连续, 试证 Schwarz (施瓦茨) 不等式:

$$\left[\int_a^b f(x)g(x)\mathrm{d}x\right]^2 \leqslant \left(\int_a^b f^2(x)\mathrm{d}x\right)\left(\int_a^b g^2(x)\mathrm{d}x\right).$$

6. 设 f 在 $[a,b]$ 上连续, g 在 $[a,b]$ 上可积, 且 $g(x)\geqslant 0, x\in[a,b]$. 证明: 存在 $\xi\in[a,b]$, 使得

$$\int_a^b f(x)g(x)\mathrm{d}x = f(\xi)\int_a^b g(x)\mathrm{d}x.$$

7. 比较积分 $\int_0^1 \mathrm{e}^x x^3\mathrm{d}x$ 和 $\int_2^3 \mathrm{e}^x x^3\mathrm{d}x$.

§3.2 微积分基本定理

本节给出微积分基本定理, 这个由 Leibniz (莱布尼茨) 和 Newton (牛顿) 分别独立创立的定理, 阐述了微分与积分的关系, 至今仍具有极其重要的意义.

3.2.1 Newton–Leibniz 公式

在变速直线运动的路程问题中, 如果速度函数 v 是时间 t 的连续函数, 则从时刻 $t=a$ 到时刻 $t=b$ 质点所经过的路程 $s=\int_a^b v(t)\mathrm{d}t$. 另一方面, 如果我们已经知道路程函数 s, 则所经过的路程又可表示成 $s(b)-s(a)$, 即

$$\int_a^b v(t)\mathrm{d}t = s(b)-s(a).$$

我们知道, $s' = v$, 即 v 是 s 的导函数. 一般地, 有以下定理.

定理 1 (微积分基本定理) 设 f 在 $[a,b]$ 上可积, 且存在 $[a,b]$ 上一个可微函数 F, 使得 $F' = f$, 则

$$\int_a^b f(x)\mathrm{d}x = F(b) - F(a). \tag{3.2.1}$$

证 任取 $[a,b]$ 的一组分点

$$a = x_0 < x_1 < \cdots < x_{n-1} < x_n = b,$$

则

$$F(b) - F(a) = \sum_{i=1}^{n}[F(x_i) - F(x_{i-1})].$$

由拉格朗日中值定理, 存在 $\xi_i \in (x_{i-1}, x_i)$, 使得

$$F(x_i) - F(x_{i-1}) = F'(\xi_i)\Delta x_i = f(\xi_i)\Delta x_i,$$

从而

$$F(b) - F(a) = \sum_{i=1}^{n} f(\xi_i)\Delta x_i.$$

令 $\lambda = \max\limits_{1\leqslant i\leqslant n} \Delta x_i$. 因为 f 在 $[a,b]$ 上可积, 所以

$$\int_a^b f(x)\mathrm{d}x = \lim_{\lambda\to 0}\sum_{i=1}^{n} f(\xi_i)\Delta x_i = F(b) - F_(a).$$

(3.2.1) 也称为 Newton–Leibniz 公式.

定义 1 设 f 是定义在区间 I 上的函数. 若在 I 上存在可微函数 F, 使得 $F'(x) = f(x)$, 则称 F 是 f 在 I 上的一个**原函数**.

Newton–Leibniz 公式揭示了在一定条件下定积分与 f 在 $[a,b]$ 上的原函数之间的联系, 从而把 $\int_a^b f(x)\mathrm{d}x$ 的计算问题转化为寻求 f 在 $[a,b]$ 上的原函数问题. 因此, 这个公式在微积分学中具有极其重要的意义.

例 1 求 $\int_0^{\frac{\pi}{2}} \mathrm{e}^x\mathrm{d}x$.

解 由于 $(\mathrm{e}^x)' = \mathrm{e}^x$, 故 e^x 是 e^x 的一个原函数, 由 Newton–Leibniz 公式知

$$\int_0^{\frac{\pi}{2}} \mathrm{e}^x\mathrm{d}x = \mathrm{e}^x\Big|_0^{\frac{\pi}{2}} = \mathrm{e}^{\frac{\pi}{2}} - 1.$$

例 2 设

$$f(x) = \begin{cases} x, & 0 \leqslant x \leqslant 1, \\ \mathrm{e}^x, & 1 < x \leqslant 3. \end{cases}$$

求 $\int_0^3 f(x)\mathrm{d}x$.

解

$$\begin{aligned}\int_0^3 f(x)\mathrm{d}x &= \int_0^1 f(x)\mathrm{d}x + \int_1^3 f(x)\mathrm{d}x \\ &= \int_0^1 x\mathrm{d}x + \int_1^3 \mathrm{e}^x\mathrm{d}x \\ &= \frac{x^2}{2}\Big|_0^1 + \mathrm{e}^x\Big|_1^3 = \frac{1}{2} + \mathrm{e}^3 - \mathrm{e}.\end{aligned}$$

例 3 利用定积分求 $\lim\limits_{n\to\infty}\left(\frac{1}{n+1}+\frac{1}{n+2}+\cdots+\frac{1}{n+n}\right)$.

解 因和式

$$\frac{1}{n+1}+\frac{1}{n+2}+\cdots+\frac{1}{n+n} = \sum_{i=1}^{n}\left(\frac{1}{1+\frac{i}{n}}\cdot\frac{1}{n}\right),$$

故上式右端和式的极限可以看作函数 $y=\frac{1}{1+x}$ 在 $[0,1]$ 上的定积分 (将 $[0,1]$ 作 n 等分, 并取 $\xi_i = x_i = \frac{i}{n}, \Delta x_i = \frac{1}{n}$). 由于 $y=\frac{1}{1+x}$ 在 $[0,1]$ 上可积, 于是

$$\begin{aligned}&\lim_{n\to\infty}\left(\frac{1}{n+1}+\frac{1}{n+2}+\cdots+\frac{1}{n+n}\right) \\ =&\lim_{n\to\infty}\sum_{i=1}^{n}\left(\frac{1}{1+\frac{i}{n}}\cdot\frac{1}{n}\right) = \int_0^1 \frac{1}{1+x}\mathrm{d}x \\ =&\ln(1+x)\Big|_0^1 = \ln 2.\end{aligned}$$

3.2.2 变上限的定积分

设 f 在 $[a,b]$ 上可积, 则对任意 $x\in[a,b]$, 定积分 $\int_a^x f(t)\mathrm{d}t$ 存在. 因此, 任意取定 $x\in[a,b]$, 该定积分有唯一确定的值与之对应, 从而就确定了 $[a,b]$ 上的一个函数

$$\varPhi(x) = \int_a^x f(t)\mathrm{d}t, \quad x\in[a,b].$$

$\int_a^x f(t)\mathrm{d}t$ 称为**变上限的定积分**.

定理 2 设函数 f 在 $[a,b]$ 上连续, 则 $\varPhi(x)=\int_a^x f(t)\mathrm{d}t$ 在 $[a,b]$ 上可导, 且

$$\varPhi'(x) = f(x), \quad x\in[a,b].$$

证 设 $x, x+\Delta x \in [a,b]$, 则

$$\begin{aligned}\Delta \varPhi(x) &= \varPhi(x+\Delta x) - \varPhi(x) \\ &= \int_a^{x+\Delta x} f(t)\mathrm{d}t - \int_a^x f(t)\mathrm{d}t \\ &= \int_x^{x+\Delta x} f(t)\mathrm{d}t.\end{aligned}$$

由定积分中值定理, 存在一点 ξ 介于 x 与 $x+\Delta x$ 之间, 使得

$$\Delta \varPhi(x) = \int_x^{x+\Delta x} f(t)\mathrm{d}t = f(\xi)\Delta x.$$

当 $\Delta x \to 0$ 时, 有 $\xi \to x$. 于是由 f 的连续性得

$$\lim_{\Delta x \to 0} \frac{\Delta \varPhi(x)}{\Delta x} = \lim_{\Delta x \to 0} f(\xi) = \lim_{\xi \to x} f(\xi) = f(x),$$

即

$$\varPhi'(x) = f(x).$$

定理 2 说明当 f 在 $[a,b]$ 上连续时, $\varPhi(x) = \int_a^x f(t)\mathrm{d}t$ 是 f 在 $[a,b]$ 上的一个原函数, 从而可知连续函数必存在原函数.

例 4 求 $\dfrac{\mathrm{d}}{\mathrm{d}x}\Big(\int_0^x t^3\mathrm{d}t\Big)$.

解

$$\frac{\mathrm{d}}{\mathrm{d}x}\Big(\int_0^x t^3\mathrm{d}t\Big) = x^3.$$

例 5 求 $\dfrac{\mathrm{d}}{\mathrm{d}x}\Big(\int_0^{x^2} \sin x\sqrt{1+t^2}\mathrm{d}t\Big)$.

解

$$\begin{aligned}\frac{\mathrm{d}}{\mathrm{d}x}\Big(\int_0^{x^2} \sin x\sqrt{1+t^2}\mathrm{d}t\Big) &= \frac{\mathrm{d}}{\mathrm{d}x}\Big(\sin x\int_0^{x^2} \sqrt{1+t^2}\mathrm{d}t\Big) \\ &= \cos x\int_0^{x^2}\sqrt{1+t^2}\mathrm{d}t + \sin x\cdot\sqrt{1+x^4}\cdot 2x \\ &= 2x\sqrt{1+x^4}\sin x + \cos x\int_0^{x^2}\sqrt{1+t^2}\mathrm{d}t.\end{aligned}$$

例 6 求 $\lim\limits_{x\to 0}\dfrac{\int_{\cos x}^1 \mathrm{e}^{-t^2}\mathrm{d}t}{x^2}$.

解 因为

$$\lim_{x\to 0}\int_{\cos x}^1 \mathrm{e}^{-t^2}\mathrm{d}t = -\lim_{x\to 0}\int_1^{\cos x}\mathrm{e}^{-t^2}\mathrm{d}t = 0,$$

所以极限是 $\dfrac{0}{0}$ 型, 应用 L'Hôpital 法则得

$$\lim_{x\to 0}\frac{\displaystyle\int_{\cos x}^{1}\mathrm{e}^{-t^2}\mathrm{d}t}{x^2}=\lim_{x\to 0}\frac{-\displaystyle\int_{1}^{\cos x}\mathrm{e}^{-t^2}\mathrm{d}t}{x^2}$$

$$=\lim_{x\to 0}\frac{-\mathrm{e}^{-\cos^2 x}\cdot(-\sin x)}{2x}=\frac{1}{2\mathrm{e}}.$$

例 7 设 $\displaystyle\int_0^{x^2(1+x)} f(t)\mathrm{d}t=x$, 其中 $f(t)$ 连续, 求 $f(2)$.

解 等式两端对 x 求导, 得

$$f[x^2(1+x)]\cdot(2x+3x^2)=1.$$

令 $x=1$, 得到 $f(2)=\dfrac{1}{5}$.

例 8 设 f 连续. 试证: 若 f 是一个偶函数 (奇函数), 则

$$F(x)=\int_0^x f(t)\mathrm{d}t$$

是一个奇函数 (偶函数).

证 设 f 是一个偶函数, 则

$$[-F(-x)]'=F'(-x)=f(-x)=f(x)=F'(x).$$

因此, 存在常数 C, 使得

$$-F(-x)=F(x)+C.$$

由于 $C=-F(0)-F(-0)=0$, 所以 $F(-x)=-F(x)$, 即 F 是一个奇函数.

类似地可证当 f 是一个奇函数时, F 是一个偶函数.

习 题 3.2

1. 计算下列定积分:

(1) $\displaystyle\int_0^{10} x\mathrm{d}x$;　　(2) $\displaystyle\int_0^2 \mathrm{e}^x\mathrm{d}x$;

(3) $\displaystyle\int_{-\frac{1}{2}}^{\frac{1}{2}}\frac{\mathrm{d}x}{\sqrt{1-x^2}}$;　　(4) $\displaystyle\int_0^1\frac{1}{x^2+1}\mathrm{d}x$.

2. 利用定积分求下列极限:

(1) $\displaystyle\lim_{n\to\infty}\left(\frac{n}{n^2+1^2}+\frac{n}{n^2+2^2}+\cdots+\frac{n}{n^2+n^2}\right)$;

(2) $\displaystyle\lim_{n\to\infty}\frac{1}{n}\left(\sin\frac{\pi}{n}+\sin\frac{2\pi}{n}+\cdots+\sin\frac{n\pi}{n}\right)$.

3. 设 $\varphi(x)=\displaystyle\int_0^x\cos t^2\mathrm{d}t$, 求 $\varphi'(0)$, $\varphi'\left(\sqrt{\dfrac{\pi}{2}}\right)$ 及 $\varphi'(\sqrt{\pi})$.

4. 试证: $0 \leqslant \int_0^1 \sin(x^n)\mathrm{d}x \leqslant \dfrac{1}{n+1}$.

5. 求下列函数的导数:

(1) $y = \int_x^2 \mathrm{e}^{-t^2}\mathrm{d}t$;

(2) $y = \int_{\sin x}^{\cos x} \sin t^2 \mathrm{d}t$;

(3) $y = \int_0^{x^2} xf(t)\mathrm{d}t$, 求 y'', 其中 $f(x)$ 连续可微;

(4) $\int_1^y \mathrm{e}^{t^2}\mathrm{d}t + \int_0^x \cos t^2 \mathrm{d}t = x^2$, 求 y';

(5) 设 $\varphi(x) = \int_{15}^x \left(\int_8^{y^2} \dfrac{t}{\sin t}\mathrm{d}t\right)\mathrm{d}y$, 求 $\varphi''(x)$.

6. 求下列极限:

(1) $\lim\limits_{x\to\frac{\pi}{2}} \dfrac{\int_{\frac{\pi}{2}}^x \frac{\sin t}{t}\mathrm{d}t}{\cos x}$;　　(2) $\lim\limits_{x\to 0} \dfrac{\int_{-x}^{5x} \mathrm{e}^{-t^2}\mathrm{d}t}{x}$.

7. 当 $x \geqslant 0$ 时,$f(x)$ 连续且满足 $\int_0^{x^2} f(t)\mathrm{d}t = x^2(1+x)$, 求 $f(2)$.

8. 求常数 a, b, 使得

$$\lim_{x\to 0} \frac{1}{bx - \sin x}\int_0^x \frac{t^2}{\sqrt{a+t}}\mathrm{d}t = 1.$$

9. 设 $f(x)$ 在 $[a,b]$ 上连续, 在 (a,b) 内可导且 $f'(x) > 0$. 又设 $F(x) = \dfrac{1}{x-a}\int_a^x f(t)\mathrm{d}t$, 试证: 当 $x \in (a,b)$ 时,

(1) $F(x) \leqslant f(x)$;　　(2) $F'(x) \geqslant 0$.

10. 设 f 在 $[0,+\infty)$ 内连续且 $f(x) > 0$. 证明 $F(x) = \dfrac{\int_0^x tf(t)\mathrm{d}t}{\int_0^x f(t)\mathrm{d}t}$ 在 $(0,+\infty)$ 内单调增加.

11. 设 $f(x)$ 在 $[a,b]$ 上连续, 且 $f(x) > 0, x \in (a,b)$. 试证: 存在 $\xi \in (a,b)$, 使得

$$\frac{b^2-a^2}{\int_a^b f(x)\mathrm{d}x} = \frac{2\xi}{f(\xi)}.$$

12. 设 $f(x)$ 是以 T 为周期的连续函数, 试证: 对于任意 x, 有

$$\int_x^{x+T} f(t)\mathrm{d}t = \int_0^T f(t)\mathrm{d}t.$$

§3.3 不定积分

3.3.1 不定积分的定义

定义 1 如果 f 在区间 I 上存在原函数, 则 f 在 I 上的全体原函数构成的集合称为 f 的**不定积分**, 记为 $\int f(x)\mathrm{d}x$.

如果 F 是 f 的一个原函数, 则对任意常数 C, $F+C$ 也是 f 的原函数. 另一方面, 若 F 和 G 都是 f 的原函数, 则 $(G-F)'=f-f\equiv 0$, 故 $G=F+C$, 其中 C 是一个常数. 由此可知, f 的全体原函数可表示为 $F+C$, 其中 C 是任意常数, 也就是

$$\int f(x)\mathrm{d}x=F(x)+C \quad (C\text{是任意常数}).$$

在 xOy 平面上, 函数 $y=F(x)$ 的图形为一条曲线, 这条曲线称为 f 的**积分曲线**.

由不定积分的定义可知, 将基本初等函数的求导公式逆转过来, 便得不定积分的基本公式:

(1) $\int 0\mathrm{d}x=C$;

(2) $\int x^{\alpha}\mathrm{d}x=\dfrac{x^{\alpha+1}}{\alpha+1}+C \quad (\alpha\neq -1)$;

(3) $\int \dfrac{1}{x}\mathrm{d}x=\ln|x|+C$;

(4) $\int a^{x}\mathrm{d}x=\dfrac{a^{x}}{\ln a}+C(a>0,a\neq 1)$;

(5) $\int \mathrm{e}^{x}\mathrm{d}x=\mathrm{e}^{x}+C$;

(6) $\int \sin x\mathrm{d}x=-\cos x+C$;

(7) $\int \cos x\mathrm{d}x=\sin x+C$;

(8) $\int \sec^2 x\mathrm{d}x=\tan x+C$;

(9) $\int \csc^2 x\mathrm{d}x=-\cot x+C$;

(10) $\int \dfrac{\mathrm{d}x}{\sqrt{1-x^2}}=\arcsin x+C$;

(11) $\int \dfrac{\mathrm{d}x}{1+x^2}=\arctan x+C$;

(12) $\int \sec x\tan x\mathrm{d}x=\sec x+C$;

(13) $\int \csc x\cot x\mathrm{d}x=-\csc x+C$;

(14) $\int \sinh x\mathrm{d}x=\cosh x+C$;

(15) $\int \cosh x\mathrm{d}x=\sinh x+C$.

不定积分有如下几个基本性质:

性质 1 (积分运算和微分运算的互逆性)

(1) $\left[\int f(x)\mathrm{d}x\right]'=f(x)$ 或 $\mathrm{d}\left[\int f(x)\mathrm{d}x\right]=f(x)\mathrm{d}x$;

(2) $\left[\int f'(x)\mathrm{d}x\right]=f(x)+C$ 或 $\left[\int \mathrm{d}f(x)\right]=f(x)+C$.

性质 2 (线性性质)

(1) $\int kf(x)\mathrm{d}x=k\int f(x)\mathrm{d}x$;

(2) $\int [f(x)\pm g(x)]\mathrm{d}x=\int f(x)\mathrm{d}x\pm\int g(x)\mathrm{d}x$.

例 1
$$\int \tan^2 x\mathrm{d}x = \int (\sec^2 x - 1)\mathrm{d}x = \int \sec^2 x\mathrm{d}x - \int \mathrm{d}x = \tan x - x + C.$$

例 2
$$\begin{aligned}\int \frac{(x-2)^2}{\sqrt{x}}\mathrm{d}x &= \int x^{-\frac{1}{2}}(x^2 - 4x + 4)\mathrm{d}x \\ &= \int (x^{\frac{3}{2}} - 4x^{\frac{1}{2}} + 4x^{-\frac{1}{2}})\mathrm{d}x \\ &= \int x^{\frac{3}{2}}\mathrm{d}x - 4\int x^{\frac{1}{2}}\mathrm{d}x + 4\int x^{-\frac{1}{2}}\mathrm{d}x \\ &= \frac{2}{5}x^{\frac{5}{2}} - \frac{8}{3}x^{\frac{3}{2}} + 8x^{\frac{1}{2}} + C.\end{aligned}$$

例 3
$$\begin{aligned}\int \left(\mathrm{e}^x + \frac{1}{x^2} - 2\cos x + \frac{4}{x}\right)\mathrm{d}x &= \int \mathrm{e}^x\mathrm{d}x + \int x^{-2}\mathrm{d}x - 2\int \cos x\mathrm{d}x + 4\int \frac{1}{x}\mathrm{d}x \\ &= \mathrm{e}^x - x^{-1} - 2\sin x + 4\ln|x| + C.\end{aligned}$$

例 4
$$\begin{aligned}\int \frac{1+3x^2}{x^2(1+x^2)}\mathrm{d}x &= \int \frac{(1+x^2)+2x^2}{x^2(1+x^2)}\mathrm{d}x \\ &= \int \left(\frac{1}{x^2} + \frac{2}{1+x^2}\right)\mathrm{d}x \\ &= \int \frac{1}{x^2}\mathrm{d}x + 2\int \frac{1}{1+x^2}\mathrm{d}x \\ &= -\frac{1}{x} + 2\arctan x + C.\end{aligned}$$

例 5
$$\begin{aligned}\int \frac{1}{\sin^2 x\cos^2 x}\mathrm{d}x &= \int \frac{\sin^2 x + \cos^2 x}{\sin^2 x\cos^2 x}\mathrm{d}x \\ &= \int \left(\frac{1}{\cos^2 x} + \frac{1}{\sin^2 x}\right)\mathrm{d}x \\ &= \tan x - \cot x + C.\end{aligned}$$

例 6
$$\int \sin^2 \frac{x}{2}\mathrm{d}x = \int \frac{1-\cos x}{2}\mathrm{d}x = \frac{1}{2}(x - \sin x) + C.$$

例 7
$$\begin{aligned}\int \frac{x^4}{1+x^2}\mathrm{d}x &= \int \left(x^2 - 1 + \frac{1}{1+x^2}\right) \\ &= \frac{x^3}{3} - x + \arctan x + C.\end{aligned}$$

3.3.2　不定积分的换元积分法

本节进一步研究求不定积分的方法，这里首先介绍换元积分法，它是基于复合函数求导法而得到的一种积分法.

定理 1 (第一换元法) 设 $f(u)$ 具有原函数 $F(u)$, $u=\varphi(x)$ 可微, 则有换元公式

$$\int f[\varphi(x)]\varphi'(x)\mathrm{d}x=\int f(u)\mathrm{d}u=F(u)+C=F[\varphi(x)]+C.$$

证 因为 $F'(u)=f(u)$, 所以由复合函数求导法则有

$$\{F[\varphi(x)]\}'=F'[\varphi(x)]\varphi'(x)=f[\varphi(x)]\varphi'(x),$$

所以

$$\int f[\varphi(x)]\varphi'(x)\mathrm{d}x=F[\varphi(x)]+C.$$

例 8 求 $\int \mathrm{e}^{-2x}\mathrm{d}x$.

解 令 $u=-2x, \mathrm{d}u=-2\mathrm{d}x$, 则

$$\int \mathrm{e}^{-2x}\mathrm{d}x=-\frac{1}{2}\int \mathrm{e}^{u}\mathrm{d}u=-\frac{1}{2}\mathrm{e}^{u}+C=-\frac{1}{2}\mathrm{e}^{-2x}+C.$$

在对第一换元法比较熟悉后, 可以不写出中间变量 u, 而采用以下简便的凑微分形式, 因此第一换元法又称为**凑微分法**.

例 9 求 $\int x\sqrt{1+x^2}\mathrm{d}x$.

解

$$\int x\sqrt{1+x^2}\mathrm{d}x=\frac{1}{2}\int \sqrt{1+x^2}\mathrm{d}(1+x^2)=\frac{1}{3}(1+x^2)^{\frac{3}{2}}+C.$$

例 10 求 $\int \frac{\cos\sqrt{x}}{\sqrt{x}}\mathrm{d}x$.

解

$$\int \frac{\cos\sqrt{x}}{\sqrt{x}}\mathrm{d}x=2\int \cos\sqrt{x}\mathrm{d}(\sqrt{x})=2\sin\sqrt{x}+C.$$

例 11 求 $\int \cos^2 x\mathrm{d}x$.

解

$$\begin{aligned}\int \cos^2 x\mathrm{d}x&=\int \frac{1+\cos 2x}{2}\mathrm{d}x=\frac{1}{2}\int \mathrm{d}x+\frac{1}{2}\int \cos 2x\mathrm{d}x\\&=\frac{1}{2}x+\frac{1}{4}\int \cos 2x\mathrm{d}(2x)\\&=\frac{1}{2}x+\frac{1}{4}\sin 2x+C.\end{aligned}$$

例 12 求 $\int \sin 3x\cos x\mathrm{d}x$.

解

$$\begin{aligned}\int \sin 3x\cos x\mathrm{d}x&=\frac{1}{2}\int (\sin 4x+\sin 2x)\mathrm{d}x\\&=\frac{1}{8}\int \sin 4x\mathrm{d}(4x)+\frac{1}{4}\int \sin 2x\mathrm{d}(2x)\\&=-\frac{1}{8}\cos 4x-\frac{1}{4}\cos 2x+C.\end{aligned}$$

例 13　求 $\int \frac{1}{\sqrt{a^2-x^2}}\mathrm{d}x(a>0)$.

解

$$\begin{aligned}\int \frac{1}{\sqrt{a^2-x^2}}\mathrm{d}x &= \int \frac{1}{a\sqrt{1-\left(\frac{x}{a}\right)^2}}\mathrm{d}x \\ &= \int \frac{1}{\sqrt{1-\left(\frac{x}{a}\right)^2}}\mathrm{d}\left(\frac{x}{a}\right) \\ &= \arcsin\frac{x}{a}+C.\end{aligned}$$

例 14　求 $\int \frac{1}{a^2+x^2}\mathrm{d}x(a\neq 0)$.

解

$$\int \frac{1}{a^2+x^2}\mathrm{d}x = \frac{1}{a}\int \frac{1}{1+\left(\frac{x}{a}\right)^2}\mathrm{d}\left(\frac{x}{a}\right) = \frac{1}{a}\arctan\frac{x}{a}+C.$$

例 15　求 $\int \frac{1}{a^2-x^2}\mathrm{d}x(a\neq 0)$.

解

$$\begin{aligned}\int \frac{1}{a^2-x^2}\mathrm{d}x &= \int \frac{1}{(a+x)(a-x)}\mathrm{d}x \\ &= \frac{1}{2a}\int \left(\frac{1}{a+x}+\frac{1}{a-x}\right)\mathrm{d}x \\ &= \frac{1}{2a}\left[\int \frac{1}{a+x}\mathrm{d}(a+x)-\int \frac{1}{a-x}\mathrm{d}(a-x)\right] \\ &= \frac{1}{2a}(\ln|a+x|-\ln|a-x|)+C \\ &= \frac{1}{2a}\ln\left|\frac{a+x}{a-x}\right|+C.\end{aligned}$$

例 16　求 $\int \tan x\mathrm{d}x$.

解

$$\int \tan x\mathrm{d}x = \int \frac{\sin x}{\cos x}\mathrm{d}x = -\int \frac{\mathrm{d}(\cos x)}{\cos x} = -\ln|\cos x|+C.$$

类似可得,

$$\int \cot x\mathrm{d}x = \ln|\sin x|+C.$$

例 17　求 $\int \sec x\mathrm{d}x$.

解

$$\begin{aligned}\int \sec x\mathrm{d}x &= \int \frac{\cos x}{\cos^2 x}\mathrm{d}x \\ &= \int \frac{1}{1-\sin^2 x}\mathrm{d}(\sin x) \\ &= \frac{1}{2}\ln\left|\frac{1+\sin x}{1-\sin x}\right|+C \\ &= \frac{1}{2}\ln\left|\frac{(1+\sin x)^2}{\cos^2 x}\right|+C \\ &= \ln|\sec x+\tan x|+C.\end{aligned}$$

类似可得,

$$\int \csc x \mathrm{d}x = \ln|\csc x - \cot x| + C.$$

定理 2 (第二换元法) 设 $x=\varphi(t), \varphi$ 单调可导, 且 $\varphi'(t) \neq 0$. 如果

$$\int f[\varphi(t)]\varphi'(t)\mathrm{d}t = F(t) + C,$$

则

$$\int f(x)\mathrm{d}x = F[\varphi^{-1}(x)] + C.$$

证 因为 $F'(t) = f[\varphi(t)]\varphi'(t)$, 故由复合函数求导法则和反函数求导法则得

$$\begin{aligned}\{F[\varphi^{-1}(x)]\}' &= F'[\varphi^{-1}(x)][\varphi^{-1}(x)]' \\ &= F'(t) \cdot \frac{1}{\varphi'(t)} = f[\varphi(t)]\varphi'(t)\frac{1}{\varphi'(t)} \\ &= f[\varphi(t)] = f(x).\end{aligned}$$

所以

$$\int f(x)\mathrm{d}x = F[\varphi^{-1}(x)] + C.$$

例 18 求 $\int \sqrt{a^2-x^2}\mathrm{d}x (a>0)$.

解 令 $x = a\sin t \left(-\frac{\pi}{2} < t < \frac{\pi}{2}\right)$, $\sqrt{a^2-x^2} = a\cos t$, $\mathrm{d}x = a\cos t\mathrm{d}t$, 则

$$\begin{aligned}\int \sqrt{a^2-x^2}\mathrm{d}x &= a^2\int \cos^2 t\mathrm{d}t = \frac{a^2}{2}\int(1+\cos 2t)\mathrm{d}t \\ &= \frac{a^2}{2}\left(t + \frac{\sin 2t}{2}\right) + C = \frac{a^2}{2}(t + \sin t \cdot \cos t) + C \\ &= \frac{1}{2}\left(a^2\arcsin\frac{x}{a} + x\sqrt{a^2-x^2}\right) + C.\end{aligned}$$

该例子中的变量回代采用下面的方法: 根据 $\sin t = \frac{x}{a}$ 作一个辅助直角三角形 (如图 3.5), 这样得到 $\cos t = \frac{\sqrt{a^2-x^2}}{a}$.

例 19 求 $\int \frac{1}{\sqrt{x^2-a^2}}\mathrm{d}x (a>0)$.

解 被积函数的定义域为 $(-\infty,-a)\cup(a,+\infty)$. 当 $x>a$ 时, 令 $x = a\sec t \left(0 < t < \frac{\pi}{2}\right)$, 则

$$\sqrt{x^2-a^2} = a\tan t, \quad \mathrm{d}x = a\tan t\sec t\mathrm{d}t,$$

从而

$$\int \frac{\mathrm{d}x}{\sqrt{x^2-a^2}} = \int \sec t\mathrm{d}t = \ln|\sec t + \tan t| + C.$$

根据 $\sec t=\dfrac{x}{a}$ 作一个辅助直角三角形 (如图 3.6), 得 $\tan t=\dfrac{\sqrt{x^2-a^2}}{a}$, 故

$$\begin{aligned}\int\frac{1}{\sqrt{x^2-a^2}}\mathrm{d}x&=\ln\left|\frac{x}{a}+\frac{\sqrt{x^2-a^2}}{a}\right|+C_1\\&=\ln|x+\sqrt{x^2-a^2}|+C,\end{aligned}$$

其中 $C=C_1-\ln a$.

当 $x<-a$ 时, 令 $x=-u$, 则 $u>a$. 由上面的结果得

$$\begin{aligned}\int\frac{1}{\sqrt{x^2-a^2}}\mathrm{d}x&=\int\frac{-1}{\sqrt{u^2-a^2}}\mathrm{d}u\\&=-\ln|u+\sqrt{u^2-a^2}|+C_1\\&=\ln\left|\frac{1}{u+\sqrt{u^2-a^2}}\right|+C_1\\&=\ln\left|\frac{1}{-x+\sqrt{x^2-a^2}}\right|+C_1\\&=\ln\left|\frac{x+\sqrt{x^2-a^2}}{a^2}\right|+C_1\\&=\ln|x+\sqrt{x^2-a^2}|+C,\end{aligned}$$

其中 $C=C_1-2\ln a$.

最后, 将 $x\in(-\infty,-a)$ 和 $x\in(a,+\infty)$ 的结果合起来, 写作

$$\int\frac{1}{\sqrt{x^2-a^2}}\mathrm{d}x=\ln|x+\sqrt{x^2-a^2}|+C.$$

类似地, 可用代换 $x=a\tan t$ 得到下面的公式;

$$\int\frac{1}{\sqrt{a^2+x^2}}\mathrm{d}x=\ln(x+\sqrt{a^2+x^2})+C.$$

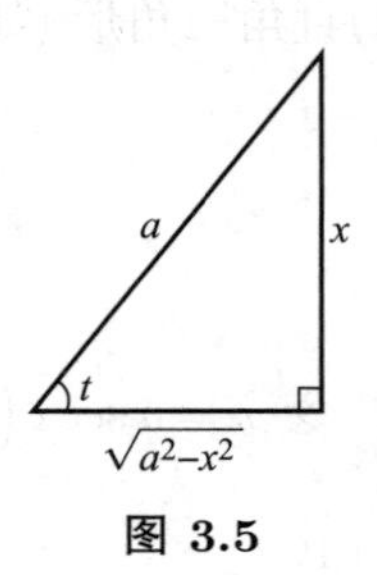

图 3.5

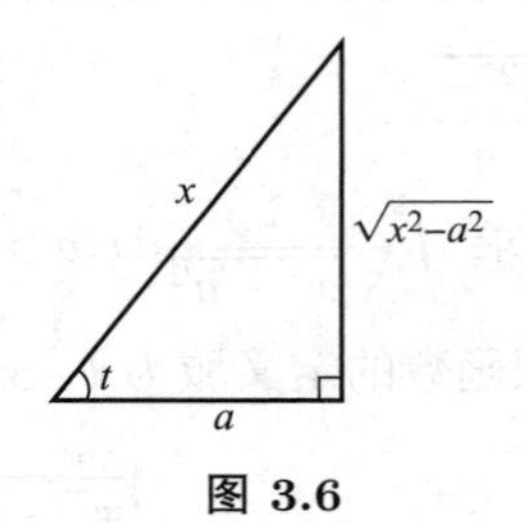

图 3.6

从上述例子可以看出: 当被积函数中含有根式 $\sqrt{a^2-x^2},\sqrt{a^2+x^2},\sqrt{x^2-a^2}$ 时, 可以分别通过作代换 $x=a\sin t,x=a\tan t,x=a\sec t$ 去掉根号, 这些代换统称为**三角代换**. 若被积函数中含有根式 $\sqrt{ax^2+bx+c}$, 可以先将 ax^2+bx+c 配成完全平方, 然后选择适当的三角代换.

例 20 求 $\int \frac{2x+1}{\sqrt{-x^2-4x}}\mathrm{d}x$.

解 由 $-x^2-4x=4-(x+2)^2$, 令 $x+2=2\sin t$, $\mathrm{d}x=2\cos t\mathrm{d}t$, 则

$$\begin{aligned}\int \frac{2x+1}{\sqrt{-x^2-4x}}\mathrm{d}x &= \int \frac{2x+1}{\sqrt{4-(x+2)^2}}\mathrm{d}x \\ &= \int (4\sin t-3)\mathrm{d}t = -4\cos t-3t+C \\ &= -4\sqrt{1-\left(\frac{x+2}{2}\right)^2}-3\arcsin\frac{x+2}{2}+C \\ &= -2\sqrt{-x^2-4x}-3\arcsin\frac{x+2}{2}+C.\end{aligned}$$

有时, 去根号也可以通过直接令此根式为新的变量来实现.

例 21 求 $\int \frac{1}{1+\sqrt[3]{x+2}}\mathrm{d}x$.

解 令 $u=\sqrt[3]{x+2}$, 则 $x=u^3-2$, $\mathrm{d}x=3u^2\mathrm{d}u$, 于是

$$\begin{aligned}\int \frac{1}{1+\sqrt[3]{x+2}}\mathrm{d}x &= \int \frac{1}{1+u}3u^2\mathrm{d}u \\ &= 3\int \frac{(u^2-1)+1}{1+u}\mathrm{d}u = 3\int\left(u-1+\frac{1}{1+u}\right)\mathrm{d}u \\ &= 3\left(\frac{1}{2}u^2-u+\ln|1+u|\right)+C \\ &= \frac{3}{2}(x+2)^{\frac{2}{3}}-3(x+2)^{\frac{1}{3}}+3\ln|1+(x+2)^{\frac{1}{3}}|+C.\end{aligned}$$

例 22 求 $\int \frac{1}{(1+\sqrt[3]{x})\sqrt{x}}\mathrm{d}x$.

解 令 $u=\sqrt[6]{x}$, 则 $\sqrt{x}=u^3$, $\sqrt[3]{x}=u^2$, $\mathrm{d}x=6u^5\mathrm{d}u$, 于是

$$\begin{aligned}\int \frac{1}{(1+\sqrt[3]{x})\sqrt{x}}\mathrm{d}x &= 6\int \frac{u^5}{(1+u^2)u^3}\mathrm{d}u \\ &= 6\int \frac{u^2}{1+u^2}\mathrm{d}u = 6\int\left(1-\frac{1}{1+u^2}\right)\mathrm{d}u \\ &= 6(u-\arctan u)+C \\ &= 6(\sqrt[6]{x}-\arctan\sqrt[6]{x})+C.\end{aligned}$$

变换 $x=\frac{1}{t}$ 称为**倒代换**, 也是常用的代换之一.

例 23 求 $\int \frac{\mathrm{d}x}{x^2\sqrt{1+x^2}}$.

解 设 $x\in(0,+\infty)$, 令 $x=\frac{1}{t}$, 则 $\mathrm{d}x=-\frac{1}{t^2}\mathrm{d}t$, 于是

$$\int \frac{\mathrm{d}x}{x^2\sqrt{1+x^2}} = -\int \frac{t\mathrm{d}t}{\sqrt{1+t^2}} = -\frac{1}{2}\int \frac{\mathrm{d}(1+t^2)}{\sqrt{1+t^2}} = -\frac{\sqrt{1+x^2}}{x}+C.$$

设 $x \in (-\infty, 0)$, 令 $u=-x$, 则

$$\int \frac{\mathrm{d}x}{x^2\sqrt{1+x^2}} = -\int \frac{\mathrm{d}u}{u^2\sqrt{1+u^2}} = \frac{\sqrt{1+u^2}}{u} + C = -\frac{\sqrt{1+x^2}}{x} + C.$$

最后, 将 $x \in (-\infty, 0)$ 和 $x \in (0, +\infty)$ 的结果合起来, 写作

$$\int \frac{\mathrm{d}x}{x^2\sqrt{1+x^2}} = -\frac{\sqrt{1+x^2}}{x} + C.$$

3.3.3　不定积分的分部积分法

有一些不定积分用换元积分法难以求出, 例如

$$\int x\mathrm{e}^x \mathrm{d}x, \int x\sin x \mathrm{d}x, \int \mathrm{e}^x \cos x \mathrm{d}x$$

等, 但它们可以采用**分部积分法**求出.

设函数 u, v 都有连续的导数, 由乘积的求导法则

$$[u(x)v(x)]' = u'(x)v(x) + u(x)v'(x),$$

即

$$u(x)v'(x) = [u(x)v(x)]' - u'(x)v(x),$$

对等式两边求不定积分得

$$\int u(x)v'(x)\mathrm{d}x = u(x)v(x) - \int u'(x)v(x)\mathrm{d}x,$$

这就是分部积分公式, 常简写成

$$\int u\mathrm{d}v = uv - \int v\mathrm{d}u.$$

应用分部积分法的关键是正确选择 u 和 $\mathrm{d}v$, 选取的原则是 $\int v\mathrm{d}u$ 比 $\int u\mathrm{d}v$ 容易求出.

例 24　求 $\int x\cos x\mathrm{d}x$.

解　由于 $\cos x\mathrm{d}x = \mathrm{d}(\sin x)$, 故可选取 $u = x, \mathrm{d}v = \mathrm{d}(\sin x)$, 代入分部积分公式, 得

$$\begin{aligned}\int x\cos x\mathrm{d}x &= \int x\mathrm{d}(\sin x)\\ &= x\sin x - \int \sin x\mathrm{d}x\\ &= x\sin x + \cos x + C.\end{aligned}$$

例 25　求 $\int \ln x\mathrm{d}x$.

解 选取 $u=\ln x$, $\mathrm{d}v=\mathrm{d}x$, 代入分部积分公式, 得

$$\int \ln x\mathrm{d}x = x\ln x - \int x\cdot\frac{1}{x}\mathrm{d}x = x\ln x - x + C.$$

例 26 求 $\int x\arctan x\mathrm{d}x$.

解 选取 $u=\arctan x$, $\mathrm{d}v=x\mathrm{d}x=\mathrm{d}\left(\frac{x^2}{2}\right)$. 代入分部积分公式, 得

$$\begin{aligned}\int x\arctan x\mathrm{d}x &= \int \arctan x\mathrm{d}\left(\frac{x^2}{2}\right)\\ &= \frac{x^2}{2}\arctan x - \frac{1}{2}\int\frac{x^2}{1+x^2}\mathrm{d}x\\ &= \frac{1+x^2}{2}\arctan x - \frac{x}{2} + C.\end{aligned}$$

有时分部积分公式需要多次使用.

例 27 求 $\int x^2\mathrm{e}^x\mathrm{d}x$.

解

$$\begin{aligned}\int x^2\mathrm{e}^x\mathrm{d}x &= \int x^2\mathrm{d}(\mathrm{e}^x) = x^2\mathrm{e}^x - \int \mathrm{e}^x\mathrm{d}(x^2)\\ &= x^2\mathrm{e}^x - 2\int x\mathrm{e}^x\mathrm{d}x = x^2\mathrm{e}^x - 2\int x\mathrm{d}(\mathrm{e}^x)\\ &= x^2\mathrm{e}^x - 2\left(x\mathrm{e}^x - \int\mathrm{e}^x\mathrm{d}x\right) = x^2\mathrm{e}^x - 2x\mathrm{e}^x + 2\mathrm{e}^x + C\\ &= (x^2-2x+2)\mathrm{e}^x + C.\end{aligned}$$

例 28 求 $\int \mathrm{e}^x\sin x\mathrm{d}x$.

解

$$\begin{aligned}\int \mathrm{e}^x\sin x\mathrm{d}x &= \int \sin x\mathrm{d}(\mathrm{e}^x)\\ &= \mathrm{e}^x\sin x - \int\mathrm{e}^x\cos x\mathrm{d}x\\ &= \mathrm{e}^x\sin x - \int\cos x\mathrm{d}(\mathrm{e}^x)\\ &= \mathrm{e}^x\sin x - \mathrm{e}^x\cos x - \int\mathrm{e}^x\sin x\mathrm{d}x,\end{aligned}$$

所以

$$\int \mathrm{e}^x\sin x\mathrm{d}x = \frac{\mathrm{e}^x}{2}(\sin x - \cos x) + C.$$

用类似的方法可求得

$$\int \mathrm{e}^{ax}\sin bx\mathrm{d}x = \frac{\mathrm{e}^{ax}}{a^2+b^2}(a\sin bx - b\cos bx) + C,$$

$$\int \mathrm{e}^{ax}\cos bx\mathrm{d}x = \frac{\mathrm{e}^{ax}}{a^2+b^2}(b\sin bx + a\cos bx) + C.$$

概括说来, 以下类型的不定积分常可利用分部积分法计算:

(1) $\int P_n(x)\begin{bmatrix}\sin ax\\ \cos ax\\ \mathrm{e}^{ax}\end{bmatrix}\mathrm{d}x$, 取 $u=P(x),\mathrm{d}v=\begin{bmatrix}\sin ax\\ \cos ax\\ \mathrm{e}^{ax}\end{bmatrix}\mathrm{d}x$;

(2) $\int P_n(x)\begin{bmatrix}\ln x\\ \arcsin x\\ \arctan x\end{bmatrix}\mathrm{d}x$, 取 $u=\begin{bmatrix}\ln x\\ \arcsin x\\ \arctan x\end{bmatrix},\mathrm{d}v=P_n(x)\mathrm{d}x$;

(3) $\int \mathrm{e}^{ax}\begin{bmatrix}\sin bx\\ \cos bx\end{bmatrix}\mathrm{d}x$, 取 $u=\begin{bmatrix}\sin bx\\ \cos bx\end{bmatrix},\mathrm{d}v=\mathrm{e}^{ax}\mathrm{d}x$,

其中 $P_n(x)$ 为 x 的多项式.

例 29 求 $\int\sqrt{x^2+a^2}\mathrm{d}x(a>0)$.

解 设 $u=\sqrt{x^2+a^2},\mathrm{d}v=\mathrm{d}x$, 则

$$\begin{aligned}\int\sqrt{x^2+a^2}\mathrm{d}x&=x\sqrt{x^2+a^2}-\int x\mathrm{d}(\sqrt{x^2+a^2})\\&=x\sqrt{x^2+a^2}-\int\frac{x^2}{\sqrt{x^2+a^2}}\mathrm{d}x\\&=x\sqrt{x^2+a^2}-\int\frac{x^2+a^2-a^2}{\sqrt{x^2+a^2}}\mathrm{d}x\\&=x\sqrt{x^2+a^2}-\int\sqrt{x^2+a^2}\mathrm{d}x+\int\frac{a^2}{\sqrt{x^2+a^2}}\mathrm{d}x\\&=x\sqrt{x^2+a^2}-\int\sqrt{x^2+a^2}\mathrm{d}x+a^2\ln(x+\sqrt{x^2+a^2}),\end{aligned}$$

从而

$$\int\sqrt{x^2+a^2}\mathrm{d}x=\frac{1}{2}[x\sqrt{x^2+a^2}+a^2\ln(x+\sqrt{x^2+a^2})]+C.$$

类似地可得

$$\int\sqrt{x^2-a^2}\mathrm{d}x=\frac{1}{2}(x\sqrt{x^2-a^2}-a^2\ln|x+\sqrt{x^2-a^2}|)+C(a>0).$$

应当指出, 许多不定积分必须兼用换元法与分部积分法才能算出.

例 30 求 $\int\mathrm{e}^{\sqrt{x}}\mathrm{d}x$.

解 设 $u=\sqrt{x}$, 则 $\mathrm{d}x=2u\mathrm{d}u$, 于是

$$\begin{aligned}\int\mathrm{e}^{\sqrt{x}}\mathrm{d}x&=\int\mathrm{e}^u\cdot2u\mathrm{d}u=2\int u\mathrm{e}^u\mathrm{d}u=2\int u\mathrm{d}(\mathrm{e}^u)\\&=2\left(u\mathrm{e}^u-\int\mathrm{e}^u\mathrm{d}u\right)=2(u\mathrm{e}^u-\mathrm{e}^u)+C\\&=2\mathrm{e}^u(u-1)+C=2\mathrm{e}^{\sqrt{x}}(\sqrt{x}-1)+C.\end{aligned}$$

例 31 求 $\int \frac{\arctan \mathrm{e}^x}{\mathrm{e}^{2x}}\mathrm{d}x$.

解

$$\begin{aligned}\int \frac{\arctan \mathrm{e}^x}{\mathrm{e}^{2x}}\mathrm{d}x &= -\frac{1}{2}\int \arctan \mathrm{e}^x \mathrm{d}(\mathrm{e}^{-2x})\\ &= -\frac{1}{2}\left[\mathrm{e}^{-2x}\arctan \mathrm{e}^x - \int \frac{\mathrm{e}^x\mathrm{d}x}{\mathrm{e}^{2x}(1+\mathrm{e}^{2x})}\right]\\ &= -\frac{1}{2}\left[\mathrm{e}^{-2x}\arctan \mathrm{e}^x - \int \left(\frac{1}{\mathrm{e}^{2x}} - \frac{1}{1+\mathrm{e}^{2x}}\right)\mathrm{d}(\mathrm{e}^x)\right]\\ &= -\frac{1}{2}(\mathrm{e}^{-2x}\arctan \mathrm{e}^x + \mathrm{e}^{-x} + \arctan \mathrm{e}^x) + C.\end{aligned}$$

例 32 求 $\int \frac{x\mathrm{e}^x}{\sqrt{\mathrm{e}^x-1}}\mathrm{d}x$.

解

$$\begin{aligned}\int \frac{x\mathrm{e}^x}{\sqrt{\mathrm{e}^x-1}}\mathrm{d}x &= \int \frac{x\mathrm{d}(\mathrm{e}^x-1)}{\sqrt{\mathrm{e}^x-1}} = 2\int x\mathrm{d}\sqrt{\mathrm{e}^x-1}\\ &= 2\Big(x\sqrt{\mathrm{e}^x-1} - \int \sqrt{\mathrm{e}^x-1}\mathrm{d}x\Big).\end{aligned}$$

令 $u=\sqrt{\mathrm{e}^x-1}$, $\mathrm{d}x = \frac{2u}{u^2+1}\mathrm{d}u$, 则

$$\begin{aligned}\int \sqrt{\mathrm{e}^x-1}\mathrm{d}x &= 2\int \frac{u^2\mathrm{d}u}{u^2+1} = 2(u-\arctan u)+C\\ &= 2(\sqrt{\mathrm{e}^x-1} - \arctan\sqrt{\mathrm{e}^x-1})+C,\end{aligned}$$

从而

$$\int \frac{x\mathrm{e}^x}{\sqrt{\mathrm{e}^x-1}}\mathrm{d}x = 2x\sqrt{\mathrm{e}^x-1} - 4\sqrt{\mathrm{e}^x-1} + 4\arctan\sqrt{\mathrm{e}^x-1}+C.$$

3.3.4 有理函数的不定积分

设 $P(x)$ 和 $Q(x)$ 是两个实系数多项式. $R(x)=P(x)/Q(x)$ 称为**有理函数**. 当 $P(x)$ 的次数小于 $Q(x)$ 的次数时, $R(x)$ 称为**真分式**; 否则,$R(x)$ 称为**假分式**. 一般地, 一个有理函数总可以表示成一个多项式和一个真分式之和. 我们已经会求多项式的积分, 因此, 现在的主要问题是如何求真分式的积分.

第 1 步 数学上已证明: 多项式 $Q(x)$ 在实数范围内能分解成一次因式和二次素因式的乘积;

第 2 步 若在分母 $Q(x)$ 中含有因式 $(x-a)^n$, 则真分式的分解式中含有下列 n 个部分分式之和:

$$\frac{A_1}{x-a} + \frac{A_2}{(x-a)^2} + \cdots + \frac{A_n}{(x-a)^n};$$

第 3 步 若在分母 $Q(x)$ 中含有因式 $(x^2+px+q)^k (p^2-4q<0)$, 则真分式的分解式中含有下列 k 个部分分式之和:

$$\frac{M_1x+N_1}{x^2+px+q} + \frac{M_2x+N_2}{(x^2+px+q)^2} + \cdots + \frac{M_kx+N_k}{(x^2+px+q)^k};$$

第 4 步 由此可见, 真分式分解成部分分式后, 只出现下面四种类型的最简分式:

$$(1)\ \frac{A}{x-a},\quad (2)\ \frac{A}{(x-a)^n},\quad (3)\ \frac{Mx+N}{x^2+px+q},\quad (4)\ \frac{Mx+N}{(x^2+px+q)^n},$$

其中系数 A, M, N 可用待定系数法确定, 而上面的最简分式的积分都可以求得.

综合上述: **所有有理函数的不定积分都可以求出, 即有理函数的原函数都是初等函数.**

例如,

$$\begin{aligned}&\frac{2x^2+x-1}{x^2(x-1)(x+2)^2(x^2+x+1)^2}\\ =&\frac{A_1}{x}+\frac{A_2}{x^2}+\frac{B}{x-1}+\frac{C_1}{x+2}+\frac{C_2}{(x+2)^2}+\frac{M_1x+N_1}{x^2+x+1}+\frac{M_2x+N_2}{(x^2+x+1)^2},\end{aligned}$$

其中常数 $A_i, B, C_i, M_i, N_i, (i=1,2)$ 可用 "待定系数法" 确定.

例 33 将 $\dfrac{x+1}{x^2-4x+3}$ 分解成部分分式之和, 并求不定积分 $\displaystyle\int \frac{x+1}{x^2-4x+3}\mathrm{d}x$.

解 因为 $x^2-4x+3=(x-1)(x-3)$, 所以设

$$\frac{x+1}{x^2-4x+3}=\frac{A}{x-1}+\frac{B}{x-3},$$

通分后对比等式两端的分子, 得

$$x+1=A(x-3)+B(x-1).$$

可由两种方法得到系数:

(1) 以 $x=1$ 代入上式得 $A=-1$; 以 $x=3$ 代入上式得 $B=2$.

(2) 比较等式两端 x 项和常数项的系数, 得 $A+B=1, -3A-B=1$, 所以 $A=-1, B=2$, 则

$$\frac{x+1}{x^2-4x+3}=\frac{-1}{x-1}+\frac{2}{x-3},$$

于是

$$\int \frac{x+1}{x^2-4x+3}\mathrm{d}x=\int\left(\frac{-1}{x-1}+\frac{2}{x-3}\right)\mathrm{d}x=\ln\frac{(x-3)^2}{|x-1|}+C.$$

例 34 求 $\displaystyle\int \frac{x^4+x^3+3x^2-1}{(x^2+1)^2(x-1)}\mathrm{d}x$.

解

$$\frac{x^4+x^3+3x^2-1}{(x^2+1)^2(x-1)}=\frac{A}{x-1}+\frac{Bx+C}{x^2+1}+\frac{Dx+E}{(x^2+1)^2},$$

通分后对比等式两端的分子, 得

$$x^4+x^3+3x^2-1=A(x^2+1)^2+(Bx+C)(x-1)(x^2+1)+(Dx+E)(x-1).$$

以 $x=1$ 代入上式得 $A=1$; 以 $x=\mathrm{i}$ 代入上式得

$$-3-\mathrm{i}=(-D-E)+(E-D)\mathrm{i},$$

故 $D=2,E=1$. 比较等式两端 x^3 项和 x^4 项的系数, 得 $C=1$, $B=1-A=0$, 则

$$\frac{x^4+x^3+3x^2-1}{(x^2+1)^2(x-1)}=\frac{1}{x-1}+\frac{1}{x^2+1}+\frac{2x+1}{(x^2+1)^2},$$

于是

$$\begin{aligned}\int\frac{x^4+x^3+3x^2-1}{(x^2+1)^2(x-1)}\mathrm{d}x&=\int\left[\frac{1}{x-1}+\frac{1}{x^2+1}+\frac{2x+1}{(x^2+1)^2}\right]\mathrm{d}x\\&=\ln|x-1|+\arctan x+\int\frac{\mathrm{d}(x^2+1)}{(x^2+1)^2}+\int\frac{\mathrm{d}x}{(x^2+1)^2}\\&=\ln|x-1|+\frac{3}{2}\arctan x-\frac{1}{x^2+1}+\frac{x}{2(x^2+1)}+C.\end{aligned}$$

其中不定积分 $\int\frac{\mathrm{d}x}{(x^2+1)^2}$ 可用换元积分法 (正切变换) 求得:

$$\int\frac{\mathrm{d}x}{(x^2+1)^2}=\frac{\arctan x}{2}+\frac{x}{2(x^2+1)}+C.$$

例 35 求 $\int\frac{x-2}{x^2-x+1}\mathrm{d}x$.

解 被积函数的分母 x^2-x+1 是一个二次素因式, 分子是一个一次因式, 处理的方法是将分子分成两部分之和: 一部分是分母的导数乘一个常数, 另一部分是一个常数.

$$x-2=\frac{1}{2}(2x-1)-\frac{3}{2}=\frac{1}{2}(x^2-x+1)'-\frac{3}{2}.$$

$$\begin{aligned}\int\frac{x-2}{x^2-x+1}\mathrm{d}x&=\frac{1}{2}\int\frac{2x-1}{x^2-x+1}\mathrm{d}x-\frac{3}{2}\int\frac{1}{x^2-x+1}\mathrm{d}x\\&=\frac{1}{2}\int\frac{\mathrm{d}(x^2-x+1)}{x^2-x+1}-\frac{3}{2}\int\frac{\mathrm{d}x}{\left(\frac{\sqrt{3}}{2}\right)^2+\left(x-\frac{1}{2}\right)^2}\\&=\frac{1}{2}\ln|x^2-x+1|-\sqrt{3}\arctan\frac{2x-1}{\sqrt{3}}+C.\end{aligned}$$

在具体计算有理函数的积分时不必拘泥于上述方法, 而应该灵活处理.

例 36 求 $\int\frac{1}{1+x^3}\mathrm{d}x$.

解 令 $I(x)=\int\frac{1}{1+x^3}\mathrm{d}x$, $J(x)=\int\frac{x}{1+x^3}\mathrm{d}x$, 则

$$\begin{aligned}I(x)+J(x)&=\int\frac{1+x}{1+x^3}\mathrm{d}x=\int\frac{1}{x^2-x+1}\mathrm{d}x=\frac{2}{\sqrt{3}}\arctan\frac{2x-1}{\sqrt{3}}+C,\\I(x)-J(x)&=\int\frac{1-x}{1+x^3}\mathrm{d}x=\int\frac{1-x+x^2-x^2}{(1+x)(x^2-x+1)}\mathrm{d}x\\&=\int\frac{1}{1+x}\mathrm{d}x-\int\frac{x^2}{1+x^3}\mathrm{d}x=\ln|1+x|-\frac{1}{3}\ln|1+x^3|+C.\end{aligned}$$

于是

$$I(x)=\frac{1}{\sqrt{3}}\arctan\frac{2x-1}{\sqrt{3}}+\frac{1}{2}\ln|1+x|-\frac{1}{6}\ln|1+x^3|+C.$$

有一些不定积分通过换元积分法可以转化为有理函数的积分, 例如, 当被积函数是**三角函数有理式**时, 即被积函数是由正弦函数和余弦函数经过有限次四则运算构成的函数, 记为 $R(\sin x,\cos x)$.

令 $t=\tan\frac{x}{2}$, 则 $\mathrm{d}x=\frac{2}{1+t^2}\mathrm{d}t$, 又由如下万能公式:

$$\sin x=2\sin\frac{x}{2}\cos\frac{x}{2}=\frac{2\tan\frac{x}{2}}{1+\tan^2\frac{x}{2}}=\frac{2t}{1+t^2},$$

$$\cos x=\cos^2\frac{x}{2}-\sin^2\frac{x}{2}=\frac{1-\tan^2\frac{x}{2}}{1+\tan^2\frac{x}{2}}=\frac{1-t^2}{1+t^2},$$

从而

$$\int R(\sin x,\cos x)\mathrm{d}x=\int R\left(\frac{2t}{1+t^2},\frac{1-t^2}{1+t^2}\right)\frac{2}{1+t^2}\mathrm{d}t.$$

代换 $t=\tan\frac{x}{2}$ 称为**半角代换**.

例 37　求 $\int\frac{\mathrm{d}x}{\sin x(1+\cos x)}$.

解　令 $t=\tan\frac{x}{2}$, 则

$$\begin{aligned}\int\frac{\mathrm{d}x}{\sin x(1+\cos x)}&=\frac{1}{2}\int\left(t+\frac{1}{t}\right)\mathrm{d}t=\frac{1}{4}t^2+\frac{1}{2}\ln|t|+C\\&=\frac{1}{4}\tan^2\left(\frac{x}{2}\right)+\frac{1}{2}\ln\left|\tan\frac{x}{2}\right|+C.\end{aligned}$$

应当指出, 有些三角函数有理式的不定积分用半角代换计算并不便捷, 采用其他方法反而简便.

例 38　求 $\int\frac{1}{1+\cos^2 x}\mathrm{d}x$.

解

$$\begin{aligned}\int\frac{1}{1+\cos^2 x}\mathrm{d}x&=\int\frac{\mathrm{d}x}{\cos^2 x(\sec^2 x+1)}\\&=\int\frac{1}{2+\tan^2 x}\mathrm{d}(\tan x)\\&=\frac{1}{\sqrt{2}}\arctan\frac{\tan x}{\sqrt{2}}+C.\end{aligned}$$

最后说明一下, 连续函数的原函数未必都是初等函数, 例如,

$$\int\frac{\sin x}{x}\mathrm{d}x,\ \int\frac{\cos x}{x}\mathrm{d}x,\ \int\mathrm{e}^{-x^2}\mathrm{d}x,\ \int\sin x^2\mathrm{d}x,$$

$$\int\sqrt{1+x^3}\mathrm{d}x,\ \int\frac{1}{\ln x}\mathrm{d}x,\ \int\sqrt{1-k\sin^2 x}\mathrm{d}x(0<k<1)$$

均不是初等函数.

习 题 3.3

1. 求下列不定积分:

(1) $\int\left(x\sqrt{x}+\frac{2}{\sqrt{x}}\right)\mathrm{d}x$;

(2) $\int \mathrm{e}^{x}\left(1-\frac{\mathrm{e}^{-x}}{x^{2}}\right)\mathrm{d}x$;

(3) $\int\frac{\cos 2x}{\cos x+\sin x}\mathrm{d}x$;

(4) $\int\frac{\cos 2x}{\cos^{2}x\cdot\sin^{2}x}\mathrm{d}x$;

(5) $\int\sin^{2}\frac{x}{2}\mathrm{d}x$;

(6) $\int\frac{1}{1+\cos 2x}\mathrm{d}x$;

(7) $\int\frac{1}{x^{2}(1+x^{2})}\mathrm{d}x$;

(8) $\int\frac{2+x^{2}}{1+x^{2}}\mathrm{d}x$.

2. 求下列不定积分:

(1) $\int\frac{x}{1+2x^{2}}\mathrm{d}x$;

(2) $\int\frac{\mathrm{e}^{x}}{1+\mathrm{e}^{x}}\mathrm{d}x$;

(3) $\int\frac{x}{\sqrt{4-x^{2}}}\mathrm{d}x$;

(4) $\int\frac{1}{1+4x^{2}}\mathrm{d}x$;

(5) $\int\frac{1}{x^{2}}\cos\frac{1}{x}\mathrm{d}x$;

(6) $\int\frac{\sec^{2}\sqrt{x}}{\sqrt{x}}\mathrm{d}x$;

(7) $\int\frac{\sqrt{1+2\ln x}}{x}\mathrm{d}x$;

(8) $\int\sin 3x\sin x\mathrm{d}x$.

3. 求下列不定积分:

(1) $\int\tan x\sec^{5}x\mathrm{d}x$;

(2) $\int\frac{\mathrm{d}x}{\cos^{2}x\sqrt{\tan x}}$;

(3) $\int\frac{1+\cos x}{\sin^{2}x}\mathrm{d}x$;

(4) $\int\frac{\cos x-\sin x}{\sin x+\cos x}\mathrm{d}x$;

(5) $\int\frac{\mathrm{e}^{x}+\sin x}{(\mathrm{e}^{x}-\cos x)^{2}}\mathrm{d}x$;

(6) $\int\frac{\sin^{2}x\cos x}{1+\sin^{2}x}\mathrm{d}x$;

(7) $\int\frac{\sin 2x}{1+\sin^{4}x}\mathrm{d}x$;

(8) $\int\frac{x^{3}}{(a^{2}+x^{2})^{3/2}}\mathrm{d}x$.

4. 求下列不定积分:

(1) $\int\frac{\mathrm{d}x}{3+\sqrt{x}}$;

(2) $\int\frac{x\mathrm{d}x}{\sqrt{3+4x}}$;

(3) $\int\frac{\sqrt{1+\sqrt{x}}}{\sqrt{x}}\mathrm{d}x$;

(4) $\int\frac{\sqrt{x}}{1+\sqrt[4]{x^{3}}}\mathrm{d}x$;

(5) $\int\frac{\mathrm{d}x}{(4-x^{2})^{3/2}}$;

(6) $\int\frac{x^{2}}{\sqrt{9-x^{2}}}\mathrm{d}x$;

(7) $\int\frac{\mathrm{d}x}{x\sqrt{25-x^{2}}}$;

(8) $\int\frac{\mathrm{d}x}{x^{2}\sqrt{x^{2}-9}}$;

(9) $\int\frac{\sqrt{x^{2}-9}}{x}\mathrm{d}x$;

(10) $\int\frac{\mathrm{d}x}{\sqrt{1+\mathrm{e}^{x}}}$.

5. 求下列不定积分:

(1) $\displaystyle\int \frac{\mathrm{d}x}{\sqrt{x}+\sqrt[4]{x}}$;　　(2) $\displaystyle\int \frac{\mathrm{d}x}{\sqrt{3+2x-x^2}}$;

(3) $\displaystyle\int \frac{2x+1}{\sqrt{x^2+x+1}}\mathrm{d}x$;　　(4) $\displaystyle\int \sqrt{x^2+2x+5}\mathrm{d}x$;

(5) $\displaystyle\int \frac{\mathrm{d}x}{1+\sqrt{x^2+2x+2}}$;　　(6) $\displaystyle\int \frac{x}{1+\sqrt{1+x^2}}\mathrm{d}x$.

6. 求下列不定积分 $\left(\text{先使用倒代换 } x=\dfrac{1}{t}\right)$:

(1) $\displaystyle\int \frac{\mathrm{d}x}{x\sqrt{3x^2+4x+1}}$;　　(2) $\displaystyle\int \frac{\mathrm{d}x}{x\sqrt{3x^2-2x-1}}$.

7. 求下列不定积分:

(1) $\displaystyle\int x\mathrm{e}^{-x}\mathrm{d}x$;　　(2) $\displaystyle\int x\sin 2x\mathrm{d}x$;

(3) $\displaystyle\int (x^2+1)\ln x\mathrm{d}x$;　　(4) $\displaystyle\int \arccos x\mathrm{d}x$;

(5) $\displaystyle\int x\sec^2 x\mathrm{d}x$;　　(6) $\displaystyle\int \frac{\arctan x}{x^2}\mathrm{d}x$;

(7) $\displaystyle\int \frac{\ln x}{x^3}\mathrm{d}x$;　　(8) $\displaystyle\int \ln(x+\sqrt{1+x^2})\mathrm{d}x$;

(9) $\displaystyle\int \sec^3 x\mathrm{d}x$;　　(10) $\displaystyle\int \arcsin^2 x\mathrm{d}x$;

(11) $\displaystyle\int \sin x\ln\tan x\mathrm{d}x$;　　(12) $\displaystyle\int x^2\arctan x\mathrm{d}x$.

8. 求下列不定积分:

(1) $\displaystyle\int \mathrm{e}^x\sin^2 x\mathrm{d}x$;　　(2) $\displaystyle\int \sqrt{x}\ln^2 x\mathrm{d}x$;

(3) $\displaystyle\int \arctan\sqrt{x}\mathrm{d}x$;　　(4) $\displaystyle\int \mathrm{e}^{\sqrt{x-1}}\mathrm{d}x$;

(5) $\displaystyle\int \frac{\ln x}{\sqrt{x}}\mathrm{d}x$;　　(6) $\displaystyle\int x\cos^3 x\mathrm{d}x$;

(7) $\displaystyle\int \frac{x^2\arctan x}{1+x^2}\mathrm{d}x$;　　(8) $\displaystyle\int \frac{x\ln(x+\sqrt{1+x^2})}{\sqrt{1+x^2}}\mathrm{d}x$;

(9) $\displaystyle\int \frac{x\mathrm{e}^x}{(1+x)^2}\mathrm{d}x$;　　(10) $\displaystyle\int \frac{x^2\mathrm{e}^x}{(x+2)^2}\mathrm{d}x$.

9. 利用分部积分法证明下列递推公式:

(1) 设 $I_n=\displaystyle\int \sin^n x\mathrm{d}x$　(n 为正整数), 则

$$I_n=-\frac{1}{n}\sin^{n-1}x\cos x+\frac{n-1}{n}I_{n-2}\quad(n\geqslant 2);$$

(2) 设 $I_n=\displaystyle\int \tan^n x\mathrm{d}x$　(n 为正整数), 则

$$I_n=\frac{1}{n-1}\tan^{n-1}x-I_{n-2}\quad(n\geqslant 2).$$

10. 求下列不定积分:

(1) $\int \frac{\mathrm{d}x}{4-x^2}$;　　(2) $\int \frac{x^3}{x+3}\mathrm{d}x$;

(3) $\int \frac{2x+1}{x^2-1}\mathrm{d}x$;　　(4) $\int \frac{\mathrm{d}x}{(a-x)(x-b)}$;

(5) $\int \frac{2x+5}{x^2+4x+5}\mathrm{d}x$;　　(6) $\int \frac{1+2x^2}{x^2(1+x^2)}\mathrm{d}x$.

11. 求下列不定积分:

(1) $\int \frac{\mathrm{d}x}{4-5\sin x}$;　　(2) $\int \frac{\mathrm{d}x}{\sin x+\tan x}$.

12. 求下列不定积分:

(1) $\int \frac{\mathrm{d}x}{3+\sin^2 x}$;　　(2) $\int \frac{\mathrm{d}x}{\tan^2 x+\sin^2 x}$.

§3.4 定积分的换元积分法和分部积分法

按照 Newton–Leibniz 公式, 计算连续函数 f 的定积分 $\int_b^a f(x)\mathrm{d}x$ 分成两步:

(1) 求出 f 在 $[a,b]$ 上的不定积分 $\int f(x)\mathrm{d}x = F(x)+C$;

(2) 计算 $F(b)-F(a)$.

在第 (1) 步中, 要通过复杂的演算才能获得 f 在 $[a,b]$ 上的一个原函数 F, 因此, 把计算定积分 $\int_a^b f(x)\mathrm{d}x$ 分成以上两步是比较麻烦的. 下面我们介绍定积分的换元积分法和分部积分法, 使用这两种方法往往可以简化定积分的计算.

3.4.1 定积分的换元积分法

定理 1 (定积分的换元法) 设 φ 在 $[\alpha,\beta]$ (或 $[\beta,\alpha]$) 上有连续的导数且满足

(1) $\varphi(\alpha)=a, \varphi(\beta)=b$;

(2) φ 的值域为 $[a,b]$,

如果 f 在 $[a,b]$ 上连续, 则

$$\int_a^b f(x)\mathrm{d}x = \int_\alpha^\beta f[\varphi(t)]\varphi'(t)\mathrm{d}t.$$

证 设 F 是 f 在 $[a,b]$ 上的一个原函数, 则 $F[\varphi(t)]$ 是 $f[\varphi(t)]\varphi'(t)$ 在 $[\alpha,\beta]$ 上的一个原函数. 根据 Newton–Leibniz 公式得

$$\int_a^b f(x)\mathrm{d}x = F(b)-F(a) = F[\varphi(\beta)]-F[\varphi(\alpha)] = \int_\alpha^\beta f[\varphi(t)]\varphi'(t)\mathrm{d}t.$$

定理中的公式在形式上相当于不定积分的第二换元法的公式, 但它不需要将变量还原.

例 1 求 $\int_0^a \sqrt{a^2-x^2}\mathrm{d}x\ (a>0)$.

解 设 $x=a\sin t$, 则

$$\int_0^a \sqrt{a^2-x^2}\mathrm{d}x=\int_0^{\frac{\pi}{2}} a^2\cos^2 t\mathrm{d}t=\frac{a^2}{2}\int_0^{\frac{\pi}{2}}(1+\cos 2t)\mathrm{d}t$$
$$=\frac{a^2}{2}\left(t+\frac{1}{2}\sin 2t\right)\Big|_0^{\frac{\pi}{2}}=\frac{\pi}{4}a^2.$$

例 2 求 $\int_0^4 \frac{x+2}{\sqrt{2x+1}}\mathrm{d}x$.

解 令 $t=\sqrt{2x+1}$, 则 $x=\frac{1}{2}(t^2-1)$, $\mathrm{d}x=t\mathrm{d}t$, 于是

$$\int_0^4 \frac{x+2}{\sqrt{2x+1}}\mathrm{d}x=\int_1^3 \frac{\frac{t^2-1}{2}+2}{t}t\mathrm{d}t$$
$$=\frac{1}{2}\int_1^3(t^2+3)\mathrm{d}t=\frac{1}{2}\left(\frac{t^3}{3}+3t\right)\Big|_1^3=\frac{22}{3}.$$

例 3 求 $\int_0^2 \frac{x}{\sqrt{1+x^2}}\mathrm{d}x$.

解
$$\int_0^2 \frac{x}{\sqrt{1+x^2}}\mathrm{d}x=\frac{1}{2}\int_0^2(1+x^2)^{-\frac{1}{2}}\mathrm{d}(1+x^2)$$
$$=(1+x^2)^{\frac{1}{2}}\Big|_0^2=\sqrt{5}-1.$$

例 4 求 $\int_0^{\frac{\pi}{2}} \cos^3 x\sin x\mathrm{d}x$.

解
$$\int_0^{\frac{\pi}{2}} \cos^3 x\sin x\mathrm{d}x=-\int_0^{\frac{\pi}{2}}\cos^3 x\mathrm{d}(\cos x)=-\left(\frac{1}{4}\cos^4 x\right)\Big|_0^{\frac{\pi}{2}}=\frac{1}{4}.$$

例 5 求 $\int_{\ln 2}^1 \frac{\mathrm{d}x}{\sqrt{\mathrm{e}^x-1}}$.

解 令 $u=\sqrt{\mathrm{e}^x-1}$, $x=\ln(1+u^2)$, $\mathrm{d}x=\frac{2u}{1+u^2}\mathrm{d}u$, 则

$$\int_{\ln 2}^1 \frac{\mathrm{d}x}{\sqrt{\mathrm{e}^x-1}}=\int_1^{\sqrt{\mathrm{e}-1}}\frac{2u}{u(1+u^2)}\mathrm{d}u$$
$$=2\int_1^{\sqrt{\mathrm{e}-1}}\frac{\mathrm{d}u}{1+u^2}=2\arctan u\Big|_1^{\sqrt{\mathrm{e}-1}}$$
$$=2\arctan\sqrt{\mathrm{e}-1}-\frac{\pi}{2}.$$

例 6 试证 $\int_0^{\frac{\pi}{2}} f(\sin x)\mathrm{d}x=\int_0^{\frac{\pi}{2}} f(\cos x)\mathrm{d}x$.

证 令 $x=\frac{\pi}{2}-t$, 则

$$\begin{aligned}\int_0^{\frac{\pi}{2}} f(\sin x)\mathrm{d}x &= \int_{\frac{\pi}{2}}^0 f\left[\sin\left(\frac{\pi}{2}-t\right)\right]\cdot(-1)\mathrm{d}t\\ &= \int_0^{\frac{\pi}{2}} f(\cos t)\mathrm{d}t = \int_0^{\frac{\pi}{2}} f(\cos x)\mathrm{d}x.\end{aligned}$$

例 7 设 f 在 $[-a,a]$ 上连续, 试证:

(1) $\int_{-a}^{a} f(x)\mathrm{d}x = \int_0^a [f(-x)+f(x)]\mathrm{d}x$;

(2) 当 f 是偶函数时, $\int_{-a}^{a} f(x)\mathrm{d}x = 2\int_0^a f(x)\mathrm{d}x$;

(3) 当 f 是奇函数时, $\int_{-a}^{a} f(x)\mathrm{d}x = 0$.

证 首先由定积分的区间可加性得

$$\int_{-a}^{a} f(x)\mathrm{d}x = \int_{-a}^{0} f(x)\mathrm{d}x + \int_0^a f(x)\mathrm{d}x.$$

令 $x=-t$, 则

$$\int_{-a}^{0} f(x)\mathrm{d}x = -\int_{a}^{0} f(-t)\mathrm{d}t = \int_0^a f(-t)\mathrm{d}t = \int_0^a f(-x)\mathrm{d}x.$$

故

$$\int_{-a}^{a} f(x)\mathrm{d}x = \int_0^a [f(-x)+f(x)]\mathrm{d}x.$$

当 f 是偶函数时, $f(-x)=f(x)$, 从而

$$\int_{-a}^{a} f(x)\mathrm{d}x = 2\int_0^a f(x)\mathrm{d}x;$$

当 f 是奇函数时, $f(-x)=-f(x)$, 从而

$$\int_{-a}^{a} f(x)\mathrm{d}x = 0.$$

例 8 求 $\int_{-1}^{1}\left(\frac{\sin^3 x}{1+x^2}+\sqrt{1-x^2}\right)\mathrm{d}x$.

解 令 $f(x)=\frac{\sin^3 x}{1+x^2}$, $g(x)=\sqrt{1-x^2}$. f 是 $(-1,1)$ 上的奇函数, g 是 $(-1,1)$ 上的偶函数, 则

$$\begin{aligned}&\int_{-1}^{1}\left(\frac{\sin^3 x}{1+x^2}+\sqrt{1-x^2}\right)\mathrm{d}x\\ =&\int_{-1}^{1}\frac{\sin^3 x}{1+x^2}\mathrm{d}x + 2\int_0^1 \sqrt{1-x^2}\mathrm{d}x\\ =&\,0+2\cdot\frac{\pi}{4}=\frac{\pi}{2}.\end{aligned}$$

例 9 设 f 在 $[0,1]$ 上连续, 试证

$$\int_0^{\pi} xf(\sin x)\mathrm{d}x = \frac{\pi}{2}\int_0^{\pi} f(\sin x)\mathrm{d}x,$$

并利用这个结果计算 $\displaystyle\int_0^{\pi}\frac{x\sin x}{1+\cos^2 x}\mathrm{d}x$.

解 令 $x=\pi-t$, 则

$$\begin{aligned}\int_0^{\pi} xf(\sin x)\mathrm{d}x &= \int_{\pi}^{0}(\pi-t)f[\sin(\pi-t)]\cdot(-1)\mathrm{d}t\\ &= \int_0^{\pi}(\pi-t)f(\sin t)\mathrm{d}t\\ &= \pi\int_0^{\pi} f(\sin t)\mathrm{d}t - \int_0^{\pi} tf(\sin t)\mathrm{d}t\\ &= \pi\int_0^{\pi} f(\sin x)\mathrm{d}x - \int_0^{\pi} xf(\sin x)\mathrm{d}x,\end{aligned}$$

故

$$\int_0^{\pi} xf(\sin x)\mathrm{d}x = \frac{\pi}{2}\int_0^{\pi} f(\sin x)\mathrm{d}x,$$

现在有

$$\begin{aligned}\int_0^{\pi}\frac{x\sin x}{1+\cos^2 x}\mathrm{d}x &= \frac{\pi}{2}\int_0^{\pi}\frac{\sin x}{1+\cos^2 x}\mathrm{d}x\\ &= -\frac{\pi}{2}\int_0^{\pi}\frac{1}{1+\cos^2 x}\mathrm{d}(\cos x)\\ &= -\frac{\pi}{2}\arctan(\cos x)\Big|_0^{\pi} = \frac{\pi^2}{4}.\end{aligned}$$

3.4.2 定积分的分部积分法

设函数 u, v 在 $[a,b]$ 上具有连续的一阶导数, 与不定积分的情形类似, 可以得到定积分的分部积分公式:

$$\int_a^b u(x)v'(x)\mathrm{d}x = u(x)v(x)\Big|_a^b - \int_a^b u'(x)v(x)\mathrm{d}x,$$

简记为

$$\int_a^b u\mathrm{d}v = uv\Big|_a^b - \int_a^b v\mathrm{d}u.$$

例 10 求 $\displaystyle\int_1^{\mathrm{e}} x^2\ln x\mathrm{d}x$.

解

$$\begin{aligned}\int_1^{\mathrm{e}} x^2\ln x\mathrm{d}x &= \frac{1}{3}\int_1^{\mathrm{e}}\ln x\mathrm{d}x^3\\ &= \frac{1}{3}x^3\ln x\Big|_1^{\mathrm{e}} - \frac{1}{3}\int_1^{\mathrm{e}} x^2\mathrm{d}x\\ &= \frac{1}{3}\mathrm{e}^3 - \frac{1}{9}x^3\Big|_1^{\mathrm{e}} = \frac{1}{9}(2\mathrm{e}^3+1).\end{aligned}$$

例 11 求 $\int_0^1 \frac{xe^x}{(1+x)^2}dx$.

解

$$\begin{aligned}\int_0^1 \frac{xe^x}{(1+x)^2}dx &= -\int_0^1 xe^x d\left(\frac{1}{1+x}\right)\\ &= -\frac{xe^x}{1+x}\bigg|_0^1 + \int_0^1 \frac{1}{1+x}(e^x + xe^x)dx\\ &= -\frac{e}{2} + \int_0^1 e^x dx = -\frac{e}{2} + e - 1 = \frac{e}{2} - 1.\end{aligned}$$

例 12 记 $I_n = \int_0^{\frac{\pi}{2}} \sin^n x dx$, $J_n = \int_0^{\frac{\pi}{2}} \cos^n x dx, n \in \mathbb{N}$ 且 $n > 1$. 证明 $I_n = J_n$, 且

$$I_n = \begin{cases} \frac{n-1}{n} \cdot \frac{n-3}{n-2} \cdot \cdots \cdot \frac{4}{5} \cdot \frac{2}{3} = \frac{(n-1)!!}{n!!}, & \text{当 } n \text{ 为奇数,} \\ \frac{n-1}{n} \cdot \frac{n-3}{n-2} \cdot \cdots \cdot \frac{3}{4} \cdot \frac{1}{2} \cdot \frac{\pi}{2} = \frac{(n-1)!!}{n!!} \cdot \frac{\pi}{2}, & \text{当 } n \text{ 为偶数.} \end{cases}$$

证 由例 6, 得 $I_n = J_n$, 且

$$I_0 = \int_0^{\frac{\pi}{2}} dx = \frac{\pi}{2}, I_1 = \int_0^{\frac{\pi}{2}} \sin x dx = 1,$$

当 $n \geqslant 2$ 时, 由分部积分公式得

$$\begin{aligned}I_n &= \int_0^{\frac{\pi}{2}} \sin^{n-1} x d(-\cos x)\\ &= (-\cos x \sin^{n-1} x)\bigg|_0^{\frac{\pi}{2}} + (n-1)\int_0^{\frac{\pi}{2}} \sin^{n-2} x \cos^2 x dx\\ &= (n-1)\int_0^{\frac{\pi}{2}} \sin^{n-2} x \cdot (1 - \sin^2 x)dx\\ &= (n-1)I_{n-2} - (n-1)I_n,\end{aligned}$$

故得递推公式

$$I_n = \frac{n-1}{n}I_{n-2} \quad (n \geqslant 2).$$

当 n 是奇数时,

$$\begin{aligned}I_n &= \frac{n-1}{n}I_{n-2} = \frac{n-1}{n} \cdot \frac{n-3}{n-2}I_{n-4} = \cdots\\ &= \frac{n-1}{n} \cdot \frac{n-3}{n-2} \cdot \cdots \cdot \frac{4}{5} \cdot \frac{2}{3}I_1 = \frac{(n-1)!!}{n!!},\end{aligned}$$

当 n 是偶数时,

$$\begin{aligned}I_n &= \frac{n-1}{n}I_{n-2} = \frac{n-1}{n} \cdot \frac{n-3}{n-2}I_{n-4} = \cdots\\ &= \frac{n-1}{n} \cdot \frac{n-3}{n-2} \cdot \cdots \cdot \frac{3}{4} \cdot \frac{1}{2}I_0 = \frac{(n-1)!!}{n!!} \cdot \frac{\pi}{2}.\end{aligned}$$

例 13　求 $\int_{-\pi}^{\pi}\cos^8\frac{x}{2}\mathrm{d}x$.

解　令 $x=2t$, 则

$$\int_{-\pi}^{\pi}\cos^8\frac{x}{2}\mathrm{d}x=2\int_{-\frac{\pi}{2}}^{\frac{\pi}{2}}\cos^8 t\mathrm{d}t=4\int_{0}^{\frac{\pi}{2}}\cos^8 t\mathrm{d}t=4\cdot\frac{7!!}{8!!}\cdot\frac{\pi}{2}=\frac{35\pi}{64}.$$

例 14　试证

$$\frac{1}{3\mathrm{e}^{10}}<\int_0^{10}\frac{\mathrm{e}^{-x}}{20+x}\mathrm{d}x<\frac{1}{20}-\frac{1}{30\mathrm{e}^{10}}.$$

证　令 $f(x)=\frac{\mathrm{e}^{-x}}{20+x}$, 则

$$f'(x)=-\frac{\mathrm{e}^{-x}(21+x)}{(20+x)^2}<0\ (0<x<10),$$

故

$$\min_{0\leqslant x\leqslant 10}f(x)=f(10)=\frac{1}{30\mathrm{e}^{10}}.$$

因为 $f(x)\not\equiv f(10)$, 所以

$$\int_0^{10}\frac{\mathrm{e}^{-x}}{20+x}\mathrm{d}x>\int_0^{10}f(10)\mathrm{d}x=\frac{1}{3\mathrm{e}^{10}},$$

分部积分得

$$\int_0^{10}\frac{\mathrm{e}^{-x}}{20+x}\mathrm{d}x=-\left(\frac{\mathrm{e}^{-x}}{20+x}\right)\Big|_0^{10}-\int_0^{10}\frac{\mathrm{e}^{-x}}{(20+x)^2}\mathrm{d}x,$$

因为 $\frac{\mathrm{e}^{-x}}{(20+x)^2}>0$, 所以 $\int_0^{10}\frac{\mathrm{e}^{-x}}{(20+x)^2}\mathrm{d}x>0$, 故

$$\int_0^{10}\frac{\mathrm{e}^{-x}}{20+x}\mathrm{d}x<-\left(\frac{\mathrm{e}^{-x}}{20+x}\right)\Big|_0^{10}=\frac{1}{20}-\frac{1}{30\mathrm{e}^{10}}.$$

习　题　3.4

1. 求下列定积分:

(1) $\int_0^{16}\frac{\mathrm{d}x}{\sqrt{x+9}-\sqrt{x}}$;　　(2) $\int_0^{a}x^2\sqrt{a^2-x^2}\mathrm{d}x$;

(3) $\int_1^{\mathrm{e}^3}\frac{\mathrm{d}x}{x\sqrt{1+\ln x}}$;　　(4) $\int_0^{1}\frac{\mathrm{d}x}{1+\mathrm{e}^x}$;

(5) $\int_{-3}^{-2}\frac{\mathrm{d}x}{x^2\sqrt{x^2-1}}$;　　(6) $\int_{-\frac{\pi}{2}}^{\frac{\pi}{2}}(\cos^4 x-\sin^7 x)\mathrm{d}x$;

(7) $\int_{-1}^{1}(x^2+\tan x)\sqrt{1-x^2}\mathrm{d}x$;　　(8) $\int_0^{\pi}\sqrt{\sin x-\sin^3 x}\mathrm{d}x$;

(9) $\int_0^{\pi}|\cos x|\sqrt{1+\sin^2 x}\mathrm{d}x$;　　(10) $\int_0^{2a}x\sqrt{a^2-(a-x)^2}\mathrm{d}x$.

2. 求下列定积分:

(1) $\int_0^{\ln 2} x\mathrm{e}^{-x}\mathrm{d}x$;　　(2) $\int_0^1 \arccos x\mathrm{d}x$;

(3) $\int_0^a \ln(x+\sqrt{a^2+x^2})\mathrm{d}x$;　　(4) $\int_{\frac{\pi}{4}}^{\frac{\pi}{3}} \frac{x}{\sin^2 x}\mathrm{d}x$;

(5) $\int_0^1 \frac{x\arctan x}{(1+x^2)^3}\mathrm{d}x$;　　(6) $\int_{-\frac{\pi}{4}}^{\frac{\pi}{4}} \cos^7(2x)\mathrm{d}x$;

(7) $\int_0^{n\pi} \sin^6 \frac{x}{2n}\mathrm{d}x$;　　(8) $\int_{-a}^{a} x^3\sqrt{a^2-x^2}\mathrm{d}x$;

(9) $\int_{-\frac{\pi}{2}}^{\frac{\pi}{2}} \cos x\sqrt{1-\cos^2 x}\mathrm{d}x$;　　(10) $\int_{-2}^{2} (x+|x|)\mathrm{e}^{-|x|}\mathrm{d}x$.

3. 如果 $\int_x^{2\ln 2} \frac{\mathrm{d}t}{\sqrt{\mathrm{e}^t-1}} = \frac{\pi}{6}$, 求 x 的值.

4. 设 $f(x)$ 有连续导数且 $F(x)=\int_0^x f(t)f'(2a-t)\mathrm{d}t$, 试证:

$$F(2a)-2F(a)=f^2(a)-f(0)f(2a).$$

5. 证明不等式:

(1) $\int_{-a}^{a} f(x)\mathrm{d}x = \int_0^a [f(x)+f(x-a)]\mathrm{d}x$;

(2) $\int_0^1 x^m(1-x)^n\mathrm{d}x = \int_0^1 x^n(1-x)^m\mathrm{d}x \quad (n>0, m>0)$.

6. 已知 $f(\pi)=2$ 且 $\int_0^{\pi} [f(x)+f''(x)]\sin x\mathrm{d}x = 5$, 求 $f(0)$.

7. 设 $f(x)$ 连续, 试证

$$\int_0^x \left[\int_0^t f(u)\mathrm{d}u\right]\mathrm{d}t = \int_0^x f(t)(x-t)\mathrm{d}t.$$

8. 设 $f(x)=\int_1^x \frac{\ln t}{t+1}\mathrm{d}t\ (x>0)$, 计算 $f(x)+f\left(\frac{1}{x}\right)$.

§3.5 定积分的应用

前面我们介绍了定积分的基本理论和计算方法, 本节将应用这些知识来分析和解决一些实际问题.

3.5.1 微元法

回顾 3.1.1 节中曲边梯形的面积问题以及变速直线运动的路程问题, 我们看到一个可以用定积分表示的量 Q 应满足如下两个条件:

(1) Q 与一个给定的区间 $[a,b]$ 有关;

(2) Q 对区间 $[a,b]$ 具有可加性, 即若将区间 $[a,b]$ 分割成一些小区间

$$[x_0,x_1],[x_1,x_2],\cdots,[x_{n-1},x_n] \quad (x_0=a,x_n=b),$$

则 $Q=\sum\limits_{i=1}^{n}\Delta Q_i$, 其中 ΔQ_i 是 Q 的对应于小区间 $[x_{i-1},x_i]$ 的部分量.

在具体问题中, 通常用 $[x,x+\mathrm{d}x]$ 表示 $[a,b]$ 的任一个小区间, 而用 ΔQ 表示 Q 的对应于小区间 $[x,x+\mathrm{d}x]$ 的部分量. 具体将 Q 表示成一个定积分的步骤如下:

(1) 求出相应于 $[x,x+\mathrm{d}x]$ 的部分量 ΔQ 的近似值 $\mathrm{d}Q$. 若 $\Delta Q\approx f(x)\mathrm{d}x$, 且当 $\mathrm{d}x\to 0$ 时, $\Delta Q-f(x)\mathrm{d}x$ 是 $\mathrm{d}x$ 的高阶无穷小量, 则称 $f(x)\mathrm{d}x$ 为 Q 的**微元**, 记为 $\mathrm{d}Q$, 即

$$\mathrm{d}Q=f(x)\mathrm{d}x;$$

(2) 以微元 $f(x)\mathrm{d}x$ 为被积表达式在区间 $[a,b]$ 上积分, 即得所求量的积分表达式

$$Q=\int_a^b f(x)\mathrm{d}x.$$

以上概括的方法就是**微元法**, 下面我们用微元法来解决一些几何、物理方面的实际问题.

3.5.2 面积

设 f,g 都是 $[a,b]$ 上的连续函数, 且 $f(x)\geqslant g(x)$. 那么, 如何计算由直线 $x=a,x=b$ 和曲线 $y=f(x),y=g(x)$ 所围成图形 (如图 3.7) 的面积 A 呢?

将区间 $[a,b]$ 任意分割成若干个小区间. 设 $[x,x+\mathrm{d}x]$ 是 $[a,b]$ 上的代表性小区间, 对应的小曲边梯形的面积记为 ΔA, 则

$$\Delta A\approx \mathrm{d}A=[f(x)-g(x)]\mathrm{d}x,$$

$$|\Delta A-[f(x)-g(x)]\mathrm{d}x|\leqslant[\max_{[x,x+\mathrm{d}x]}(f-g)-\min_{[x,x+\mathrm{d}x]}(f-g)]\mathrm{d}x,$$

且当 $\mathrm{d}x\to 0$ 时, $[\max\limits_{[x,x+\mathrm{d}x]}(f-g)-\min\limits_{[x,x+\mathrm{d}x]}(f-g)]\to 0$. 因此

$$|\Delta A-[f(x)-g(x)]\mathrm{d}x|=o(\mathrm{d}x),$$

根据微元法得到所求面积为

$$A=\int_a^b[f(x)-g(x)]\mathrm{d}x.$$

类似地, 如果 φ,ψ 是 $[c,d]$ 上的连续函数, 且 $\varphi(y)\geqslant\psi(y)$, 则由直线 $y=c,y=d$ 和曲线 $x=\varphi(y),x=\psi(y)$ 所围成图形 (如图 3.8) 的面积为

$$A=\int_c^d[\varphi(y)-\psi(y)]\mathrm{d}y.$$

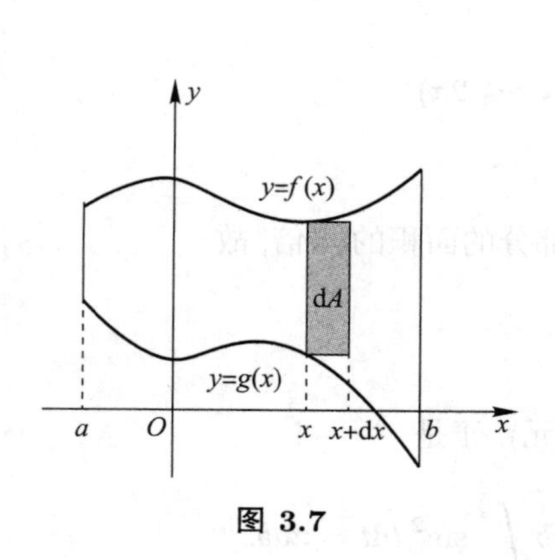

图 3.7

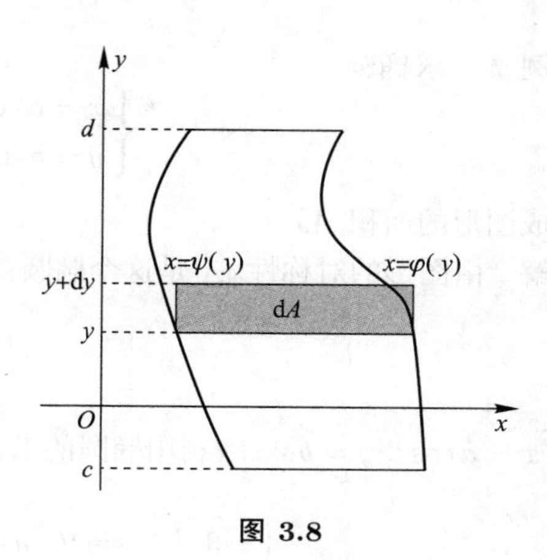

图 3.8

例 1 求由抛物线 $y=x^2$ 和直线 $y=2x-1$ 及 x 轴所围成图形的面积 A.

解 抛物线 $y=x^2$ 和直线 $y=2x-1$ 的交点为 $A(1,1)$.

法一 选 x 为积分变量, 如图 3.9(a), 它的变化区间是 $[0,1]$. 此时我们需要将要求面积的图形区域分为两部分: 一部分区域由 x 轴、抛物线以及 $x=\dfrac{1}{2}$ 围成; 另一部分区域由抛物线 $y=x^2$、直线 $y=2x-1$ 以及 $x=\dfrac{1}{2}$ 围成. 故所求面积为

$$\begin{aligned}A&=\int_0^{\frac{1}{2}}x^2\mathrm{d}x+\int_{\frac{1}{2}}^1[x^2-(2x-1)]\mathrm{d}x\\&=\frac{x^3}{3}\bigg|_0^{\frac{1}{2}}+\left(\frac{x^3}{3}-x^2+x\right)\bigg|_{\frac{1}{2}}^1=\frac{1}{12}.\end{aligned}$$

法二 选 y 为积分变量, 如图 3.9(b), 它的变化区间为 $[0,1]$. 代表性小区间 $[y,y+\mathrm{d}y]$ 对应的曲边梯形面积约为 $\left(\dfrac{y+1}{2}-\sqrt{y}\right)\mathrm{d}y$, 故所求面积为

$$A=\int_0^1\left(\frac{y+1}{2}-\sqrt{y}\right)\mathrm{d}y=\left(\frac{y^2}{4}+\frac{y}{2}-\frac{2}{3}y^{\frac{3}{2}}\right)\bigg|_0^1=\frac{1}{12}.$$

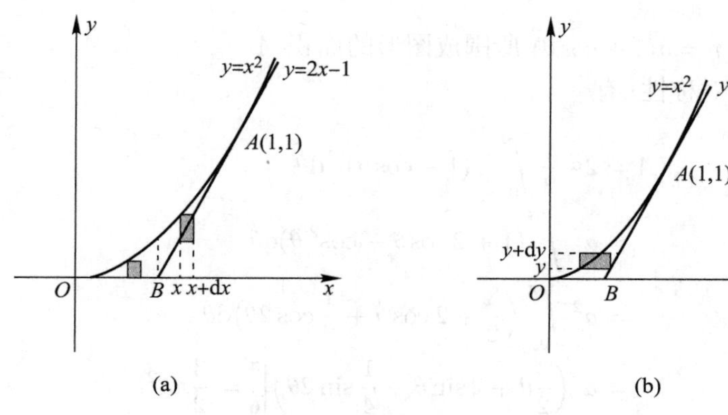

图 3.9

例 2 求椭圆

$$\begin{cases} x = a\cos t, \\ y = b\sin t \end{cases} \quad (0 \leqslant t \leqslant 2\pi)$$

所围成图形的面积 A.

解 由图形的对称性, A 是这个椭圆在第一象限部分的面积的 4 倍, 故

$$A = 4\int_0^a y\mathrm{d}x,$$

由于 $x = a\cos t, y = b\sin t$ (利用椭圆的参数方程作换元), 于是

$$A = 4\int_{\frac{\pi}{2}}^0 b\sin t(-a\sin t)\mathrm{d}t = 4ab\int_0^{\frac{\pi}{2}} \sin^2 t\mathrm{d}t = \pi ab.$$

下面考虑在极坐标系下, 由射线 $\theta = \alpha, \theta = \beta(\alpha < \beta)$ 和连续曲线 $r = r(\theta)$ 所围成图形 (曲边扇形) 的面积 A (如图 3.10).

设 $[\theta, \theta + \mathrm{d}\theta]$ 是 $[\alpha, \beta]$ 上的代表性小区间, 对应的小曲边扇形的面积记为 ΔA. 设 $r(\theta)$ 在 $[\theta, \theta + \mathrm{d}\theta]$ 上的最小值和最大值分别是 m 和 M, 则

$$\frac{1}{2}m^2\mathrm{d}\theta \leqslant \Delta A \leqslant \frac{1}{2}M^2\mathrm{d}\theta,$$

ΔA 可以用半径为 $r(\theta)$、中心角为 $\mathrm{d}\theta$ 的扇形面积近似代替, 即

$$\Delta A \approx \mathrm{d}A = \frac{1}{2}r^2(\theta)\mathrm{d}\theta,$$

由于

$$\left|\Delta A - \frac{1}{2}r^2(\theta)\mathrm{d}\theta\right| \leqslant \frac{M^2 - m^2}{2}\mathrm{d}\theta,$$

且当 $\mathrm{d}\theta \to 0$ 时, $\frac{1}{2}(M^2 - m^2) \to 0$, 故 $\Delta A - \frac{1}{2}r^2(\theta)\mathrm{d}\theta$ 是 $\mathrm{d}\theta$ 的高阶无穷小量, 所以

$$A = \int_\alpha^\beta \frac{1}{2}r^2(\theta)\mathrm{d}\theta = \frac{1}{2}\int_\alpha^\beta r^2(\theta)\mathrm{d}\theta.$$

例 3 求心形线 $r = a(1 + \cos\theta)$ 所围成图形的面积 A.

解 由图 3.11 的对称性, 有

$$\begin{aligned} A &= 2 \cdot \frac{1}{2}\int_0^\pi [a(1 + \cos\theta)]^2\mathrm{d}\theta \\ &= a^2\int_0^\pi (1 + 2\cos\theta + \cos^2\theta)\mathrm{d}\theta \\ &= a^2\int_0^\pi \left(\frac{3}{2} + 2\cos\theta + \frac{1}{2}\cos 2\theta\right)\mathrm{d}\theta \\ &= a^2\left(\frac{3}{2}\theta + 2\sin\theta + \frac{1}{4}\sin 2\theta\right)\Big|_0^\pi = \frac{3}{2}\pi a^2. \end{aligned}$$

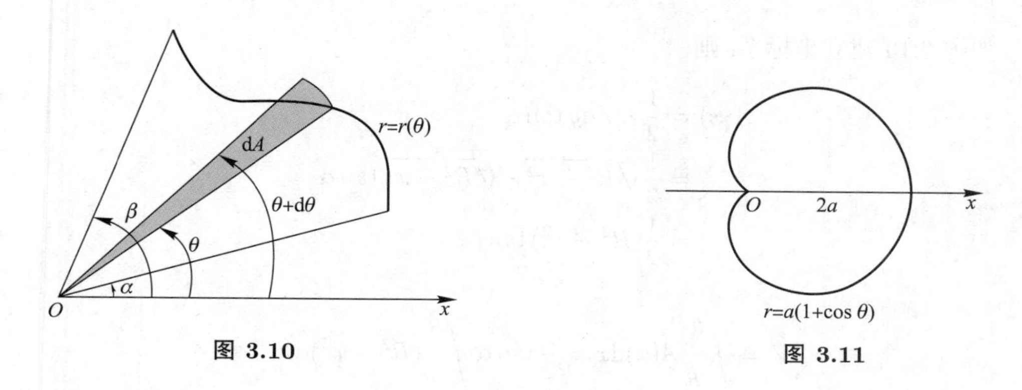

图 3.10　　图 3.11

3.5.3 体积

有一空间立体位于平面 $x=a, x=b(a<b)$ 之间, 已知它被过点 x $(a \leqslant x \leqslant b)$ 且垂直于 x 轴的平面所截得的截面面积为 $A(x)$, 假定 A 是 x 的连续函数, 我们来求该立体的体积 V (图 3.12). 设 $[x, x+\mathrm{d}x]$ 是 $[a,b]$ 上的代表性小区间, 相应的一小块立体的体积记为 ΔV, 则

$$\Delta V \approx \mathrm{d}V = A(x)\mathrm{d}x,$$

由于

$$|\Delta V - A(x)\mathrm{d}x| \leqslant [\max_{[x,x+\mathrm{d}x]} A(x) - \min_{[x,x+\mathrm{d}x]} A(x)]\mathrm{d}x,$$

且当 $\mathrm{d}x \to 0$ 时, $[\max\limits_{[x,x+\mathrm{d}x]} A(x) - \min\limits_{[x,x+\mathrm{d}x]} A(x)] \to 0$, 故

$$|\Delta V - A(x)\mathrm{d}x| = o(\mathrm{d}x),$$

所以由微元法,

$$V = \int_a^b A(x)\mathrm{d}x.$$

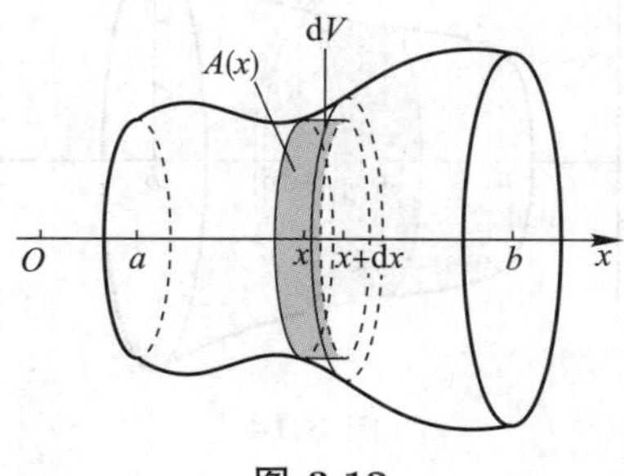

图 3.12

例 4　设有半径为 R 的圆柱体, 被通过其底圆直径且与底面交成角 α 的平面所截, 求截得立体 (称为圆柱楔) 的体积 V.

解 如图 3.13 建立坐标系, 则

$$\begin{aligned}A(x)&=\frac{1}{2}\cdot y\cdot y\tan\alpha\\&=\frac{1}{2}\sqrt{R^2-x^2}\cdot\sqrt{R^2-x^2}\tan\alpha\\&=\frac{1}{2}(R^2-x^2)\tan\alpha.\end{aligned}$$

$$\begin{aligned}V&=\int_{-R}^{R}A(x)\mathrm{d}x=\frac{1}{2}\tan\alpha\int_{-R}^{R}(R^2-x^2)\mathrm{d}x\\&=\tan\alpha\left(R^2x-\frac{1}{3}x^3\right)\Big|_0^R=\frac{2}{3}R^3\tan\alpha.\end{aligned}$$

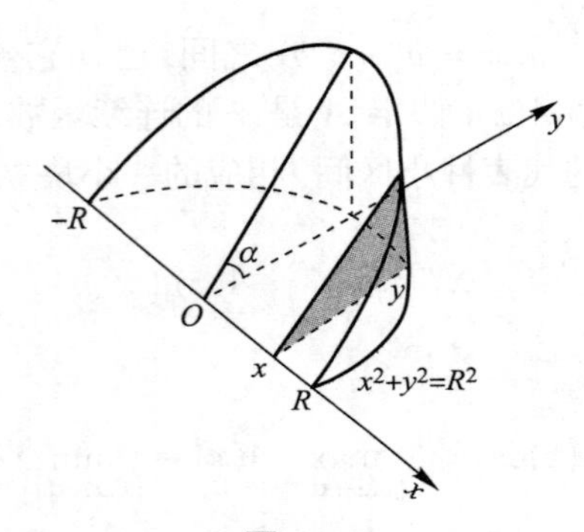

图 3.13

由平面图形绕该平面内固定的直线旋转一周得到的空间立体称为**旋转体**, 固定直线称为**旋转轴**. 旋转体是平行截面面积为已知的立体的特例.

求由平面曲线 $y=f(x)$, 直线 $x=a,x=b,y=0$ 所围成图形绕 x 轴旋转一周所得空间立体的体积 (如图 3.14).

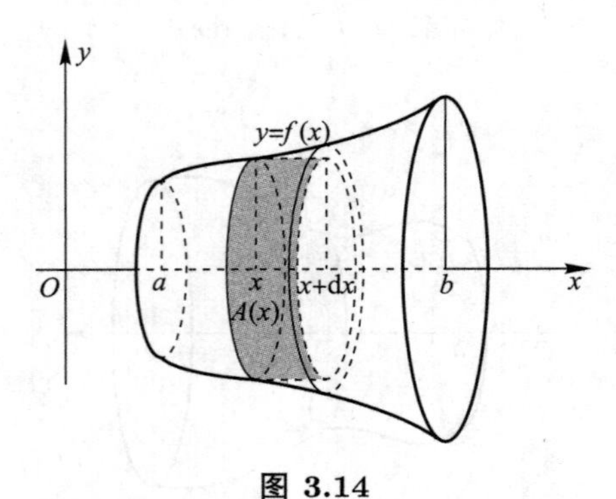

图 3.14

用过点 x $(a\leqslant x\leqslant b)$ 且垂直于 x 轴的平面去截立体, 其截面的面积为

$$A(x)=\pi|f(x)|^2=\pi f^2(x),$$

故该立体的体积为

$$V=\int_a^b A(x)\mathrm{d}x=\pi\int_a^b f^2(x)\mathrm{d}x.$$

例 5 求椭圆 $\dfrac{x^2}{a^2}+\dfrac{y^2}{b^2}\leqslant 1$ 绕 x 轴旋转一周所得立体的体积 V.

解 该立体是由 x 轴和曲线 $y=b\sqrt{1-\left(\dfrac{x}{a}\right)^2}$ 所围成的图形绕 x 轴旋转一周所得, 故

$$V=\pi\int_{-a}^a b^2\Big(1-\frac{x^2}{a^2}\Big)\mathrm{d}x=\frac{4}{3}\pi ab^2.$$

例 6 求由曲线 $y=\sqrt{x}$ 和直线 $y=1,x=4$ 所围图形绕 $y=1$ 旋转一周所得立体的体积.

解 如图 3.15 建立坐标系. 所求体积为

$$\begin{aligned}V&=\int_1^4\pi(\sqrt{x}-1)^2\mathrm{d}x\\&=\pi\int_1^4(x-2\sqrt{x}+1)\mathrm{d}x\\&=\pi\left(\frac{x^2}{2}-2\cdot\frac{2}{3}x^{\frac{3}{2}}+x\right)\Big|_1^4=\frac{7\pi}{6}.\end{aligned}$$

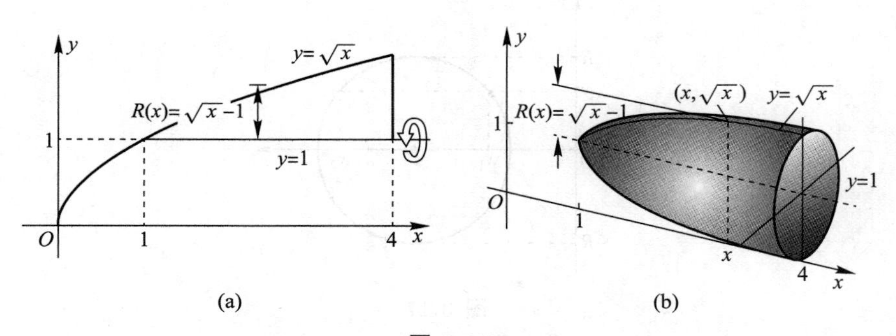

图 3.15

我们再来考虑求由平面曲线 $y=f(x)$, 直线 $x=a,x=b,y=0$ 所围成图形绕 y 轴旋转一周所得空间立体的体积(如图 3.16).

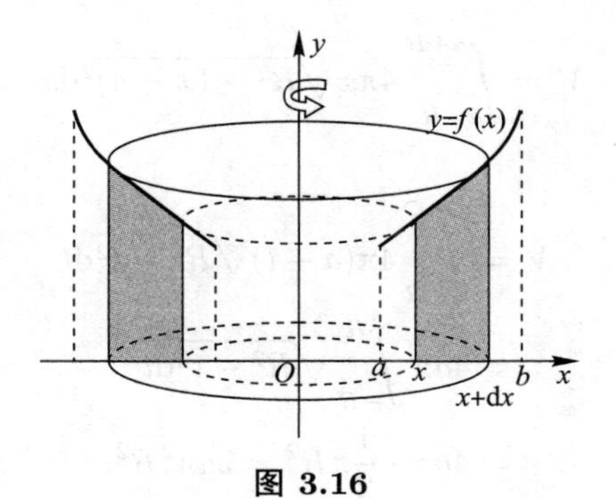

图 3.16

为此对 $[a,b]$ 做分割, 对应于代表性小区间 $[x,x+\mathrm{d}x]$ 的以 $\mathrm{d}x$ 为宽, $f(x)$ 为高的小曲边梯形绕 y 轴旋转得到的旋转体积

$$\Delta V\approx \pi(x+\mathrm{d}x)^2f(x)-\pi x^2f(x)=2\pi xf(x)\mathrm{d}x+\pi(\mathrm{d}x)^2f(x),$$

故由微元法可以得到所求旋转体体积为

$$V=\int_a^b 2\pi xf(x)\mathrm{d}x.$$

例 7 将圆域 $(x-a)^2+y^2\leqslant R^2(0<R\leqslant a)$ 绕 y 轴旋转, 求所得旋转体的体积 V.

解 法一 选 y 作为积分变量, 如图 3.17. 截面面积为

$$\begin{aligned}A(y)&=\pi x_2^2-\pi x_1^2\\&=\pi[(a+\sqrt{R^2-y^2})^2-(a-\sqrt{R^2-y^2})^2]\\&=\pi(4a\sqrt{R^2-y^2}).\end{aligned}$$

故立体体积为

$$V=\int_{-R}^{R}A(y)\mathrm{d}y=4a\pi\int_{-R}^{R}\sqrt{R^2-y^2}\mathrm{d}y=4a\pi\cdot\frac{1}{2}\pi R^2=2a\pi^2R^2.$$

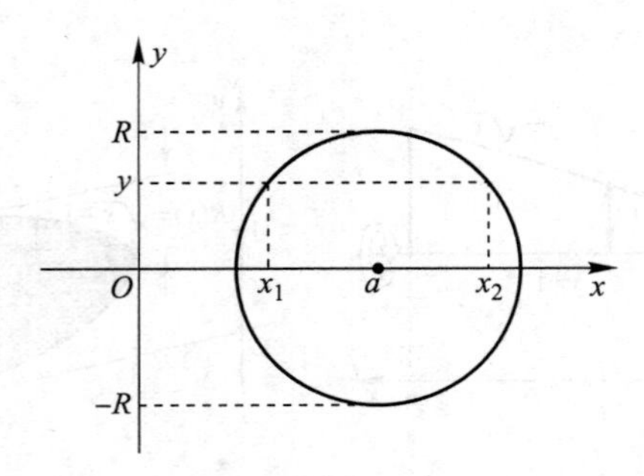

图 3.17

法二 选 x 作为积分变量. 积分微元为

$$\mathrm{d}V=2\pi x[\sqrt{R^2-(x-a)^2}-(-\sqrt{R^2-(x-a)^2})]\mathrm{d}x=4\pi x\sqrt{R^2-(x-a)^2}\mathrm{d}x,$$

故立体体积为

$$V=\int_{a-R}^{a+R}4\pi x\sqrt{R^2-(x-a)^2}\mathrm{d}x,$$

令 $t=x-a$, 则

$$\begin{aligned}V&=\int_{-R}^{R}4\pi(a+t)\sqrt{R^2-t^2}\mathrm{d}t\\&=4a\pi\int_{-R}^{R}\sqrt{R^2-t^2}\mathrm{d}t\\&=4a\pi\cdot\frac{1}{2}\pi R^2=2a\pi^2R^2.\end{aligned}$$

3.5.4 弧长

设曲线弧 C 是由参数方程

$$\begin{cases} x = \varphi(t), \\ y = \psi(t), \end{cases} \alpha \leqslant t \leqslant \beta$$

给出的平面曲线. 如果函数 φ, ψ 在 $[\alpha, \beta]$ 上具有连续导数, 且 φ' 和 ψ' 不同时为零, 则称该曲线是一条**光滑曲线**.

在区间 $[\alpha, \beta]$ 内插入一组分点 t_i, 将 $[\alpha, \beta]$ 分割成 n 个小区间:

$$\alpha = t_0 < t_1 < t_2 < \cdots < t_{n-1} < t_n = \beta,$$

则曲线弧 C 相应地分成 n 小段, 如图 3.18 所示, 各分点依次为

$$A = M_0, M_1, \cdots, M_n = B, \quad 其中\ M_i = (\varphi(t_i), \psi(t_i)), i = 0, 1, \cdots, n.$$

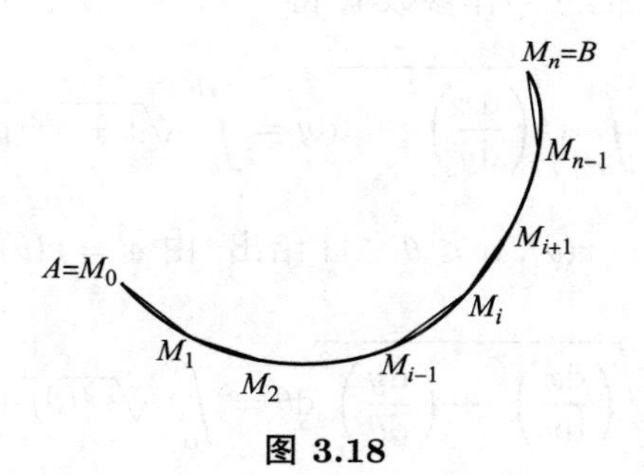

图 3.18

两个相邻分点可确定一段弦 $\overline{M_{i-1}M_i}$, 其长度为

$$\Delta l_i = \sqrt{[\varphi(t_i) - \varphi(t_{i-1})]^2 + [\psi(t_i) - \psi(t_{i-1})]^2},$$

n 段弦组成 C 的一条内接折线, 我们将 C 的弧长 s 定义为内接折线长度的极限, 即

$$s = \lim_{\lambda \to 0} \sum_{i=1}^{n} \Delta l_i,$$

其中 $\lambda = \max\limits_{1 \leqslant i \leqslant n} \Delta t_i$.

因为 φ, ψ 都可导, 所以

$$\varphi(t_i) - \varphi(t_{i-1}) = \varphi'(t_{i-1})\Delta t_i + o(\Delta t_i),$$

$$\psi(t_i) - \psi(t_{i-1}) = \psi'(t_{i-1})\Delta t_i + o(\Delta t_i),$$

根据不等式

$$\left| \sqrt{(A+a)^2 + (B+b)^2} - \sqrt{A^2 + B^2} \right| \leqslant |a| + |b|,$$

得

$$\Delta l_i = \sqrt{\varphi'^2(t_{i-1}) + \psi'^2(t_{i-1})}\Delta t_i + o(\Delta t_i),$$

故弧长的微元为

$$\mathrm{d}s = \sqrt{\varphi'^2(t) + \psi'^2(t)}\mathrm{d}t,$$

区间 $[\alpha, \beta]$ 对应的一段弧长为

$$s = \int_\alpha^\beta \sqrt{\varphi'^2(t) + \psi'^2(t)}\mathrm{d}t.$$

现在考虑平面光滑曲线 C 的两个特殊情形.

如果 $y = f(x), a \leqslant x \leqslant b$, 把 x 当作参数 t, 得

$$s = \int_a^b \sqrt{1 + \left(\frac{\mathrm{d}y}{\mathrm{d}x}\right)^2}\,\mathrm{d}x = \int_a^b \sqrt{1 + f'^2(x)}\mathrm{d}x.$$

如果 $x = g(y), a \leqslant y \leqslant b$, 把 y 当作参数 t, 得

$$s = \int_a^b \sqrt{\left(\frac{\mathrm{d}x}{\mathrm{d}y}\right)^2 + 1}\mathrm{d}y = \int_a^b \sqrt{1 + g'^2(y)}\mathrm{d}y.$$

如果 C 由极坐标方程 $r = r(\theta)$, $\alpha \leqslant \theta \leqslant \beta$ 给出. 由 $x = r(\theta)\cos\theta, y = r(\theta)\sin\theta$, 把 θ 当作参数 t, 得

$$s = \int_\alpha^\beta \sqrt{\left(\frac{\mathrm{d}x}{\mathrm{d}\theta}\right)^2 + \left(\frac{\mathrm{d}y}{\mathrm{d}\theta}\right)^2}\,\mathrm{d}\theta = \int_\alpha^\beta \sqrt{r^2(\theta) + r'^2(\theta)}\mathrm{d}\theta.$$

例 8 求半圆 $y = \sqrt{R^2 - x^2}$ $(-R \leqslant x \leqslant R)$ 的弧长.

解

$$\begin{aligned} s &= \int_{-R}^R \sqrt{1 + y'^2}\mathrm{d}x = \int_{-R}^R \sqrt{1 + \frac{x^2}{R^2 - x^2}}\mathrm{d}x \\ &= 2\int_0^R \sqrt{\frac{R^2}{R^2 - x^2}}\mathrm{d}x = 2R\int_0^R \frac{\mathrm{d}\dfrac{x}{R}}{\sqrt{1 - \left(\dfrac{x}{R}\right)^2}} \\ &= 2R\arcsin\frac{x}{R}\bigg|_0^R = \pi R. \end{aligned}$$

例 9 求星形线

$$\begin{cases} x = a\cos^3 t, \\ y = a\sin^3 t \end{cases} \quad (0 \leqslant t \leqslant 2\pi)$$

的弧长.

解 如图 3.19, 由对称性, 只需计算第一象限内曲线的弧长, 然后再乘 4 倍, 即

$$s = 4\int_0^{\frac{\pi}{2}} \sqrt{x'^2(t) + y'^2(t)}\mathrm{d}t$$

$$
\begin{aligned}
&= 12a\int_0^{\frac{\pi}{2}}\sqrt{\cos^4 t\sin^2 t+\sin^4 t\cos^2 t}\mathrm{d}t\\
&= 12a\int_0^{\frac{\pi}{2}}\sin t\cos t\mathrm{d}t\\
&= 3a(-\cos 2t)\Big|_0^{\frac{\pi}{2}} = 6a.
\end{aligned}
$$

例 10 求 Archimedes (阿基米德) 螺线 $r=a\theta$ 的第一圈 $(0\leqslant\theta\leqslant 2\pi)$ 的弧长.

解 Archimedes 螺线的第一圈如图 3.20 所示.

$$
\begin{aligned}
s &= \int_0^{2\pi}\sqrt{r^2(\theta)+r'^2(\theta)}\mathrm{d}\theta\\
&= a\int_0^{2\pi}\sqrt{1+\theta^2}\mathrm{d}\theta\\
&= a\left[\frac{\theta}{2}\sqrt{1+\theta^2}+\frac{1}{2}\ln\left(\theta+\sqrt{1+\theta^2}\right)\right]\Big|_0^{2\pi}\\
&= \frac{a}{2}\left[2\pi\sqrt{4\pi^2+1}+\ln\left(2\pi+\sqrt{4\pi^2+1}\right)\right].
\end{aligned}
$$

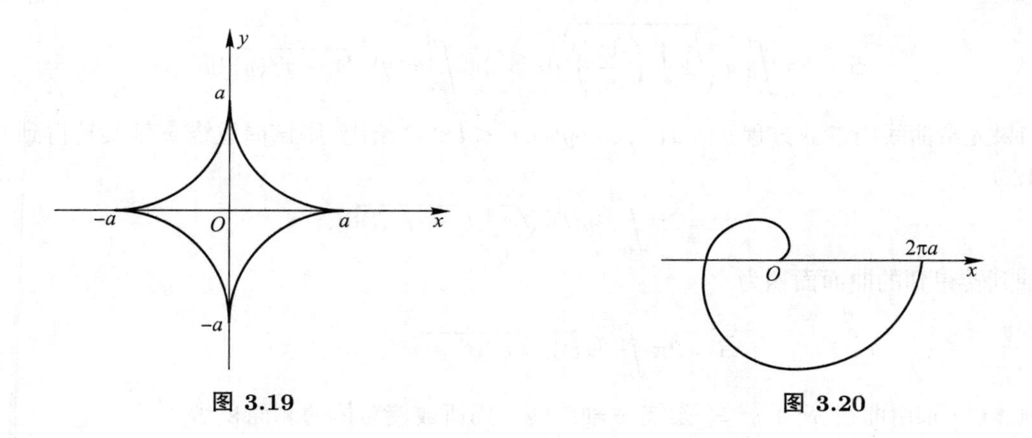

图 3.19　　图 3.20

3.5.5 旋转体的侧面积

设 f 在 $[a,b]$ 上非负, 且有连续的导数. 由直线 $x=a, x=b, y=0$ 和曲线 $y=f(x)$ 围成的平面图形绕 x 轴旋转一周形成一个旋转体, 求该旋转体的侧面积 (如图 3.21). 将 $[a,b]$ 分割成 n 个小区间 $[x_0,x_1],[x_1,x_2],\cdots,[x_{n-1},x_n]$, 旋转体相应地分成 n 个小旋转体, 两个相邻分割面可确定一个小正圆台, 其侧面积为

$$\Delta S_i = \pi\left[f(x_{i-1})+f(x_i)\right]\sqrt{(\Delta x_i)^2+(\Delta y_i)^2}.$$

由 f 可导, 存在 $\xi_i\in(x_{i-1},x_i)$, 使得 $\Delta y_i = f'(\xi_i)\Delta x_i$, 从而

$$\Delta S_i = \pi\left[f(x_{i-1})+f(x_i)\right]\sqrt{1+f'^2(\xi_i)}\Delta x_i.$$

又因为 f' 连续, 可得

$$\Delta S_i = 2\pi f(x_{i-1})\sqrt{1+f'^2(x_{i-1})}\Delta x_i + o(\Delta x_i),$$

故由微元法可知

$$S = 2\pi\int_a^b f(x)\sqrt{1+f'^2(x)}\mathrm{d}x.$$

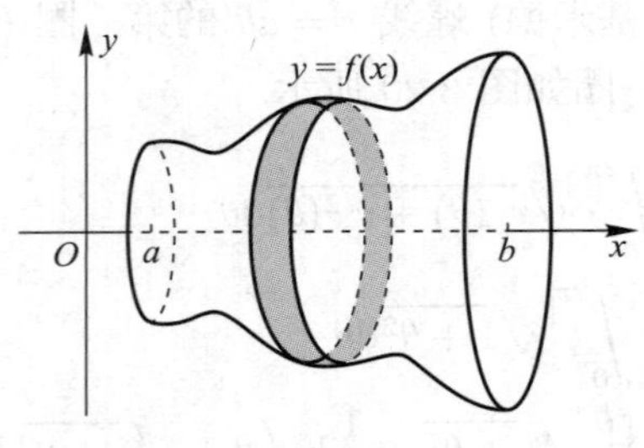

图 3.21

一般地, 如果 $x = g(y) \geqslant 0$ 是 $[c,d]$ 上的具有连续导数的函数, 由曲线 $x = g(y)$ 绕 y 轴旋转得到的曲面面积为

$$S = 2\pi\int_c^d x\sqrt{1+\left(\frac{\mathrm{d}x}{\mathrm{d}y}\right)^2}\mathrm{d}y = 2\pi\int_c^d g(y)\sqrt{1+g'^2(y)}\mathrm{d}y.$$

如果光滑曲线由参数方程 $x = x(t), y = y(t), \alpha \leqslant t \leqslant \beta$ 给出, 则该曲线绕 x 轴旋转得到的曲面面积为

$$S = 2\pi\int_\alpha^\beta |y(t)|\sqrt{x'^2(t)+y'^2(t)}\mathrm{d}t,$$

绕 y 轴旋转得到的曲面面积为

$$S = 2\pi\int_\alpha^\beta |x(t)|\sqrt{x'^2(t)+y'^2(t)}\mathrm{d}t.$$

例 11　求由曲线 $x^2+y^2=r^2$ 绕 x 轴旋转一周所成旋转体的侧面积 S.

解　由 $y = \sqrt{r^2-x^2}$, $y' = \dfrac{-x}{\sqrt{r^2-x^2}}$, 故

$$\begin{aligned} S &= 2\pi\int_{-r}^r y\sqrt{1+y'^2}\mathrm{d}x \\ &= 2\pi\int_{-r}^r \sqrt{r^2-x^2}\sqrt{1+\frac{x^2}{r^2-x^2}}\mathrm{d}x \\ &= 2\pi r\int_{-r}^r \mathrm{d}x = 4\pi r^2. \end{aligned}$$

3.5.6　质量和质心

例 12　设有一根细棒长 4 m, 位于 x 轴的区间 $[0,4]$ 上, 棒上 x 处的线密度 (单位: kg/m) 为 $\delta(x) = 1+\sqrt{x}$, 求细棒的质量 m.

解 设 $[x,x+\mathrm{d}x]$ 是 $[0,4]$ 上的代表性小区间, 对应的一段细棒近似看作是均匀的, 其质量为

$$\mathrm{d}m=\delta(x)\mathrm{d}x=(1+\sqrt{x})\mathrm{d}x,$$

因此

$$m=\int_0^4(1+\sqrt{x})\mathrm{d}x=\left(x+\frac{2}{3}x^{\frac{3}{2}}\right)\Big|_0^4=\frac{28}{3}(\mathrm{kg}).$$

在结构力学中, 我们经常需要知道一个物体的质心. 现在考虑质量连续分布的一根细棒的质心问题. 建立坐标系, 细棒放在 x 轴的区间 $[a,b]$ 上, 将区间 $[a,b]$ 做分割, 设第 k 段细棒的质量为 Δm_k, 长度为 Δx_k, 这一小段对原点的力矩为 $x_k\Delta m_k$. 又因为密度函数 ρ 连续, 所以第 k 段细棒的质量 $\Delta m_k\approx\rho(x_k)\Delta x_k$. 故质心

$$\bar{x}\approx\frac{\sum x_k\Delta m_k}{\sum\Delta m_k}\approx\frac{\sum x_k\rho(x_k)\Delta x_k}{\sum\rho(x_k)\Delta x_k}.$$

因此质心 $\bar{x}$ 的计算公式为

$$\bar{x}=\frac{\displaystyle\int_a^b x\rho(x)\mathrm{d}x}{\displaystyle\int_a^b\rho(x)\mathrm{d}x}.$$

例 13 求位于 $x=0$ 和 $x=10$ 之间密度函数是 $\rho(x)=3x^2$ 的细棒的质心.

解

$$\overline{x}=\frac{\displaystyle\int_0^{10}x\cdot3x^2\mathrm{d}x}{\displaystyle\int_0^{10}3x^2\mathrm{d}x}=\frac{\dfrac{3x^4}{4}\Big|_0^{10}}{x^3\Big|_0^{10}}=7.5.$$

3.5.7 做功和静压力

我们可以利用定积分计算做功问题: 比如, 发射火箭克服地球引力所做的功, 抽水所做的功.

例 14 将质量为 m 的火箭从地面铅直发射到高为 H 处, 求火箭克服地球引力所做的功 W.

解 设地球质量为 M, 半径为 R. 以地球中心为原点, 建立如图 3.22 所示的坐标. 当火箭离地心 x 时, 根据万有引力定律, 它受到地球引力的大小为 $f(x)=\dfrac{K}{x^2}$, 当 $x=R$ 时, $f(x)=mg$, 故 $K=mgR^2$. 因此

$$f(x)=mg\frac{R^2}{x^2}.$$

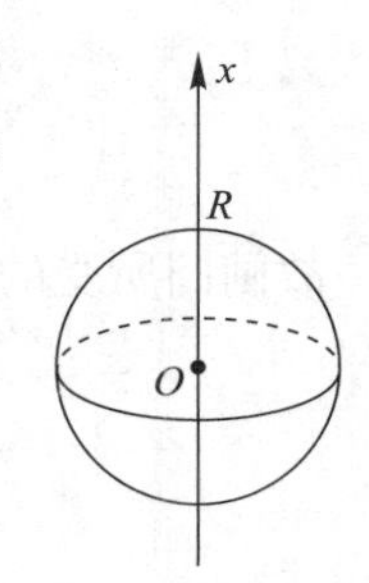

图 3.22

所以火箭克服地球引力所做的功为

$$W=\int_R^{R+H}f(x)\mathrm{d}x=mgR^2\int_R^{R+H}\frac{1}{x^2}\mathrm{d}x=mgR^2\Big(\frac{1}{R}-\frac{1}{R+H}\Big).$$

例 15 有一个底半径为 3 m, 高为 2 m 的圆锥形水池. 现在池中装满了水, 并欲将水全部抽出, 求需做的功 W.

解 如图 3.23 所示建立坐标系. AO 的方程为 $x=\frac{3}{2}y$. 将 y 上的区间 $[0,2]$ 做分割, 相应地水被分成若干薄层, 抽水的过程可以想象成水被自上而下地一层一层地抽出. 设 $[y,y+\mathrm{d}y]$ 是 $[0,2]$ 上的代表性小区间, 对应的一层水的体积近似为 $\pi x^2\mathrm{d}y$, 所受的重力为 $\rho g\pi x^2\mathrm{d}y$ (水的密度是 ρ). 将这层水近似看成一质点, 其距池顶 $(2-y)$ m, 因而将其抽出需做的功近似为

$$\mathrm{d}W=(2-y)\rho g\pi x^2\mathrm{d}y=\frac{9}{4}\rho g\pi(2y^2-y^3)\mathrm{d}y.$$

因此将水全部抽出需做的功为

$$W=\frac{9}{4}\rho g\pi\int_0^2(2y^2-y^3)\mathrm{d}y=3\rho g\pi.$$

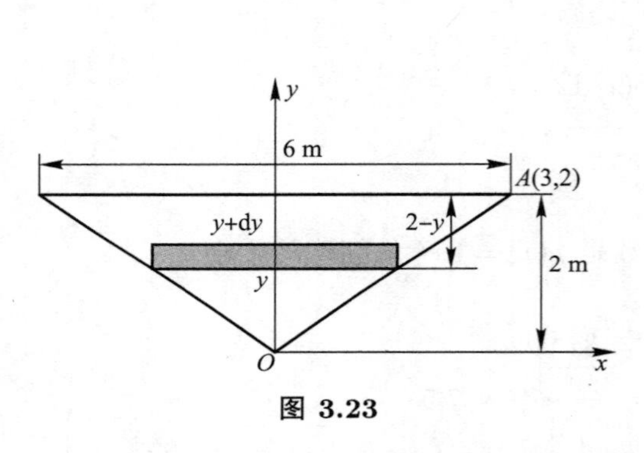

图 3.23

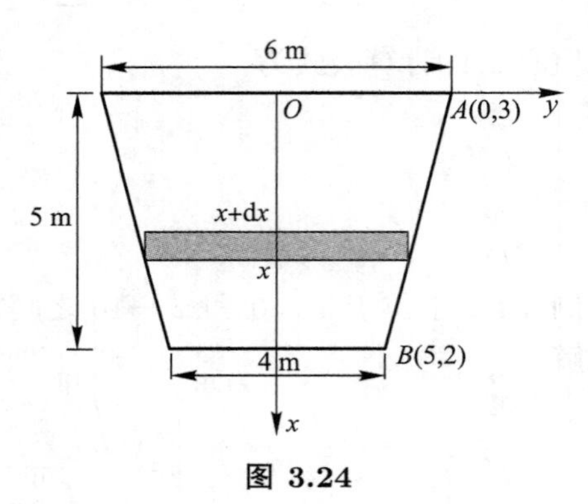

图 3.24

当我们设计一个水坝或者潜水艇时, 需要考虑水对物体侧面的静压力.

例 16 设一闸门为等腰梯形, 其上底为 6 m, 下底为 4 m, 高为 5 m. 求当水满至闸门顶沿时, 闸门所受的水压力 P.

解 如图 3.24 所示建立坐标系. AB 的方程为 $y=3-\frac{1}{5}x$. 由物理学可知, 在水深 x 处的压强为 $p(x)=\rho gx$ (ρ 是水的密度). 设 $[x,x+\mathrm{d}x]$ 是 $[0,5]$ 上的代表性小区间, 对应的一小块闸门的面积近似为 $\mathrm{d}A=2\left(3-\frac{1}{5}x\right)\mathrm{d}x$, 其上压强近似为均匀的, 于是压力微元为

$$\Delta P\approx\rho gx\cdot\mathrm{d}A=2\rho gx\left(3-\frac{1}{5}x\right)\mathrm{d}x,$$

故闸门所受的水压力为

$$P=\int_0^5 2\rho gx\left(3-\frac{1}{5}x\right)\mathrm{d}x=\rho g\left(3x^2-\frac{2}{15}x^3\right)\Big|_0^5=\frac{175}{3}\rho g.$$

习 题 3.5

1. 求下列曲线所围图形的面积:

(1) $y=3-x^2$ 与 $y=2x$;

(2) $y=x^2$, $y=2x^2$ 与 $y=1$;

(3) $y^2=4(x+1)$ 与 $y^2=4(1-x)$;

(4) $y=\dfrac{1}{2}x^2$ 与 $x^2+y^2=8$;

(5) $y=\sin x, y=\cos x$ 与 $x=0$, $x=\dfrac{\pi}{2}$;

(6) 星形线 $\begin{cases} x=a\cos^3 t, \\ y=a\sin^3 t; \end{cases}$

(7) 摆线 $\begin{cases} x=a(t-\sin t), \\ y=a(1-\cos t) \end{cases}$ 的一拱与 x 轴;

(8) 双纽线 $r^2=a^2\cos 2\theta$;

(9) $r=\sqrt{2}\sin\theta$ 与 $r^2=\cos 2\theta$.

2. 求由曲线 $y=\mathrm{e}^x$ 与它的一条通过原点的切线以及 y 轴所围图形的面积.

3. 求以半径为 R 的圆为底、平行且等于底圆直径的线段为顶、高为 h 的正劈锥体 (图 3.25) 的体积.

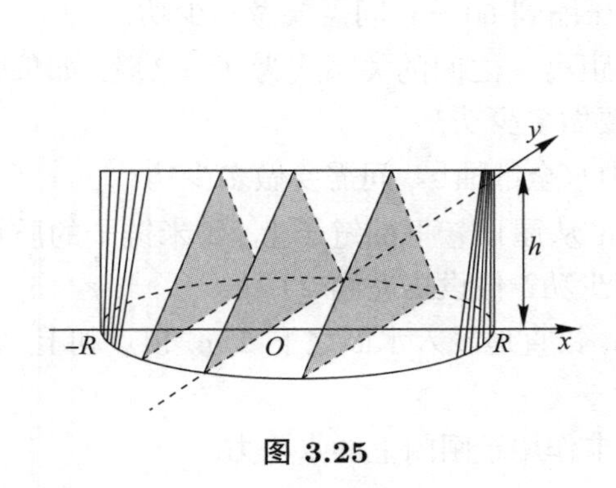

图 3.25

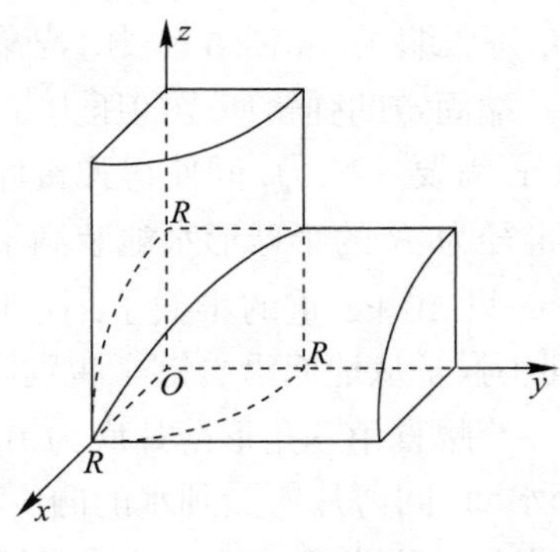

图 3.26

4. 求两个底半径相等的正交圆柱面所围立体在第一象限部分 (图 3.26) 的体积.

5. 求以长半轴 $a=10$, 短半轴 $b=5$ 的椭圆为底而垂直于长轴的截面都是等边三角形的立体的体积.

6. 求由直线 $y=\dfrac{R}{h}x$, $x=h$ 与 x 轴所围成的图形绕 x 轴旋转所成旋转体的体积.

7. 求椭圆 $\dfrac{x^2}{a^2}+\dfrac{y^2}{b^2}=1$ 分别绕 x 轴, y 轴旋转所成旋转体的体积.

8. 求摆线 $\begin{cases} x=a(t-\sin t), \\ y=a(1-\cos t) \end{cases}$ 的一拱与 x 轴所围成的图形绕 y 轴旋转所成旋转体的体积.

9. 求圆 $x^2+y^2=a^2$ 绕直线 $x=-b$ (其中 $b>a>0$) 旋转所成旋转体的体积.

10. 求下列曲线段的弧长:

(1) $y=x^{\frac{3}{2}}, 0\leqslant x\leqslant 4$;

(2) $y=\dfrac{1}{4}x^2-\dfrac{1}{2}\ln x, 1\leqslant x\leqslant \mathrm{e}$;

(3) $\begin{cases}x=\mathrm{e}^t\sin t,\\ y=\mathrm{e}^t\cos t,\end{cases} 0\leqslant t\leqslant \dfrac{\pi}{2}$;

(4) 圆的渐伸线 $\begin{cases}x=a(\cos t+t\sin t),\\ y=a(\cos t-t\sin t),\end{cases} 0\leqslant t\leqslant 2\pi$;

(5) 摆线 $\begin{cases}x=a(t-\sin t),\\ y=a(1-\cos t),\end{cases} 0\leqslant t\leqslant 2\pi$;

(6) 心形线 $r=a(1-\cos\theta), 0\leqslant\theta\leqslant 2\pi$;

(7) 对数螺线 $r=\mathrm{e}^{a\theta}, \alpha\leqslant\theta\leqslant\beta$.

11. 求曲线 $y=\displaystyle\int_{-\frac{\pi}{2}}^{x}\sqrt{\cos t}\mathrm{d}t$ 的全长.

12. 求 $y=\sin x(0\leqslant x\leqslant\pi)$ 绕 x 轴旋转而成的旋转曲面面积.

13. 求摆线 $\begin{cases}x=a(t-\sin t),\\ y=a(1-\cos t)\end{cases} (0\leqslant t\leqslant 2\pi)$ 绕 x 轴旋转而成的旋转曲面面积.

14. 一端固定的弹簧所受的压力 F 与其缩短距离 x 之间的关系式为 $F=kx$. 今有一弹簧原长 1 m, 每压缩 1 cm 需 5 N 力, 若弹簧自 80 cm 压缩到 60 cm, 问需要做多少功?

15. 一端固定的弹簧所受的压力 F 与其伸长的距离 s 之间的关系式为 $F=ks^{\frac{4}{3}}$. 如果弹簧每伸长 8 m 需要 8 N 力, 问使得弹簧伸长 27 m 需要做多少功?

16. 半径为 R 的半球形水池装满了水, 今把池中水全都抽尽, 问需要做多少功?

17. 一只 10 kg 重的小猴子, 拴在一根长 20 m 从屋顶悬下的链子上, 每米链子的质量为 0.5 kg. 问小猴子从地面沿着链子爬到屋顶需要做多少功? 假设房屋高 20 m.

18. 一等腰直角三角形薄片底为 6 m, 高为 3 m, 铅直地浸入水面之下 2 m, 顶点朝上, 它的底平行于水面, 问薄片所受到水的静压力是多少?

19. 设有一半径 $R=1$ m 的圆形闸门, 水半满, 求作用于闸门上的水压力.

§3.6 反常积分

3.6.1 问题的提出

我们已介绍了定积分, 并用定积分解决了一些实际问题, 对于定积分 $\displaystyle\int_a^b f(x)\mathrm{d}x$ 而言, 有两个基本的限制条件: 一是 $[a,b]$ 是一个有限闭区间; 二是 f 是 $[a,b]$ 上的一个有界函数. 但在一些实际问题中, 我们会遇到积分区间为无穷区间或被积函数为无界函数的情形.

例 1 计算质量为 m 的火箭脱离地球引力所需要做的功.

解 在 3.5.7 节的例 14 中已经计算出将火箭推到离地面 H 高度时所做的功是

$$W(H)=\int_R^{R+H} f(x)\mathrm{d}x = mgR^2\Big(\frac{1}{R}-\frac{1}{R+H}\Big),$$

这时地球对火箭的引力的大小为

$$f(R+H)=\frac{mgR^2}{(R+H)^2}.$$

只有当火箭与地球相距无穷远时, 引力才是零, 这时所做的功是

$$W=\lim_{H\to\infty} W(H)=mgR.$$

例 2 一无界区域由曲线 $y=\dfrac{\ln x}{x^2}$ 和 $x=1$ 以及 x 轴所围成, 其面积是不是有限值? 如果是有限值, 求其面积, 如图 3.27 所示.

解 求曲线在 $x=1$ 和 $x=b$ 之间的有界区域的面积, 然后令 $b\to+\infty$. 如果极限存在, 即为无界区域的面积. 曲线在 $x=1$ 和 $x=b$ 之间的有界区域的面积为

$$\begin{aligned}\int_1^b \frac{\ln x}{x^2}\mathrm{d}x &= \left[\left(-\frac{1}{x}\right)\ln x\right]_1^b - \int_1^b \left(-\frac{1}{x}\right)\cdot\frac{1}{x}\mathrm{d}x \\ &= -\frac{\ln b}{b} - \left[\frac{1}{x}\right]_1^b = -\frac{\ln b}{b} - \frac{1}{b} + 1.\end{aligned}$$

令 $b\to+\infty$, 则

$$\lim_{b\to+\infty}\left(-\frac{\ln b}{b}-\frac{1}{b}+1\right)=1.$$

即所求的无界区域的面积为

$$\lim_{b\to+\infty}\int_1^b \frac{\ln x}{x^2}\mathrm{d}x = 1.$$

例 3 一平面区域由直线 $x=0, x=1, y=0$ 和曲线 $y=\dfrac{1}{\sqrt{x}}$ 所围成, 该无界区域的面积是否存在? 如果存在, 求其面积, 如图 3.28 所示.

解 一种自然的处理方法是用有界区域的面积去逼近无界区域的面积. 由直线 $x=a, x=1, y=0$ 和曲线 $y=\dfrac{1}{\sqrt{x}}$ 所围成的有界区域的面积为

$$\int_a^1 \frac{1}{\sqrt{x}}\mathrm{d}x = 2\sqrt{x}\Big|_a^1 = 2-2\sqrt{a}.$$

令 $a\to 0^+$, 则所求的无界区域的面积为

$$\lim_{a\to 0^+}\int_a^1 \frac{1}{\sqrt{x}}\mathrm{d}x = 2.$$

以上两个例子说明, 我们有必要将定积分的概念加以推广.

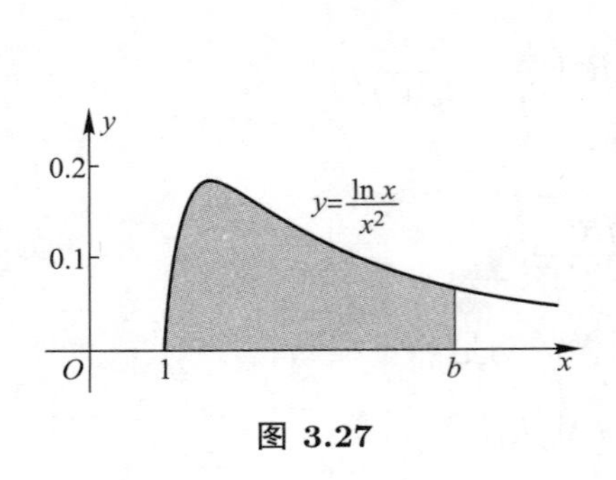

图 3.27

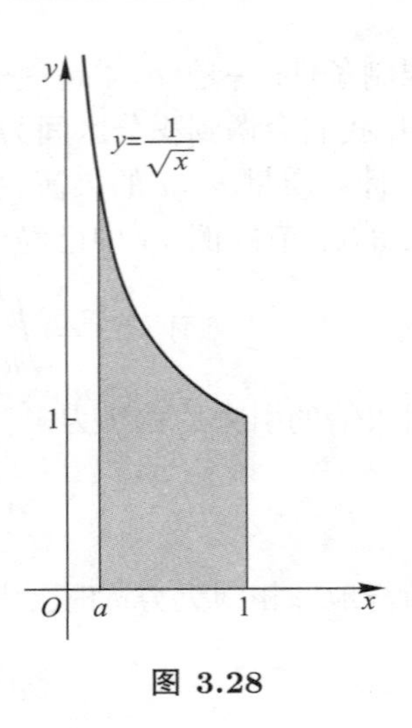

图 3.28

3.6.2 无穷区间上的反常积分

定义 1 (1) 设 f 是 $[a,+\infty)$ 上的连续函数, 称

$$\int_a^{+\infty} f(x)\mathrm{d}x = \lim_{b\to+\infty}\int_a^b f(x)\mathrm{d}x$$

为 f 在**无穷区间** $[a,+\infty)$ **上的反常积分**. 当 $\lim\limits_{b\to+\infty}\int_a^b f(x)\mathrm{d}x$ 存在时, 称积分 $\int_a^{+\infty} f(x)\mathrm{d}x$**收敛**; 否则, 称积分 $\int_a^{+\infty} f(x)\mathrm{d}x$**发散**.

(2) 设 f 是 $(-\infty,b]$ 上的连续函数, 称

$$\int_{-\infty}^b f(x)\mathrm{d}x = \lim_{a\to-\infty}\int_a^b f(x)\mathrm{d}x$$

为 f 在**无穷区间** $(-\infty,b]$ **上的反常积分**. 当 $\lim\limits_{a\to-\infty}\int_a^b f(x)\mathrm{d}x$ 存在时, 称积分 $\int_{-\infty}^b f(x)\mathrm{d}x$**收敛**; 否则, 称积分 $\int_{-\infty}^b f(x)\mathrm{d}x$**发散**.

(3) 设 f 是 $(-\infty,+\infty)$ 上的连续函数,c 是任一实数, 称

$$\int_{-\infty}^{+\infty} f(x)\mathrm{d}x = \int_{-\infty}^c f(x)\mathrm{d}x + \int_c^{+\infty} f(x)\mathrm{d}x$$

为 f 在**无穷区间** $(-\infty,+\infty)$ **上的反常积分**. 当 $\int_{-\infty}^c f(x)\mathrm{d}x$ 和 $\int_c^{+\infty} f(x)\mathrm{d}x$ 都收敛时, 称积分 $\int_{-\infty}^{+\infty} f(x)\mathrm{d}x$**收敛**; 否则, 称积分 $\int_{-\infty}^{+\infty} f(x)\mathrm{d}x$**发散**.

例 4 求 $\int_2^{+\infty}\frac{x+3}{(x-1)(x^2+1)}\mathrm{d}x$.

解

$$\begin{aligned}\int_2^{+\infty}\frac{x+3}{(x-1)(x^2+1)}\mathrm{d}x&=\lim_{b\to+\infty}\int_2^b\frac{x+3}{(x-1)(x^2+1)}\mathrm{d}x\\&=\lim_{b\to+\infty}\int_2^b\left(\frac{2}{x-1}-\frac{2x+1}{x^2+1}\right)\mathrm{d}x\\&=\lim_{b\to+\infty}\left[\ln\frac{(x-1)^2}{x^2+1}-\arctan x\right]_2^b\\&=\lim_{b\to+\infty}\left[\ln\frac{(b-1)^2}{b^2+1}-\arctan b\right]-\ln\frac{1}{5}+\arctan 2\\&=-\frac{\pi}{2}+\ln 5+\arctan 2.\end{aligned}$$

例 5 求 $\int_{-\infty}^{+\infty}\frac{\mathrm{d}x}{1+x^2}$.

解

$$\begin{aligned}\int_{-\infty}^{+\infty}\frac{\mathrm{d}x}{1+x^2}&=\int_0^{+\infty}\frac{\mathrm{d}x}{1+x^2}+\int_{-\infty}^0\frac{\mathrm{d}x}{1+x^2}\\&=\lim_{b\to+\infty}\int_0^b\frac{\mathrm{d}x}{1+x^2}+\lim_{a\to-\infty}\int_a^0\frac{\mathrm{d}x}{1+x^2}\\&=\lim_{b\to+\infty}\arctan b+\lim_{a\to-\infty}(-\arctan a)\\&=\frac{\pi}{2}+\frac{\pi}{2}=\pi.\end{aligned}$$

如果 F 是 f 的一个原函数, 为方便起见, 简记为

$$\int_a^{+\infty}f(x)\mathrm{d}x=\lim_{b\to+\infty}F(b)-F(a)=F(x)\Big|_a^{+\infty}.$$

例 6 试证

$$\int_1^{+\infty}\frac{\mathrm{d}x}{x^p}=\begin{cases}+\infty, & p\leqslant 1,\\ \dfrac{1}{p-1}, & p>1.\end{cases}$$

证 当 $p=1$ 时,

$$\int_1^{+\infty}\frac{\mathrm{d}x}{x}=\ln x\Big|_1^{+\infty}=+\infty,$$

当 $p\neq 1$ 时,

$$\int_1^{+\infty}\frac{\mathrm{d}x}{x^p}=\frac{1}{1-p}x^{1-p}\Big|_1^{+\infty}=\begin{cases}+\infty, & p<1,\\ \dfrac{1}{p-1}, & p>1.\end{cases}$$

例 7 求 $\int_0^{+\infty}x\mathrm{e}^{-px}\mathrm{d}x\,(p>0)$.

解

$$\begin{aligned}\int_0^{+\infty}x\mathrm{e}^{-px}\mathrm{d}x&=\left(-\frac{x}{p}\mathrm{e}^{-px}\right)\Big|_0^{+\infty}+\frac{1}{p}\int_0^{+\infty}\mathrm{e}^{-px}\mathrm{d}x\\&=0+\left(-\frac{1}{p^2}\mathrm{e}^{-px}\right)\Big|_0^{+\infty}=\frac{1}{p^2}.\end{aligned}$$

3.6.3 无界函数的反常积分

定义 2 (1) 设函数 f 在 $(a,b]$ 上连续且 $\lim\limits_{x\to a^+} f(x)=\infty$, 则称

$$\int_a^b f(x)\mathrm{d}x=\lim_{\varepsilon\to 0^+}\int_{a+\varepsilon}^b f(x)\mathrm{d}x$$

为 f 在 $(a,b]$ **上的反常积分**. 当 $\lim\limits_{\varepsilon\to 0^+}\int_{a+\varepsilon}^b f(x)\mathrm{d}x$ 存在时, 称积分 $\int_a^b f(x)\mathrm{d}x$**收敛**; 否则, 称积分 $\int_a^b f(x)\mathrm{d}x$**发散**.

(2) 设函数 f 在 $[a,b)$ 上连续且 $\lim\limits_{x\to b^-} f(x)=\infty$, 则称

$$\int_a^b f(x)\mathrm{d}x=\lim_{\varepsilon\to 0^+}\int_a^{b-\varepsilon} f(x)\mathrm{d}x$$

为 f 在 $[a,b)$ **上的反常积分**. 当 $\lim\limits_{\varepsilon\to 0^+}\int_a^{b-\varepsilon} f(x)\mathrm{d}x$ 存在时, 称积分 $\int_a^b f(x)\mathrm{d}x$ **收敛**; 否则, 称积分 $\int_a^b f(x)\mathrm{d}x$ **发散**.

(3) 设函数 f 在 $[a,c)\cup(c,b]$ 上连续且 $\lim\limits_{x\to c^-} f(x)=\infty$ 或 $\lim\limits_{x\to c^+} f(x)=\infty$, 则称

$$\int_a^b f(x)\mathrm{d}x=\int_a^c f(x)\mathrm{d}x+\int_c^b f(x)\mathrm{d}x$$

为 f 在 $[a,b]$ **上的反常积分**. 当 $\int_a^c f(x)\mathrm{d}x$ 和 $\int_c^b f(x)\mathrm{d}x$ 都收敛时, 称积分 $\int_a^b f(x)\mathrm{d}x$**收敛**; 否则, 称积分 $\int_a^b f(x)\mathrm{d}x$**发散**.

例 8 求 $\int_0^1 \frac{\mathrm{d}x}{\sqrt{1-x^2}}$.

解 由于 $\lim\limits_{x\to 1^-}\frac{1}{\sqrt{1-x^2}}=+\infty$, 这是一个无界函数的反常积分.

$$\int_0^1 \frac{\mathrm{d}x}{\sqrt{1-x^2}}=\lim_{\varepsilon\to 0^+}\int_0^{1-\varepsilon}\frac{\mathrm{d}x}{\sqrt{1-x^2}}=\lim_{\varepsilon\to 0^+}\arcsin x\Big|_0^{1-\varepsilon}=\frac{\pi}{2}.$$

例 9 试证

$$\int_a^b \frac{\mathrm{d}x}{(x-a)^p}=\begin{cases}+\infty, & p\geqslant 1,\\ \dfrac{(b-a)^{1-p}}{1-p}, & p<1.\end{cases}$$

证 当 $p=1$ 时,

$$\int_a^b \frac{\mathrm{d}x}{x-a}=\lim_{\varepsilon\to 0^+}\int_{a+\varepsilon}^b \frac{\mathrm{d}x}{x-a}=\lim_{\varepsilon\to 0^+}\ln(x-a)\Big|_{a+\varepsilon}^b=+\infty.$$

当 $p \neq 1$ 时,

$$\begin{aligned}\int_a^b \frac{\mathrm{d}x}{(x-a)^p} &= \lim_{\varepsilon \to 0^+} \int_{a+\varepsilon}^b \frac{\mathrm{d}x}{(x-a)^p} \\ &= \lim_{\varepsilon \to 0^+} \frac{1}{1-p}(x-a)^{1-p}\Big|_{a+\varepsilon}^b \\ &= \begin{cases} +\infty, & p>1, \\ \dfrac{(b-a)^{1-p}}{1-p}, & p<1. \end{cases}\end{aligned}$$

例 10 判别 $\int_{-1}^1 \frac{\mathrm{d}x}{x^2}$ 的敛散性.

解 由于 $\lim\limits_{x \to 0} \frac{1}{x^2} = +\infty$, 这是一个无界函数的反常积分.

$$\int_{-1}^1 \frac{\mathrm{d}x}{x^2} = \int_{-1}^0 \frac{\mathrm{d}x}{x^2} + \int_0^1 \frac{\mathrm{d}x}{x^2}.$$

根据上例知, 反常积分 $\int_0^1 \frac{\mathrm{d}x}{x^2}$ 发散, 故 $\int_{-1}^1 \frac{\mathrm{d}x}{x^2}$ 发散.

习 题 3.6

1. 计算下列定积分:

(1) $\int_1^{+\infty} \frac{1}{x^4}\mathrm{d}x$; (2) $\int_0^{+\infty} \mathrm{e}^{ax}\mathrm{d}x (a<0)$;

(3) $\int_0^{+\infty} x\mathrm{e}^{-x^2}\mathrm{d}x$; (4) $\int_1^{+\infty} \frac{x}{(1+x)^3}\mathrm{d}x$;

(5) $\int_{-\infty}^{+\infty} \frac{\mathrm{d}x}{x^2+2x+2}$; (6) $\int_0^{+\infty} x^n\mathrm{e}^{-x}\mathrm{d}x$;

(7) $\int_0^1 \frac{x}{\sqrt{1-x^2}}\mathrm{d}x$; (8) $\int_1^2 \frac{\mathrm{d}x}{x\sqrt{x^2-1}}$;

(9) $\int_1^{\mathrm{e}} \frac{\mathrm{d}x}{x\sqrt{1-\ln^2 x}}$; (10) $\int_a^b \frac{\mathrm{d}x}{\sqrt{(x-a)(b-x)}} (a<b)$.

2. 讨论积分 $\int_a^b \frac{\mathrm{d}x}{(b-x)^k} (b>a)$ 的敛散性.

3. 火星的直径是 6 860 km, 其表面的重力加速度是 3.92 m/s^2. 若在火星上发射一枚火箭, 试问要用怎样的初速度才能摆脱火星的引力?

总 习 题 三

1. 求下列不定积分:

(1) $\int x\mathrm{e}^{(1-x^2)}\mathrm{d}x$; (2) $\int \mathrm{e}^{\sin x}\cos x\mathrm{d}x$;

(3) $\int \cot(3x+1)\mathrm{d}x$;

(4) $\int \cos 4x \cos 2x\mathrm{d}x$;

(5) $\int \sin 7x \cos 3x\mathrm{d}x$;

(6) $\int \tan^3 4x\mathrm{d}x$;

(7) $\int \cos^4 x\mathrm{d}x$;

(8) $\int \frac{\cos x}{4+9\sin^2 x}\mathrm{d}x$;

(9) $\int \frac{\sin 2x}{\sqrt{1+\cos^2 x}}\mathrm{d}x$;

(10) $\int \frac{1}{(\mathrm{e}^x+\mathrm{e}^{-x})^2}\mathrm{d}x$;

(11) $\int \frac{\cos x}{\sqrt{2+\cos^2 x}}\mathrm{d}x$;

(12) $\int \frac{1}{a^2\sin^2 x+b^2\cos^2 x}\mathrm{d}x$;

(13) $\int \frac{\sin x\cos x}{\sin^4 x+\cos^4 x}\mathrm{d}x$;

(14) $\int \frac{\ln(\tan x)}{\sin x\cos x}\mathrm{d}x$;

(15) $\int \frac{x^2}{(1-x)^{10}}\mathrm{d}x$;

(16) $\int \frac{x^7}{(1+x^4)^2}\mathrm{d}x$;

(17) $\int \frac{1}{(x-1)^2(x+2)}\mathrm{d}x$;

(18) $\int \frac{1}{x(x^n+1)}\mathrm{d}x$;

(19) $\int \frac{1}{x^4\sqrt{1+x^2}}\mathrm{d}x$;

(20) $\int 2x\mathrm{e}^{-\frac{x}{2}}\mathrm{d}x$;

(21) $\int \frac{x}{1+\cos x}\mathrm{d}x$;

(22) $\int \frac{x\mathrm{e}^x}{\sqrt{1+\mathrm{e}^x}}\mathrm{d}x$;

(23) $\int \sin\sqrt[3]{x}\mathrm{d}x$;

(24) $\int \frac{\ln(1+x)}{(1+x)^2}\mathrm{d}x$;

(25) $\int x\cos^2\frac{x}{2}\mathrm{d}x$;

(26) $\int x\arctan\sqrt{x^2-1}\mathrm{d}x$;

(27) $\int \frac{x\sin x}{\cos^5 x}\mathrm{d}x$;

(28) $\int \frac{x^3}{1+\sqrt{x^4+1}}\mathrm{d}x$;

(29) $\int \frac{x+3}{\sqrt{4x^2+4x+3}}\mathrm{d}x$;

(30) $\int \frac{\sqrt{x}}{\sqrt[4]{x^3}+1}\mathrm{d}x$;

(31) $\int \frac{1}{\sqrt{x(1+x)}}\mathrm{d}x$;

(32) $\int \frac{\mathrm{e}^{\arctan x}}{(1+x^2)^{3/2}}\mathrm{d}x$.

2. 计算下列定积分:

(1) $\int_0^3 \frac{x}{1+\sqrt{1+x}}\mathrm{d}x$;

(2) $\int_1^4 \frac{1}{x+\sqrt{x}}\mathrm{d}x$;

(3) $\int_0^a \frac{1}{(a^2+x^2)^{3/2}}\mathrm{d}x$;

(4) $\int_0^1 (1-x^2)^{3/2}\mathrm{d}x$;

(5) $\int_{\frac{1}{2}}^1 \frac{\arcsin\sqrt{x}}{\sqrt{x(1-x)}}\mathrm{d}x$;

(6) $\int_1^4 \frac{\ln x}{\sqrt{x}}\mathrm{d}x$;

(7) $\int_0^a (a^2-x^2)^n\mathrm{d}x$;

(8) $\int_0^{\ln 2} \sqrt{\mathrm{e}^x-1}\mathrm{d}x$;

(9) $\int_{-2}^{-1} \frac{\sqrt{x^2-1}}{x}\mathrm{d}x$;

(10) $\int_{\frac{1}{\mathrm{e}}}^{\mathrm{e}} |\ln x|\mathrm{d}x$;

(11) $\int_a^{2a} \frac{\sqrt{x^2-a^2}}{x^4}\mathrm{d}x$;

(12) $\int_0^{2a} x^3\sqrt{2ax-x^2}\mathrm{d}x$;

(13) $\int_0^{\pi}\sqrt{\sin x-\sin^3 x}\mathrm{d}x$;　　(14) $\int_0^{\pi}\sqrt{1-\sin x}\mathrm{d}x$;

(15) $\int_{-2}^{2}(x^6+2x^3\cos x)\sqrt{4-x^2}\mathrm{d}x$;　　(16) $\int_{-\frac{1}{2}}^{\frac{1}{2}}\sin^2 x\cdot\ln\frac{1+x}{1-x}\mathrm{d}x$;

(17) $\int_{\frac{\pi}{2}}^{\frac{\pi}{2}+50\pi}\sqrt{1-\cos 2x}\mathrm{d}x$;　　(18) $\int_{a-\frac{\pi}{2}}^{a+\frac{\pi}{2}}\tan^2 x\cdot\sin^2 2x\mathrm{d}x$;

(19) $\int_{\frac{40\pi}{n}}^{\frac{50\pi}{n}}|\sin nx|\mathrm{d}x$;　　(20) $\int_0^1 x\left(\int_1^{x^2}\frac{\sin t}{t}\mathrm{d}t\right)\mathrm{d}x$;

(21) $\int_0^{\frac{\pi}{4}}\ln(1+\tan x)\mathrm{d}x$;　　(22) $\int_0^1\frac{\ln(1+x)}{1+x^2}\mathrm{d}x$.

3. 计算下列反常积分:

(1) $\int_0^{+\infty}\mathrm{e}^{-x}\sin x\mathrm{d}x$;　　(2) $\int_0^{+\infty}\frac{x}{(a^2+x^2)^{3/2}}\mathrm{d}x\ (a>0)$;

(3) $\int_1^{\mathrm{e}}\frac{\mathrm{d}x}{x\sqrt{1-\ln^2 x}}$;　　(4) $\int_1^{+\infty}\frac{1}{x\sqrt{x-1}}\mathrm{d}x$.

4. 求极限:

(1) $\lim\limits_{x\to 0}\frac{\int_0^x(\mathrm{e}^{t^2}-1)\mathrm{d}t}{x^2\sin x}$;　　(2) $\lim\limits_{x\to 0}\frac{\int_0^x(\ln\cos t+t^2)\mathrm{d}t}{x^3}$.

5. 设 $y=\int_1^{1+\sin t}(1+\mathrm{e}^{1/u})\mathrm{d}u$, 其中 $t=t(x)$ 是由方程 $x-t\mathrm{e}^t=0$ 所确定的隐函数, 求 $\left.\frac{\mathrm{d}y}{\mathrm{d}x}\right|_{t=0}$.

6. 设函数 f 在 $[0,+\infty)$ 上连续, 且 $f(x)>0$. 证明当 $x>0$ 时, 函数 $\varphi(x)=\frac{\int_0^x tf(t)\mathrm{d}t}{\int_0^x f(t)\mathrm{d}t}$ 单调增加.

7. 设函数 f 在 $[a,b]$ 上连续, 且 $f(x)>0$, 又 $\Phi(x)=\int_a^x f(t)\mathrm{d}t+\int_b^x\frac{1}{f(t)}\mathrm{d}t$. 证明:

(1) $\Phi'(x)\geqslant 2$;

(2) 方程 $\Phi(x)=0$ 在 $[a,b]$ 内有且只有一个实根.

8. 设 $f(x)$ 在 $[A,B]$ 上连续, 证明:

$$\lim_{h\to 0}\frac{1}{h}\int_a^x[f(t+h)-f(t)]\mathrm{d}t=f(x)-f(a)\ (A<a<x<B).$$

9. 设 $f(x)$ 在 $(-\infty,+\infty)$ 上连续, 且 $F(x)=\int_0^x(x-2t)f(t)\mathrm{d}t$. 证明:

(1) 若 $f(x)$ 为偶函数, 则 $F(x)$ 也为偶函数;

(2) 若 $f(x)$ 单调不增, 则 $F(x)$ 单调不减.

10. 设 $f(x)$ 当 $x>0$ 时有定义且可导, 而 $f(x)=1+\frac{1}{x}\int_1^x f(t)\mathrm{d}t$, 求 $f(x)$.

11. 设 $f(x)$ 可导, 且 $f(x)+\int_0^1 xf(xt)\mathrm{d}t=1$, 求 $f(x)$.

12. 设 $f(x)=\int_x^{x+\pi/2}|\sin t|\mathrm{d}t$,

(1) 证明 $f(x+\pi)=f(x)$;

(2) 求 $f(x)$ 的最大值与最小值.

13. 确定常数 c, 使函数 $f(x)=\int_0^x|\sin t|\mathrm{d}t-cx$ 以 π 为周期.

14. 设 $f(x)$ 在 $(-\infty,+\infty)$ 上满足 $f(x)=f(x-\pi)+\sin x$, 且 $f(x)=x, x\in[0,\pi]$, 求 $\int_\pi^{3\pi}f(x)\mathrm{d}x$.

15. 设 $f(x)$ 连续, 证明:

(1) $\int_0^a f(x)\mathrm{d}x=\int_0^{a/2}[f(x)+f(a-x)]\mathrm{d}x$;

(2) $\int_a^b f(x)\mathrm{d}x=(b-a)\int_0^1 f[a+(b-a)x]\mathrm{d}x$;

(3) $\int_0^{\pi/2}\cos^n x\sin^n x\mathrm{d}x=\frac{1}{2^n}\int_0^{\pi/2}\cos^n x\mathrm{d}x$ (n 为正整数).

16. 设 $f(x)$ 是连续函数且 $f(x)=x+2\int_0^1 f(t)\mathrm{d}t$, 试求函数 $f(x)$.

17. 求下列曲线所围成图形的面积:

(1) $y=\ln x$, y 轴与直线 $y=\ln a, y=\ln b$ $(b>a>0)$;

(2) $(x-1)^2=-8(y-8)$ 与 x 轴;

(3) 两椭圆 $x^2+\frac{1}{3}y^2=1$ 与 $\frac{1}{3}x^2+y^2=1$ 的公共部分;

(4) $y=\sin x$ 与 $y=\sin 2x$ 在 $[0,\pi]$ 上对应的部分;

(5) 圆 $r=3\cos\theta$ 与心形线 $r=1+\cos\theta$ 的公共部分.

18. 求下列旋转体的体积:

(1) $x^2+(y-5)^2=16$, 绕 x 轴;

(2) $y=\mathrm{e}^x$ 与 $y=0, x=0$ 及 $x=2$ 所围成的图形分别绕 x 轴、y 轴旋转;

(3) $y=\sin x, y=\cos x, x=0, x=\pi/2$, 绕 x 轴旋转;

(4) 星形线 $x^{\frac{2}{3}}+y^{\frac{2}{3}}=a^{\frac{2}{3}}$, 绕 x 轴旋转.

19. 在曲线 $y=\ln x$ 上求一条切线, 使它与直线 $x=2, x=6$ 和曲线 $y=\ln x$ 所围成的图形的面积最小.

20. 地球上平行于赤道的平面与地球表面的交线称为纬线, 两条纬线之间的区域叫环带. 假定地球是球形的, 试证: 任何一个环带的面积都是 $A=\pi hd$, 其中 d 是地球直径, h 是两纬线所在平行平面间的距离.

21. 问 a 为何值时, 曲线 $y=\frac{a+1}{a^2}(ax-x^2)(a>0)$ 与直线 $y=x$ 所围成的图形面积最大.

22. 已知抛物线 $y=ax^2+bx+c$ 过坐标原点, 在区间 $(0,1)$ 内满足 $y>0$, 又它与直线 $x=1, y=0$ 所围成图形的面积等于 $\frac{4}{3}$. 试确定 a,b,c 的值, 使图形绕 x 轴旋转所得旋转体体积最小.

23. 已知曲线 $y=f(x)$ 过原点, 当 $x\neq 0$ 时, $f(x)>0$, 又 $f(x)$ 满足 $f'(x)=\dfrac{2}{x}f(x)$, 若曲线 $y=f(x)$ 和直线 $y=x$ 所围成的图形绕 x 轴旋转所得旋转体的体积等于 $\dfrac{18\pi}{5}$, 试求此曲线方程.

24. 设曲线 $y=f(x)$ 在 x 轴上方, 并过点 $(1,1)$. 该曲线与直线 $x=1, y=0$ 及动直线 $x=b\,(b>1)$ 所围成的图形绕 y 轴旋转的体积为 $2\pi[b^2f(b)-1]$, 求曲线 $y=f(x)(x\geqslant 1)$ 的方程.

25. 一横截面为半圆的水槽 (其半径为 R m, 长为 l m), 盛水半满 (如图 3.29 所示).

(1) 求槽的一侧壁上所受到的水的压力.

(2) 将槽中的水抽尽, 需要做多少功?

26. 一个圆锥形浮标质量为 m kg, 假设浮标尖头冲下垂直浮在水中, h m 位于水面以下, 如图 3.30 所示. 现将浮标垂直拿到离水面 15 m 的地方, 问需要做多少功?

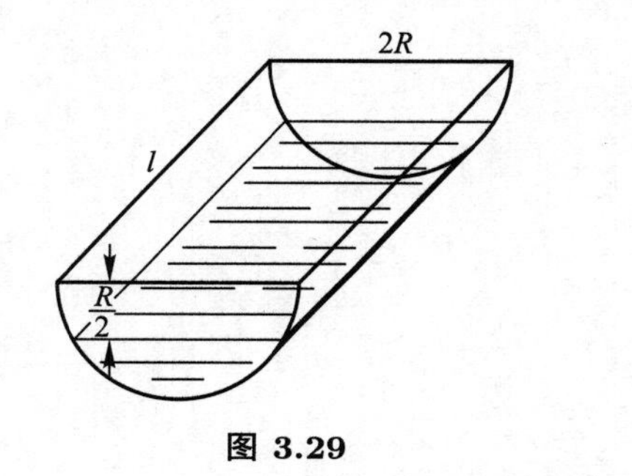

图 3.29

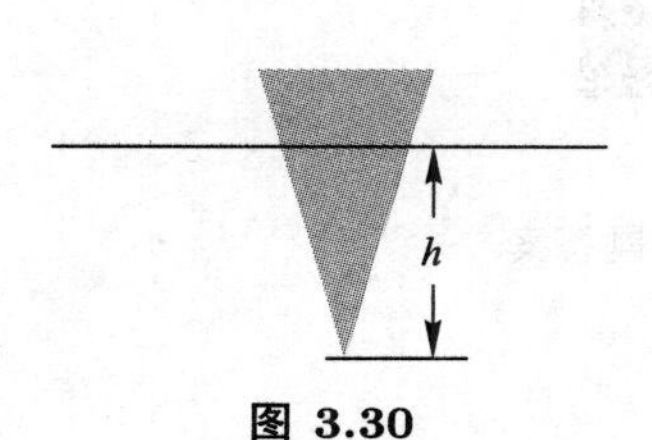

图 3.30

27. 试证曲线 $y=\sin x$ 在 $\left[0,\dfrac{\pi}{4}\right]$ 上的一段弧长 s 满足

$$\frac{\pi}{4}\sqrt{\frac{3}{2}}\leqslant s\leqslant\frac{\pi}{4}\sqrt{2}.$$

28. 证明

$$\ln\sqrt{2n+1}<1+\frac{1}{3}+\frac{1}{5}+\cdots+\frac{1}{2n-1}<1+\ln\sqrt{2n-1},$$

其中 $n>1$ 且为正整数.

29. 设 $f(x)=\displaystyle\int_x^{x+1}\sin t^2\mathrm{d}t$. 证明对于 $x>0$, 有 $|f(x)|<\dfrac{1}{x}$.

30. 设 $|a|\leqslant 1$, 求 $I(a)=\displaystyle\int_{-1}^{1}|x-a|\mathrm{e}^{2x}\mathrm{d}x$ 的最大值.

31. 假设 f 和 g 在区间 $[-a,a]$ 上连续, 且 $f(x)$ 满足 $f(x)+f(-x)=A$ (A 是常数), $g(x)$ 是偶函数.

(1) 证明 $\displaystyle\int_{-a}^{a}f(x)g(x)\mathrm{d}x=A\int_0^a g(x)\mathrm{d}x$;

(2) 求 $\displaystyle\int_{-\frac{\pi}{2}}^{\frac{\pi}{2}}|\sin x|\arctan\mathrm{e}^x\mathrm{d}x$.

32. 设 $f'(x)$ 在 $[a,b]$ 上连续, 且 $f(a)=0$, 证明 $\displaystyle\int_a^b f(x)\mathrm{d}x\leqslant\frac{M}{2}(b-a)^2$($M$ 为 $f'(x)$ 在 $[a,b]$ 上的最大值).

33. 假设 f 在 $[2,4]$ 上具有二阶连续导函数且 $f(3)=0$. 证明存在 $\xi\in[2,4]$, 使得

$$f''(\xi)=3\int_2^4 f(x)\mathrm{d}x.$$

34. 假设 f 在 $[-1,1]$ 上连续, 且

$$\int_{-1}^1 f(x)\mathrm{d}x=\int_{-1}^1 f(x)\tan x\mathrm{d}x=0,$$

证明存在两个不同的介于 $(-1,1)$ 之间的 ξ_1 和 ξ_2, 使得 $f(\xi_1)=f(\xi_2)=0$.

第三章
部分习题答案

第四章 微分方程

在许多实际问题中, 往往不能直接得到所需要的函数关系, 但是根据问题的假设和条件, 可以列出函数及其导数的关系式. 例如, 我们可以由运动粒子的速度或加速度来决定粒子的位置. 在这样的问题中, 我们利用有关知识得到所求函数及其导数的一个关系式, 这样的关系式就是微分方程. 对它们的研究是高等数学中最具有挑战性的内容之一.

§4.1 一阶微分方程

4.1.1 微分方程的基本概念

为了引进微分方程的一些基本概念, 我们先看几个实例.

例 1 已知一曲线通过点 $(1,2)$, 且该曲线上任意一点 $M(x,y)$ 处切线的斜率等于该点横坐标的两倍, 求此曲线方程.

分析 设所求曲线方程为 $y=y(x)$, 由导数的几何意义知函数 $y(x)$ 应满足关系式

$$\frac{\mathrm{d}y}{\mathrm{d}x}=2x, \tag{4.1.1}$$

此外, $y(x)$ 还满足条件

$$y(1)=2. \tag{4.1.2}$$

由 (4.1.1), (4.1.2) 两式求出函数 $y(x)$, 即可得到曲线方程.

例 2 假设有一质量为 m 的石头从塔顶坠落. 由于重力的作用, 下降的速度开始加快, 但当下降的速度越来越快时, 空气的阻力也越来越大. 现假设空气阻力与下降速度成正比, 试考察该石头下落的运动规律.

分析 记物体下落的初始时刻 $t=0$, 在时刻 t 下落的距离为 $s(t)$. 根据 Newton 第二定律得

$$\frac{\mathrm{d}^2s}{\mathrm{d}t^2}+\frac{k}{m}\frac{\mathrm{d}s}{\mathrm{d}t}=g, \tag{4.1.3}$$

且 $s(t)$ 满足下列条件

$$s(0)=0, \quad \left.\frac{\mathrm{d}s}{\mathrm{d}t}\right|_{t=0}=0, \tag{4.1.4}$$

由此解出 $s(t)$, 即得石头下落的运动规律.

定义 1 一般地, 我们将含有自变量、未知函数及未知函数的导数 (或微分) 的等式称为**微分方程**. 微分方程中所含未知函数的导数的最高阶数称为**微分方程的阶**. n 阶微分方程的一般形式为

$$F(x,\ y,\ y',\ y'',\cdots,\ y^{(n)})=0, \tag{4.1.5}$$

其中 F 是给定的实 (或复) 值函数.

定义 2 设函数 f 在区间 I 上有定义. 若当 $x\in I$ 时, 有

$$F(x,f(x),f'(x),f''(x),\cdots,f^{(n)}(x))\equiv 0,$$

则称 $f(x)$ 为微分方程 (4.1.5) 的**解**. n 阶微分方程含有 n 个独立的任意常数的解, 称为该方程的**通解**.

例如, 在例 1 中, $y=x^2, y=x^2+1$ 均为微分方程 $\dfrac{\mathrm{d}y}{\mathrm{d}x}=2x$ 的解, 而 $y=x^2+C$(C 为任意常数) 为该方程的通解. 又如 $y_1=\mathrm{e}^x$ 与 $y_2=\mathrm{e}^{-x}$ 都是二阶微分方程 $y''-y=0$ 的解, $y=C_1\mathrm{e}^x+C_2\mathrm{e}^{-x}$ 与 $y=C_1\mathrm{e}^x+C_2\mathrm{e}^{3+x}$ 也都是 $y''-y=0$ 的解, 其中 $y=C_1\mathrm{e}^x+C_2\mathrm{e}^{-x}$ 为通解, 但 $y=C_1\mathrm{e}^x+C_2\mathrm{e}^{3+x}$ 不是通解, 因为它可化为 $y=(C_1+C_2\mathrm{e}^3)\mathrm{e}^x$, C_1,C_2 不是两个独立的任意常数, 可以合并成一个新的常数 $C(C=C_1+C_2\mathrm{e}^3)$.

要确定某一特定的客观事物的具体规律, 还必须根据问题的具体情况提出一些附加条件. 例如, 在例 2 中, 限定石头初始时刻的速度为零, 初始位置为零. 这些反映初始状态的附加条件称为**初始条件**. 一般来讲, n 阶微分方程的初始条件有 n 个, 即

$$y(x_0)=y_0,y'(x_0)=y_1,y''(x_0)=y_2,\cdots,y^{(n-1)}(x_0)=y_{n-1}.$$

定义 3 称求方程

$$F(x,\ y,\ y',\ y'',\cdots,\ y^{(n)})=0 \tag{4.1.6}$$

满足条件

$$y(x_0)=y_0,\ y'(x_0)=y_1,\ y''(x_0)=y_2,\cdots,\ y^{(n-1)}(x_0)=y_{n-1} \tag{4.1.7}$$

的解的问题为 **Cauchy (柯西) 问题或初值问题**.

确定了通解中的常数所得到的解称为微分方程的特解, 求解初值问题就是求微分方程满足初始条件的特解. 一般地, 先求出微分方程 (4.1.6) 的通解, 然后利用初始条件确定出通解中的任意常数.

例 3 验证函数 $y=C_1\cos 2x+C_2\sin 2x$ (C_1,C_2 为任意常数) 为微分方程

$$\frac{\mathrm{d}^2y}{\mathrm{d}x^2}+4y=0 \tag{4.1.8}$$

的通解, 并求初值问题

$$\begin{cases}\dfrac{\mathrm{d}^2y}{\mathrm{d}x^2}+4y=0,\\ y(0)=3,y'(0)=-2\end{cases} \tag{4.1.9}$$

的解.

解 由 $y = C_1\cos 2x + C_2\sin 2x$ 得

$$\frac{\mathrm{d}y}{\mathrm{d}x} = -2C_1\sin 2x + 2C_2\cos 2x,$$
$$\frac{\mathrm{d}^2y}{\mathrm{d}x^2} = -4C_1\cos 2x - 4C_2\sin 2x,$$

将 y 及 $\frac{\mathrm{d}^2y}{\mathrm{d}x^2}$ 代入微分方程 (4.1.8) 得

$$\frac{\mathrm{d}^2y}{\mathrm{d}x^2} + 4y = -4C_1\cos 2x - 4C_2\sin 2x + 4(C_1\cos 2x + C_2\sin 2x) \equiv 0,$$

因此 $y = C_1\cos 2x + C_2\sin 2x$ 为微分方程 (4.1.8) 的解, 又 y 中含有两个独立的任意常数 C_1 与 C_2, 而 (4.1.8) 为二阶微分方程, 所以 $y = C_1\cos 2x + C_2\sin 2x$ 为方程 (4.1.8) 的通解.

再由初始条件 $y(0) = 3, y'(0) = -2$ 得

$$y(0) = (C_1\cos 2x + C_2\sin 2x)|_{x=0} = C_1 = 3,$$
$$y'(0) = (-2C_1\sin 2x + 2C_2\cos 2x)|_{x=0} = 2C_2 = -2,$$

即 $C_1 = 3, C_2 = -1$, 于是初值问题 (4.1.9) 的解为

$$y = 3\cos 2x - \sin 2x.$$

4.1.2 可分离变量的方程

形如

$$\frac{\mathrm{d}y}{\mathrm{d}x} = f(x)g(y) \tag{4.1.10}$$

的方程称为可分离变量的方程, 其中 $f(x)$ 和 $g(y)$ 是连续函数. 它的特点是: 等式右边可以分解成两个函数的乘积, 其中一个是 x 的函数 $f(x)$, 另一个是 y 的函数 $g(y)$.

假设 $g(y) \neq 0$, 用 $\frac{1}{g(y)}\mathrm{d}x$ 乘 (4.1.10) 的两端, 得

$$\frac{\mathrm{d}y}{g(y)} = f(x)\mathrm{d}x, \tag{4.1.11}$$

将上式两端积分, 得

$$\int \frac{\mathrm{d}y}{g(y)} = \int f(x)\mathrm{d}x,$$

若 $G(y), F(x)$ 分别为 $\frac{1}{g(y)}$ 和 $f(x)$ 的原函数, 则有

$$G(y) = F(x) + C, \quad C\text{为任意常数}, \tag{4.1.12}$$

(4.1.12) 为方程 (4.1.10) 的隐函数形式的通解.

若 $g(y_0) = 0$, 把 $y = y_0$ 代入 (4.1.10) 可知, $y = y_0$ 也是 (4.1.10) 的一个解, 称为常数解.

从 (4.1.10) 变形为 (4.1.11), 就是把变量分离, 即把含未知函数 y 的因子及微分 $\mathrm{d}y$ 集中到等式的一边, 而把含自变量 x 的因子及微分 $\mathrm{d}x$ 集中到等式的另一边. 对变量分离后的方程两端求不定积分而得到方程的通解, 这种方法称为分离变量法.

例 4 求方程 $\dfrac{\mathrm{d}y}{\mathrm{d}x}+xy^2=0$ 的通解.

解 将方程变形为

$$\frac{\mathrm{d}y}{\mathrm{d}x}=-xy^2,$$

这是一个可分离变量的方程, 分离变量得

$$\frac{\mathrm{d}y}{-y^2}=x\mathrm{d}x,$$

两端积分得

$$\int\frac{\mathrm{d}y}{-y^2}=\int x\mathrm{d}x,$$

从而

$$\frac{1}{y}=\frac{1}{2}x^2+C,$$

即得通解

$$y=\frac{1}{\frac{1}{2}x^2+C}.$$

注意到, $y=0$ 也是方程的一个解.

例 5 求初值问题

$$\begin{cases}\dfrac{\mathrm{d}y}{\mathrm{d}x}=\dfrac{1}{(x-y)^2},\\ y(2)=0\end{cases}$$

的解.

解 令 $u=x-y$, 原方程变形为

$$\frac{\mathrm{d}u}{\mathrm{d}x}=\frac{u^2-1}{u^2}.$$

分离变量得

$$\frac{u^2}{u^2-1}\mathrm{d}u=\mathrm{d}x,$$

两端积分得

$$u+\frac{1}{2}\ln\left|\frac{u-1}{u+1}\right|=x+C_1.$$

将 $u=x-y$ 代入, 得原方程的通解为

$$\frac{x-y-1}{x-y+1}=C\mathrm{e}^{2y}.$$

由于当 $x=2$ 时, $y=0$, 得 $C=\dfrac{1}{3}$, 于是初值问题的解为

$$\frac{x-y-1}{x-y+1}=\frac{1}{3}\mathrm{e}^{2y}.$$

4.1.3 齐次方程

若

$$f(tx, ty) = f(x, y), \quad t \neq 0, \tag{4.1.13}$$

则称函数 $f(x, y)$ 是齐次函数, 方程 $\dfrac{\mathrm{d}y}{\mathrm{d}x} = f(x, y)$ 为**齐次方程**. 此时, 在恒等式 (4.1.13) 中令 $t = \dfrac{1}{x}$, 得

$$f(x, y) = f\left(1, \frac{y}{x}\right) = \varphi\left(\frac{y}{x}\right),$$

因而齐次方程的形式可写为

$$\frac{\mathrm{d}y}{\mathrm{d}x} = \varphi\left(\frac{y}{x}\right), \tag{4.1.14}$$

齐次方程 (4.1.14) 可通过变量代换化为可以分离变量的方程. 事实上若令 $u = \dfrac{y}{x}$, 其中 u 是新的未知函数, 则由 $y = ux$ 得 $\dfrac{\mathrm{d}y}{\mathrm{d}x} = u + x\dfrac{\mathrm{d}u}{\mathrm{d}x}$, 齐次方程 (4.1.14) 化为

$$u + x\frac{\mathrm{d}u}{\mathrm{d}x} = \varphi(u),$$

即

$$x\frac{\mathrm{d}u}{\mathrm{d}x} = \varphi(u) - u,$$

这是一个可分离变量的方程, 用分离变量法求出通解后, 再以 $\dfrac{y}{x}$ 代替 u 即得齐次方程 (4.1.14) 的通解.

例 6 求方程 $y^2 + x^2\dfrac{\mathrm{d}y}{\mathrm{d}x} = xy\dfrac{\mathrm{d}y}{\mathrm{d}x}$ 的通解.

解 原方程变形为

$$\frac{\mathrm{d}y}{\mathrm{d}x} = \frac{y^2}{xy - x^2} = \frac{\left(\dfrac{y}{x}\right)^2}{\dfrac{y}{x} - 1},$$

这是一个齐次方程. 令 $u = \dfrac{y}{x}$, 则

$$y = ux, \quad \frac{\mathrm{d}y}{\mathrm{d}x} = u + x\frac{\mathrm{d}u}{\mathrm{d}x},$$

代入原方程, 得

$$u + x\frac{\mathrm{d}u}{\mathrm{d}x} = \frac{u^2}{u - 1},$$

即

$$x\frac{\mathrm{d}u}{\mathrm{d}x} = \frac{u^2}{u - 1} - u = \frac{u}{u - 1},$$

分离变量, 得

$$\left(1 - \frac{1}{u}\right)\mathrm{d}u = \frac{1}{x}\mathrm{d}x,$$

积分得

$$u-\ln|u|=\ln|x|+C_1,$$

即

$$u-C_1=\ln|ux|, ux=\pm\mathrm{e}^{-C_1}\mathrm{e}^u.$$

将 $u=\dfrac{y}{x}$ 代入, 得原方程的通解为

$$y=C\mathrm{e}^{\frac{y}{x}},$$

其中 $C=\pm\mathrm{e}^{-C_1}$ 为任意常数.

可分离变量方程及齐次方程的解法不难掌握. 还有一些其他类型的方程, 也可以经过适当的变量代换而化为可分离变量的方程, 但代换的方法要根据每一类方程的特点去寻找. 例如, 对于方程

$$\frac{\mathrm{d}y}{\mathrm{d}x}=f\left(\frac{a_1x+b_1y+c_1}{a_2x+b_2y+c_2}\right),$$

其中 $a_i,b_i,c_i(i=1,2)$ 均为常数, $f(u)$ 是 u 的连续函数, 且 c_1, c_2 中至少有一个不为 0.

(1) 当 $\begin{vmatrix}a_1 & b_1\\ a_2 & b_2\end{vmatrix}\neq 0$ 时, 选取 h,k 使得

$$\begin{cases}a_1h+b_1k+c_1=0,\\ a_2h+b_2k+c_2=0,\end{cases}$$

令 $x=u+h, y=v+k$, 则原方程化为

$$\frac{\mathrm{d}v}{\mathrm{d}u}=f\left(\frac{a_1u+b_1v}{a_2u+b_2v}\right)=f\left(\frac{a_1+b_1\dfrac{v}{u}}{a_2+b_2\dfrac{v}{u}}\right),$$

这是一个齐次方程.

(2) 当 $\begin{vmatrix}a_1 & b_1\\ a_2 & b_2\end{vmatrix}=0$ 时, 设 $\lambda=\dfrac{a_1}{a_2}=\dfrac{b_1}{b_2}$, 则原方程化为

$$\frac{\mathrm{d}y}{\mathrm{d}x}=f\left(\frac{\lambda(a_2x+b_2y)+c_1}{a_2x+b_2y+c_2}\right),$$

令 $v=a_2x+b_2y$, 得到可分离变量的方程

$$\frac{\mathrm{d}v}{\mathrm{d}x}=a_2+b_2f\left(\frac{\lambda v+c_1}{v+c_2}\right).$$

例 7 求方程 $\dfrac{\mathrm{d}y}{\mathrm{d}x}=2\left(\dfrac{y+2}{x+y-1}\right)^2$ 的通解.

解 由于 $\begin{vmatrix} 0 & 1 \\ 1 & 1 \end{vmatrix} = -1 \neq 0$, 所以方程组

$$\begin{cases} k+2=0, \\ h+k-1=0 \end{cases}$$

有解 $k=-2, h=3$. 令 $x=u+3, y=v-2$, 代入原方程得

$$\frac{\mathrm{d}v}{\mathrm{d}u} = 2\left(\frac{v}{u+v}\right)^2 = 2\left(\frac{\frac{v}{u}}{1+\frac{v}{u}}\right)^2,$$

再令 $t=\frac{v}{u}$, 即 $v=tu$, 得

$$t+u\frac{\mathrm{d}t}{\mathrm{d}u} = 2\left(\frac{t}{1+t}\right)^2,$$

$$u\frac{\mathrm{d}t}{\mathrm{d}u} = -\frac{t(1+t^2)}{(1+t)^2},$$

分离变量得

$$\frac{(1+t)^2}{t(1+t^2)}\mathrm{d}t = -\frac{1}{u}\mathrm{d}u$$

两端积分得

$$\int \frac{(1+t)^2}{t(1+t^2)}\mathrm{d}t = \int \left(\frac{1}{t}+\frac{2}{1+t^2}\right)\mathrm{d}t = \int -\frac{\mathrm{d}u}{u},$$

从而

$$\ln|t| + 2\arctan t = -\ln|u| + C_1,$$

即

$$\ln|tu| = -2\arctan t + C_1,$$

于是

$$v = tu = \pm \mathrm{e}^{C_1} \cdot \mathrm{e}^{-2\arctan t} = C\mathrm{e}^{-2\arctan \frac{v}{u}},$$

其中 $C=\pm\mathrm{e}^{C_1}$ 为任意常数. 把 $u=x-3, v=y+2$ 代入, 得原方程的通解为

$$y = C\mathrm{e}^{-2\arctan\frac{y+2}{x-3}} - 2.$$

4.1.4 一阶线性微分方程

若一阶微分方程关于未知函数及其导数是一次方程, 则称它为**一阶线性微分方程**. 如 $\frac{\mathrm{d}y}{\mathrm{d}x} - \frac{2}{x}y = x+1$, $\frac{\mathrm{d}y}{\mathrm{d}x} + 2x^2y = \sin x$ 都是一阶线性微分方程, 而 $y'^2 + xy = 1$, $yy' + xy = \sin y$ 都不是一阶线性微分方程.

一阶线性微分方程的一般形式为

$$\frac{\mathrm{d}y}{\mathrm{d}x}+p(x)y=q(x), \tag{4.1.15}$$

其中 $p(x)$ 和 $q(x)$ 为连续函数, (4.1.15) 也称为一阶线性微分方程的标准形式.

在 (4.1.15) 中, 如果 $q(x)=0$, 则得到一个较简单的方程

$$\frac{\mathrm{d}y}{\mathrm{d}x}+p(x)y=0, \tag{4.1.16}$$

称 (4.1.16) 为与 (4.1.15) 对应的**一阶线性齐次方程**, 称 (4.1.15) 为**一阶线性非齐次方程**.

显然, 线性齐次方程 (4.1.16) 是一个可分离变量的方程, 分离变量得

$$\frac{\mathrm{d}y}{\mathrm{d}x}=-p(x)y,$$

积分可得 (4.1.16) 的通解为

$$y=C\mathrm{e}^{-\int p(x)\mathrm{d}x}, \tag{4.1.17}$$

其中 C 为任意常数.

对于线性非齐次方程 (4.1.15), 如何求它的通解呢? 下面我们介绍微分方程理论中的一个重要方法 —— **常数变易法**.

由于齐次方程 (4.1.16) 是非齐次方程 (4.1.15) 的特殊情形, 两者有密切的联系, 我们猜想两个方程的解之间也应该有联系, 将齐次方程的通解 (4.1.17) 中的任意常数 C 换为函数 $C(x)$, 得函数

$$y(x)=C(x)\mathrm{e}^{-\int p(x)\mathrm{d}x}. \tag{4.1.18}$$

现确定函数 $C(x)$, 使 (4.1.18) 为线性非齐次方程 (4.1.15) 的解, 即使 (4.1.18) 满足方程 (4.1.15). 将 (4.1.18) 代入方程 (4.1.15), 得

$$(C(x)\mathrm{e}^{-\int p(x)\mathrm{d}x})'+C(x)\mathrm{e}^{-\int p(x)\mathrm{d}x}\cdot p(x)=q(x),$$

即

$$C'(x)\mathrm{e}^{-\int p(x)\mathrm{d}x}=q(x),$$

故

$$C(x)=\int q(x)\mathrm{e}^{\int p(x)\mathrm{d}x}\mathrm{d}x+C.$$

将 $C(x)$ 代入 (4.1.18) 式得

$$y=\mathrm{e}^{-\int p(x)\mathrm{d}x}\left[\int q(x)\mathrm{e}^{\int p(x)\mathrm{d}x}\mathrm{d}x+C\right]. \tag{4.1.19}$$

由直接验证知, 上式的确是非齐次方程 (4.1.15) 的解, 又因它含有一个任意常数, 所以 (4.1.19) 式是线性非齐次方程 (4.1.15) 的通解.

例 8 求方程 $\dfrac{\mathrm{d}y}{\mathrm{d}x}=\dfrac{y+x}{x}$ 的通解.

解 将方程化为

$$\frac{\mathrm{d}y}{\mathrm{d}x}-\frac{1}{x}y=1, \tag{4.1.20}$$

这是一个线性非齐次方程, 对应的齐次方程为

$$\frac{\mathrm{d}y}{\mathrm{d}x}-\frac{1}{x}y=0,$$

用分离变量法得到它的通解为

$$y=C_1\mathrm{e}^{\int\frac{1}{x}\mathrm{d}x}=C_1\mathrm{e}^{\ln|x|}=Cx,$$

其中 $C=\pm C_1$. 将齐次方程通解 $y=Cx$ 中任意常数 C 换成函数 $C(x)$, 设 $y=C(x)x$ 为原非齐次方程 (4.1.20) 的解. 代入 (4.1.20) 得

$$C(x)+C'(x)\cdot x-\frac{1}{x}C(x)\cdot x=1,$$

即

$$C'(x)=\frac{1}{x},$$

于是

$$C(x)=\int\frac{1}{x}\mathrm{d}x=\ln|x|+C,$$

所以 (4.1.20) 的通解为

$$y=x(\ln|x|+C).$$

本题也可以直接用公式 (4.1.19) 求解, 这里 $p(x)=-\dfrac{1}{x}, q(x)=1$, 因而 (4.1.20) 的通解为

$$\begin{aligned}y&=\mathrm{e}^{-\int\left(-\frac{1}{x}\right)\mathrm{d}x}\left[\int\mathrm{e}^{\int\left(-\frac{1}{x}\right)\mathrm{d}x}\mathrm{d}x+C\right]=\mathrm{e}^{\ln x}\left(\int\mathrm{e}^{-\ln x}\mathrm{d}x+C\right)\\&=x\left(\int\frac{1}{x}\mathrm{d}x+C\right)=x\left(\ln|x|+C\right).\end{aligned} \tag{4.1.21}$$

注意, 例 8 中用公式求通解的写法仅对 $x>0$ 时才成立. 而当 $x<0$ 时,

$$y=|x|\left(\int\frac{1}{|x|}\mathrm{d}x+C\right)=-x\left[\int\left(-\frac{1}{x}\right)\mathrm{d}x+C\right]=x\left(\int\frac{1}{x}\mathrm{d}x-C\right)=x\left(\ln|x|-C\right),$$

由于 C 是任意常数, 所以上式实际上和 (4.1.21) 式完全一样.

例 9 求解初值问题

$$\begin{cases}(x^2+1)\dfrac{\mathrm{d}y}{\mathrm{d}x}+4xy=x,\\ y|_{x=2}=1.\end{cases}$$

解 方程两边同除以 x^2+1, 得到方程的标准形式

$$\frac{\mathrm{d}y}{\mathrm{d}x}+\frac{4x}{x^2+1}y=\frac{x}{x^2+1},$$

其中 $p(x)=\dfrac{4x}{x^2+1}$, $q(x)=\dfrac{x}{x^2+1}$. 故

$$\begin{aligned}
y&=\mathrm{e}^{-\int\frac{4x}{x^2+1}\mathrm{d}x}\left(\int\frac{x}{x^2+1}\mathrm{e}^{\int\frac{4x}{x^2+1}\mathrm{d}x}\mathrm{d}x+C\right)\\
&=\mathrm{e}^{-2\ln(x^2+1)}\left[\int\frac{x}{x^2+1}\mathrm{e}^{2\ln(x^2+1)}\mathrm{d}x+C\right]\\
&=\frac{1}{(x^2+1)^2}\left[\int x(x^2+1)\mathrm{d}x+C\right]\\
&=\frac{1}{(x^2+1)^2}\left(\frac{x^4}{4}+\frac{x^2}{2}+C\right).
\end{aligned}$$

由初始条件 $y|_{x=2}=1$ 得到 $C=19$. 因此方程的解为

$$y=\frac{1}{(x^2+1)^2}\left(\frac{x^4}{4}+\frac{x^2}{2}+19\right).$$

例 10 求方程 $\dfrac{\mathrm{d}y}{\mathrm{d}x}=\dfrac{y}{2x-y^2}$ 的通解.

解 原方程对 y 而言不是线性方程, 将它改写成

$$\frac{\mathrm{d}x}{\mathrm{d}y}=\frac{2x-y^2}{y}=\frac{2}{y}x-y,$$

则上式是以 x 为未知函数的线性方程, 其中 $p(y)=-\dfrac{2}{y}$, $q(y)=-y$, 由通解公式得原方程的通解为

$$\begin{aligned}
x&=\mathrm{e}^{-\int\left(-\frac{2}{y}\right)\mathrm{d}y}\left(\int -y\mathrm{e}^{\int\frac{-2}{y}\mathrm{d}y}\mathrm{d}y+C\right)\\
&=\mathrm{e}^{2\ln|y|}\left(-\int y\mathrm{e}^{-2\ln|y|}\mathrm{d}y+C\right)\\
&=y^2\left(-\int\frac{1}{y}\mathrm{d}y+C\right)=y^2\left(C-\ln|y|\right).
\end{aligned}$$

有些方程虽不是线性方程, 但可以通过变量代换化为线性方程, 例如, Bernoulli (伯努利) 方程

$$\frac{\mathrm{d}y}{\mathrm{d}x}+p(x)y=q(x)y^n\quad(n\neq 0,1)\tag{4.1.22}$$

就是这种类型, 方程 (4.1.22) 两边除以 y^n, 则方程变形为

$$y^{-n}\frac{\mathrm{d}y}{\mathrm{d}x}+p(x)y^{1-n}=q(x).\tag{4.1.23}$$

令 $z=y^{1-n}$, 则 $\dfrac{\mathrm{d}z}{\mathrm{d}x}=(1-n)y^{-n}\dfrac{\mathrm{d}y}{\mathrm{d}x}$, (4.1.23) 式化为

$$\frac{\mathrm{d}z}{\mathrm{d}x}+(1-n)p(x)z=(1-n)q(x),$$

这是以 z 为未知函数的一阶线性非齐次方程, 求得其通解后再以 y^{1-n} 代替 z, 便得 Bernoulli 方程的通解.

例 11 求方程 $\dfrac{\mathrm{d}y}{\mathrm{d}x}+\dfrac{1}{x}y=x^2y^3$ 的通解.

解 这是 $n=3$ 的 Bernoulli 方程, 令 $z=y^{-2}$, 则方程变成

$$\frac{\mathrm{d}z}{\mathrm{d}x}-\frac{2}{x}z=-2x^2,$$

由一阶线性方程的通解公式得

$$\begin{aligned}
z&=\mathrm{e}^{\int\frac{2}{x}\mathrm{d}x}\left[\int(-2x^2)\mathrm{e}^{-\int\frac{2}{x}\mathrm{d}x}\mathrm{d}x+C\right]\\
&=x^2\left[\int(-2x^2)\cdot\frac{1}{x^2}\mathrm{d}x+C\right]\\
&=x^2\left(-\int 2\mathrm{d}x+C\right)=x^2(C-2x),
\end{aligned}$$

从而原方程的通解为

$$\frac{1}{y^2}=x^2(C-2x).$$

4.1.5 可降阶的高阶微分方程

二阶及二阶以上的微分方程统称为高阶微分方程. 对于高阶微分方程, 通常是设法通过变量代换把它化成较低阶的微分方程, 从而求得通解, 称这种求解的方法为降阶法. 本节用降阶法讨论几种特殊类型的高阶微分方程的解法.

1. $y^{(n)}=f(x)$ 型的微分方程

原方程即为 $\dfrac{\mathrm{d}y^{(n-1)}}{\mathrm{d}x}=f(x)$, 直接积分得

$$y^{(n-1)}=\int f(x)\mathrm{d}x+C,$$

因此, 原方程只要通过 n 次积分就可以求出通解.

例 12 求方程 $y'''=\mathrm{e}^{2x}-\cos x$ 的通解.

解 对原方程积分三次得

$$\begin{aligned}
y''&=\int(\mathrm{e}^{2x}-\cos x)\mathrm{d}x=\frac{1}{2}\mathrm{e}^{2x}-\sin x+C_1,\\
y'&=\int\left(\frac{1}{2}\mathrm{e}^{2x}-\sin x+C_1\right)\mathrm{d}x=\frac{1}{4}\mathrm{e}^{2x}+\cos x+C_1x+C_2,\\
y&=\int\left(\frac{1}{4}\mathrm{e}^{2x}+\cos x+C_1x+C_2\right)\mathrm{d}x=\frac{1}{8}\mathrm{e}^{2x}+\sin x+\frac{C_1}{2}x^2+C_2x+C_3,
\end{aligned}$$

这就是原方程的通解.

2. $y''=f(x,y')$ 型的微分方程

这类方程的特点是不显含未知函数 y. 令 $y'=z$, 则 $y''=z'=\dfrac{\mathrm{d}z}{\mathrm{d}x}$, 原方程化为

$$\frac{\mathrm{d}z}{\mathrm{d}x}=f(x,z),$$

这是一个一阶微分方程, 设其通解为 $z=\varphi(x,C_1)$, 则对 $z=y'=\varphi(x,C_1)$ 积分得原方程的通解为

$$y=\int\varphi(x,C_1)\mathrm{d}x+C_2.$$

例 13 求方程 $y''=\dfrac{2xy'}{1+x^2}$ 的通解.

解 这是一个不显含未知函数 y 的方程. 令 $y'=z$, 则 $y''=z'$, 原方程化为

$$z'=\frac{2xz}{1+x^2},$$

分离变量得

$$\frac{\mathrm{d}z}{z}=\frac{2x}{1+x^2}\mathrm{d}x,$$

积分得

$$\ln|z|=\ln(1+x^2)+C,$$

即

$$z=C_1(1+x^2)\quad(C_1=\pm\mathrm{e}^C),$$

于是

$$y'=C_1(1+x^2),$$

积分得原方程的通解为

$$y=C_1\left(x+\frac{1}{3}x^3\right)+C_2.$$

3. $y''=f(y,y')$ 型的微分方程

这类方程的特点是不显含自变量 x. 对这类方程, 可以改取 y 为自变量, 令 $z=z(y)=y'$ 为未知函数而使原方程降阶. 这时

$$y''=\frac{\mathrm{d}z}{\mathrm{d}x}=\frac{\mathrm{d}z}{\mathrm{d}y}\cdot\frac{\mathrm{d}y}{\mathrm{d}x}=z\frac{\mathrm{d}z}{\mathrm{d}y},$$

原方程变为

$$z\frac{\mathrm{d}z}{\mathrm{d}y}=f(y,z),$$

这是一个以 y 为自变量, z 为未知函数的一阶微分方程, 设其通解为 $z=\varphi(y,C_1)$, 则对 $y'=z=\varphi(y,C_1)$ 分离变量后积分得原方程的通解为

$$x=\int\frac{\mathrm{d}y}{\varphi(y,C_1)}+C_2.$$

例 14 求初值问题

$$\begin{cases} y''=\dfrac{1+y'^2}{2y}, \\ y(0)=1, y'(0)=0. \end{cases}$$

解 这个方程不显含自变量 x. 令 $z=y'$, 则 $y''=z\dfrac{\mathrm{d}z}{\mathrm{d}y}$, 代入原方程得

$$z\frac{\mathrm{d}z}{\mathrm{d}y}=\frac{1+z^2}{2y},$$

分离变量得

$$\frac{2z}{1+z^2}\mathrm{d}z=\frac{1}{y}\mathrm{d}y,$$

积分得

$$\ln(1+z^2)=\ln|y|+C,$$

化简得

$$1+z^2=C_1y \quad (C_1=\pm\mathrm{e}^C),$$

将初始条件 $y(0)=1$, $y'(0)=0$ 代入上式可得 $C_1=1$, 故

$$1+z^2=y,$$

则

$$\frac{\mathrm{d}y}{\mathrm{d}x}=z=\pm\sqrt{y-1},$$

分离变量得

$$\frac{\mathrm{d}y}{\sqrt{y-1}}=\pm\mathrm{d}x,$$

积分得

$$2\sqrt{y-1}=\pm x+C_2,$$

再由初始条件 $y(0)=1$, 得 $C_2=0$, 故所求解为

$$2\sqrt{y-1}=\pm x,$$

即

$$y=\frac{1}{4}x^2+1.$$

习 题 4.1

1. 检验下列各题中所给函数是否为所给方程的解, 是通解还是特解?

(1) $y'-2y=0, y=\sin 2x$, $y=\mathrm{e}^{2x}$, $y=4\mathrm{e}^{2x}$, $y=C\mathrm{e}^{2x}$;

(2) $xy'=y\left(1+\ln\dfrac{y}{x}\right), y=x$, $y=x\mathrm{e}^{Cx}$;

(3) $y''+y=0, y=3\cos x+4\sin x, y=3\sin x-4\cos x$;

(4) $y'^2+xy'-y=0, y=-\dfrac{1}{4}x^2$;

(5) $y'-2xy=1, y=\mathrm{e}^{x^2}\displaystyle\int_0^x \mathrm{e}^{-t^2}\,\mathrm{d}t+\mathrm{e}^{x^2}$.

2. 求下列曲线族所满足的微分方程:

(1) $(x-C)^2+y^2=1$;

(2) $y=Cx+C^2$;

(3) $y=C+\ln x$;

(4) $y=C_1\cos 3x+C_2\sin 3x$.

3. 求下列方程的通解:

(1) $x\dfrac{\mathrm{d}y}{\mathrm{d}x}-y\ln y=0$;

(2) $\dfrac{\mathrm{d}y}{\mathrm{d}x}=\sqrt{\dfrac{1-y^2}{1-x^2}}$;

(3) $x(y^2-1)\mathrm{d}x+y(x^2-1)\mathrm{d}y=0$;

(4) $\sec^2 x\tan y\mathrm{d}x+\sec^2 y\tan x\mathrm{d}y=0$;

(5) $x\mathrm{d}x+y\mathrm{e}^{-x}\mathrm{d}y=0$.

4. 求下列方程满足所给初始条件的特解:

(1) $y'=\mathrm{e}^{2x-y}$, $y(0)=0$;

(2) $(x+1)y'+1=2\mathrm{e}^{-y}$, $y(1)=0$;

(3) $\cos x\sin y\mathrm{d}y-\cos y\sin x\mathrm{d}x=0$, $y(0)=\dfrac{\pi}{4}$;

(4) $y^2\mathrm{d}x+(1+\mathrm{e}^{-x})\mathrm{d}y=0$, $y(0)=\dfrac{1}{\ln 2}$.

5. 设 $f(x)=\mathrm{e}^{-\int_0^x f(t)\mathrm{d}t}\ (x\geqslant 0)$, $f(x)$ 在 $[0,+\infty)$ 上恒正且可微, 求 $f(x)$.

6. 求下列方程的通解或特解:

(1) $2y'=\dfrac{y}{x}+\dfrac{y^2}{x^2}$;

(2) $y'=\dfrac{y}{x}(1+\ln y-\ln x)$;

(3) $xy'-y=x\tan\dfrac{y}{x}$;

(4) $\begin{cases} y'=\dfrac{x^2+2y^2}{2xy}, \\ y(1)=2; \end{cases}$

(5) $\begin{cases} (1+2\mathrm{e}^{\frac{x}{y}})\mathrm{d}x+2\mathrm{e}^{\frac{x}{y}}\left(1-\dfrac{x}{y}\right)\mathrm{d}y=0, \\ y(0)=1. \end{cases}$

7. 用适当的代换, 求解下列方程:

(1) $y'=\dfrac{1}{x-y}+1$;

(2) $(x+y)^2y'=1$;

(3) $y'=\cos(x-y)$;

(4) $xy'+y=y\ln(xy)$;

(5) $\dfrac{\mathrm{d}y}{\mathrm{d}x}=\dfrac{x-y+5}{x-y-2}$;

(6) $\dfrac{\mathrm{d}y}{\mathrm{d}x}=\dfrac{7x-3y-7}{-3x+7y+3}$.

8. 一曲线通过点 $(0,1)$, 它在任意点处的斜率为 y, 求此曲线.

9. 一曲线通过点 $(2,3)$, 它在两坐标轴间的任意切线线段被切点所平分, 求此曲线.

10. 求下列微分方程的通解:

(1) $y'+y=\mathrm{e}^{-x}$;

(2) $y'-\dfrac{1}{x}y-x^2=0$;

(3) $xy'-y=2x^2\mathrm{e}^x$;

(4) $y'+y\tan x=\sin 2x$;

(5) $(x^2+1)y'+2xy=4x^2$;

(6) $y'+y\cos x=\mathrm{e}^{-\sin x}$;

(7) $\dfrac{\mathrm{d}x}{\mathrm{d}t}-2tx=\mathrm{e}^{t^2}\cos t$;

(8) $(t^2-1)s'+2ts=\cos t$;

(9) $y'(y^2-x)=y$;

(10) $y'(x\cos y+\sin 2y)=1$;

(11) $y\mathrm{d}x-(x-y^2\cos y)\mathrm{d}y=0$;

(12) $y\mathrm{d}x-(x+y^3)\mathrm{d}y=0$;

(13) $xy'+y-xy^3=0$;

(14) $xy'-4y=x^2\sqrt{y}$.

11. 求下列方程满足初始条件的特解:

(1) $\begin{cases} y'-y\tan x=\sec x, \\ y(0)=1; \end{cases}$

(2) $\begin{cases} x'+3x=\mathrm{e}^{-2t}, \\ x(0)=0; \end{cases}$

(3) $\begin{cases} (x+1)y'+y=2\mathrm{e}^{-x}, \\ y(0)=0; \end{cases}$

(4) $\begin{cases} y'\cos x+y\sin x=\cos^2 x, \\ y(\pi)=1; \end{cases}$

(5) $\begin{cases} y'-\dfrac{1}{x}y=-\dfrac{\cos x}{x}y^2, \\ y(\pi)=1; \end{cases}$

(6) $\begin{cases} 2yy'+2xy^2=x\mathrm{e}^{-x^2}, \\ y(0)=1. \end{cases}$

12. 设 $y_1(x)$ 和 $y_2(x)$ 是一阶线性齐次方程 $y'+p(x)y=0$ 的两个解, C_1 和 C_2 是两个任意常数. 证明 $y=C_1y_1(x)+C_2y_2(x)$ 也是方程 $y'+p(x)y=0$ 的解.

13. 设 $y_1(x)$ 是一阶线性方程 $y'+p(x)y=q_1(x)$ 的解, $y_2(x)$ 是一阶线性方程 $y'+p(x)y=q_2(x)$ 的解. 证明 y_1+y_2 是方程 $y'+p(x)y=q_1(x)+q_2(x)$ 的解.

14. 证明:

(1) 若 $y_1(x)$ 是一阶线性非齐次方程 $y'+p(x)y=q(x)$ 的解, 而 $y_0(x)$ 是对应的齐次方程 $y'+p(x)y=0$ 的解, 则 $y=y_1(x)+Cy_0(x)$ 必为非齐次方程的通解, 其中 C 为任意常数;

(2) 若 $y_1(x)$ 与 $y_2(x)$ 是一阶线性非齐次方程 $y'+p(x)y=q(x)$ 的两个不同的解, 则 $y=y_1(x)-y_2(x)$ 必为对应齐次方程的解;

(3) 设 $y_1(x)$ 与 $y_2(x)$ 是一阶线性非齐次方程 $y'+p(x)y=q(x)$ 的两个不同的特解, 证明: $y=Cy_1(x)+(1-C)y_2(x)$ 必为它的通解, 其中 C 为任意常数.

15. 设 $P(x,y)$ 是连接 $B(1,0)$ 和 $A(0,1)$ 两点的一条向上凸的曲线上的任一点, 已知曲线与弦 AP 之间的面积为 x^3. 求此曲线方程.

16. (1) 已知 $\displaystyle\int_0^1 f(tx)\mathrm{d}t=\frac{1}{2}f(x)+1\ (x\neq 0)$, 求 $f(x)$;

(2) 已知函数 $f(x)$ 满足关系式 $\displaystyle\int_0^x tf(t)\mathrm{d}t=x^2+f(x)$,求$f(x)$;

(3) 设可微函数 $f(x)$ 对任何 x,y 恒有 $f(x+y)=\mathrm{e}^y f(x)+\mathrm{e}^x f(y)$, 且 $f'(0)=2$, 求 $f(x)$.

17. 求下列方程的通解:

(1) $y'' = x + \sin x$;

(2) $xy^{(5)} - 2y^{(4)} = 0$;

(3) $(1 + x^2)y'' + 2xy' = 1$;

(4) $y''^2 - y' = 0$;

(5) $y'''y'' = 2$;

(6) $yy'' + y'^2 = y'$;

(7) $y'' + \dfrac{2}{1-y}y'^2 = 0$;

(8) $x^2y'' = y'^2 + 2xy'$.

18. 求下列方程的解:

(1) $\begin{cases}(1-x^2)y'' - xy' = 0,\\ y(0) = 0,\ y'(0) = 1;\end{cases}$

(2) $\begin{cases}xy'' - y'\ln y' + y'\ln x = 0,\\ y(1) = 2,\ y'(1) = \mathrm{e}^2;\end{cases}$

(3) $\begin{cases}2y'^2 = y''(y-1),\\ y(1) = 2,\ y'(1) = -1;\end{cases}$

(4) $\begin{cases}2yy'' = y'^2 + y^2,\\ y(0) = 1,\ y'(0) = -1.\end{cases}$

§4.2 二阶线性微分方程

4.2.1 二阶线性微分方程解的结构

若 n 阶微分方程关于未知函数 y 及其各阶导数 $y', y'', \cdots, y^{(n)}$ 都是一次的, 则称它为 n 阶线性微分方程. n 阶线性微分方程的一般形式为

$$a_0(x)y^{(n)} + a_1(x)y^{(n-1)} + \cdots + a_{n-1}(x)y' + a_n(x)y = f(x),$$

函数 $f(x)$ 称为方程的**自由项**. 若 $f(x) \equiv 0$, 则称其为 n **阶线性齐次微分方程**; 若 $f(x) \neq 0$, 则称其为 n **阶线性非齐次微分方程**.

下面主要讨论二阶线性齐次微分方程

$$a_0(x)y'' + a_1(x)y' + a_2(x)y = 0 \tag{4.2.1}$$

及二阶线性非齐次微分方程

$$a_0(x)y'' + a_1(x)y' + a_2(x)y = f(x) \tag{4.2.2}$$

的解的结构的有关定理.

定理 1 (1) 如果 $y_1(x), y_2(x)$ 为二阶线性齐次方程 (4.2.1) 的两个解, 则 $C_1y_1(x)+C_2y_2(x)$ 仍为 (4.2.1) 的解, 其中 C_1, C_2 为两个常数;

(2) 如果 $y_1(x), y_2(x)$ 为二阶线性非齐次方程 (4.2.2) 的两个解, 则 $y_1(x) - y_2(x)$ 为对应的齐次方程 (4.2.1) 的解.

证明 (1) 由于 $y_1(x), y_2(x)$ 为 (4.2.1) 的解, 所以 $y_1(x), y_2(x)$ 满足方程 (4.2.1), 即有

$$a_0(x)y_1''(x) + a_1(x)y_1'(x) + a_2(x)y_1(x) \equiv 0,$$
$$a_0(x)y_2''(x) + a_1(x)y_2'(x) + a_2(x)y_2(x) \equiv 0,$$

从而

$$\begin{aligned}&a_0(x)[C_1y_1(x)+C_2y_2(x)]''+a_1(x)[C_1y_1(x)+C_2y_2(x)]'+a_2(x)[C_1y_1(x)+C_2y_2(x)]\\=&C_1[a_0(x)y_1''(x)+a_1(x)y_1'(x)+a_2(x)y_1(x)]+C_2[a_0(x)y_2''(x)+a_1(x)y_2'(x)+a_2(x)y_2(x)]\\\equiv&0.\end{aligned}$$

故 $C_1y_1(x)+C_2y_2(x)$ 为 (4.2.1) 的解.

(2) 由于 $y_1(x),y_2(x)$ 为 (4.2.2) 的解, 所以 $y_1(x),y_2(x)$ 满足方程 (4.2.2), 即有

$$\begin{aligned}a_0(x)y_1''(x)+a_1(x)y_1'(x)+a_2(x)y_1(x)\equiv f(x),\\a_0(x)y_2''(x)+a_1(x)y_2'(x)+a_2(x)y_2(x)\equiv f(x),\end{aligned}$$

两式相减得

$$a_0(x)[y_1(x)-y_2(x)]''+a_1(x)[y_1(x)-y_2(x)]'+a_2(x)[y_1(x)-y_2(x)]\equiv 0,$$

故 $y_1(x)-y_2(x)$ 为对应齐次方程 (4.2.1) 的解.

为了研究齐次线性方程解的结构, 需要引进函数线性无关的概念.

定义 1 对于定义在区间 I 上的 n 个函数 $y_1(x),y_2(x),\cdots,y_n(x)$, 若存在 n 个不全为零的常数 $k_1,k_2,\cdots,k_n$, 使当 $x\in I$ 时, 有

$$k_1y_1(x)+k_2y_2(x)+\cdots+k_ny_n(x)\equiv 0,$$

则称函数 $y_1(x),y_2(x),\cdots,y_n(x)$ 在区间 I 上**线性相关**, 否则就称 $y_1(x),y_2(x),\cdots,y_n(x)$ 在 I 上**线性无关**.

易知, 两个函数 $y_1(x)$ 和 $y_2(x)$ 在区间 I 上线性相关的充分必要条件是 $\dfrac{y_1(x)}{y_2(x)}\left(\text{或 }\dfrac{y_2(x)}{y_1(x)}\right)$ 在 I 上恒等于常数.

例如, 由于 $\dfrac{\sin 2x}{\cos 2x}=\tan 2x$, $\dfrac{\mathrm{e}^{3x}}{\mathrm{e}^{x}}=\mathrm{e}^{2x}$, 故 $\sin 2x$ 与 $\cos 2x$ 在 $0<x<\dfrac{\pi}{2}$ 上线性无关, e^{3x} 与 e^{x} 在 $(-\infty,+\infty)$ 上线性无关. 而由于 $\dfrac{\sin 2x}{\sin x\cos x}\equiv 2$, 故 $\sin 2x$ 与 $\sin x\cos x$ 在 $(-\infty,+\infty)$ 上线性相关.

为了判断 $n(n\geqslant 3)$ 个函数是否线性相关, 引入如下行列式.

定义 2 称行列式

$$W(x)=W(y_1(x),\ y_2(x),\ \cdots,\ y_n(x))=\begin{vmatrix}y_1(x)&y_2(x)&\cdots&y_n(x)\\y_1'(x)&y_2'(x)&\cdots&y_n'(x)\\\vdots&\vdots&&\vdots\\y_1^{(n-1)}(x)&y_2^{(n-1)}(x)&\cdots&y_n^{(n-1)}(x)\end{vmatrix}$$

为 n 个函数 $y_1(x),y_2(x),\cdots,y_n(x)$ 的 **Wronski (朗斯基)** 行列式.

可以证明: 若 $y_1(x), y_2(x), \cdots, y_n(x)$ 为 n 阶线性齐次方程的 n 个解, 则 $y_1(x), y_2(x), \cdots, y_n(x)$ 在区间 I 上线性相关的充分必要条件为 $y_1(x), y_2(x), \cdots, y_n(x)$ 的 Wronski 行列式 $W(x) \equiv 0, x \in I$.

定理 2 设 $y_1(x), y_2(x)$ 为二阶线性齐次方程 (4.2.1) 的两个线性无关的解, 则 (4.2.1) 的通解为

$$y = C_1 y_1(x) + C_2 y_2(x),$$

其中 C_1, C_2 为两个任意常数.

证明 由定理 1 中 (1) 知, $y = C_1 y_1(x) + C_2 y_2(x)$ 为齐次方程 (4.2.1) 的解, 又由于 $y_1(x)$ 和 $y_2(x)$ 线性无关, 所以 $y_1(x) \neq k y_2(x)$ (k 为常数), 这时 $C_1 y_1(x) + C_2 y_2(x)$ 中的两个常数 C_1, C_2 是相互独立的, 故 $y = C_1 y_1(x) + C_2 y_2(x)$ 为 (4.2.1) 的通解.

定理 3 设 $y^*(x)$ 为二阶线性非齐次方程 (4.2.2) 的一个特解, $y_1(x), y_2(x)$ 为对应齐次方程 (4.2.1) 的两个线性无关的解, 则 (4.2.2) 的通解为

$$y = C_1 y_1(x) + C_2 y_2(x) + y^*(x),$$

其中 C_1, C_2 为两个任意常数.

证明 由于 $y^*(x)$ 为 (4.2.2) 的解, $y_1(x), y_2(x)$ 为 (4.2.1) 的解, 故下列二式成立:

$$a_0(x){y^*}''(x) + a_1(x){y^*}'(x) + a_2(x)y^*(x) = f(x),$$
$$a_0(x)y_i''(x) + a_1(x)y_i'(x) + a_2(x)y_i(x) = 0\,(i = 1, 2),$$

从而有

$$\begin{aligned}
& a_0(x)[C_1 y_1(x) + C_2 y_2(x) + y^*(x)]'' + \\
& \quad a_1(x)[C_1 y_1(x) + C_2 y_2(x) + y^*(x)]' + a_2(x)[C_1 y_1(x) + C_2 y_2(x) + y^*(x)] \\
= {} & C_1[a_0(x)y_1''(x) + a_1(x)y_1'(x) + a_2(x)y_1(x)] + C_2[a_0(x)y_2''(x) + a_1(x)y_2'(x) + \\
& \quad a_2(x)y_2(x)] + a_0(x){y^*}''(x) + a_1(x){y^*}'(x) + a_2(x)y^*(x) \\
= {} & C_1 \cdot 0 + C_2 \cdot 0 + f(x) = f(x).
\end{aligned}$$

即得 $C_1 y_1(x) + C_2 y_2(x) + y^*(x)$ 为 (4.2.2) 的解. 又由于 $y_1(x), y_2(x)$ 线性无关, C_1, C_2 为两个独立的任意常数, 因而 $y = C_1 y_1(x) + C_2 y_2(x) + y^*(x)$ 为 (4.2.2) 的通解.

例 1 已知某二阶线性非齐次微分方程的三个解为

$$x + \mathrm{e}^{-x} + 1,\ \mathrm{e}^{-x} + 1,\ 1 - x,$$

求该方程的通解.

解 由定理 1 知, x 和 $\mathrm{e}^{-x} + x$ 为对应齐次方程的两个解. x 与 $\mathrm{e}^{-x} + x$ 不成比例, 故 x 与 $\mathrm{e}^{-x} + x$ 线性无关. 由定理 3 知所求的通解为

$$y = C_1 x + C_2(\mathrm{e}^{-x} + x) + 1 - x = C_1' x + C_2 \mathrm{e}^{-x} + 1.$$

其中 $C_1' = C_1 + C_2 - 1, C_1, C_2$ 为任意常数.

例 2 已知方程 $x^2y''-4xy'+6y=0$ 的一个特解为 $y_1=x^3$, 求该方程的通解.

解 这是一个二阶线性齐次方程, 由定理 2, 只要求出与 y_1 线性无关的另一特解 y_2, 便可得方程的通解. 因为 y_1, y_2 线性无关即 $\dfrac{y_2}{y_1}\neq$ 常数, 所以可设 $y_2=u(x)y_1=x^3u(x)$, 其中 $u(x)$ 是一个特定的函数. 将

$$y_2=x^3u,\ y_2'=3x^2u+x^3u',\ y_2''=6xu+6x^2u'+x^3u''$$

代入方程得

$$x^2(6xu+6x^2u'+x^3u'')-4x(3x^2u+x^3u')+6x^3u=0,$$

即

$$xu''+2u'=0.$$

这是特殊类型的二阶方程, 其通解为 $u=-\dfrac{C_1}{x}+C_2$, 取其一个特解 $u=\dfrac{1}{x}$, 便得原方程的通解为

$$y=C_1x^3+C_2x^2.$$

最后给出线性方程的**叠加原理**.

定理 4 设 $y_1(x)$ 为方程 $a_0(x)y''+a_1(x)y'+a_2(x)y=f_1(x)$ 的一个特解, $y_2(x)$ 为方程 $a_0(x)y''+a_1(x)y'+a_2(x)y=f_2(x)$ 的一个特解, 则 $y_1(x)+y_2(x)$ 为方程 $a_0(x)y''+a_1(x)y'+a_2(x)y=f_1(x)+f_2(x)$ 的一个特解.

证明留给读者.

4.2.2 二阶常系数线性微分方程的解法

由前面二阶线性微分方程解的结构定理可知: 二阶线性微分方程的求解问题, 关键在于求二阶线性齐次方程的两个线性无关的特解和非齐次方程的一个特解. 但在一般情况下, 这并不是一件容易的事. 这里仅讨论二阶线性方程中最重要、最常见的特殊情况 —— 二阶常系数线性微分方程的解法.

1. 二阶常系数线性齐次方程的解法

方程

$$ay''+by'+cy=0 \tag{4.2.3}$$

称为**二阶常系数线性齐次方程**, 其中 a, b, c 为常数.

由 4.2.1 节中的定理可知, 求方程 (4.2.3) 的通解, 关键在于求出它的两个线性无关的特解 $y_1(x), y_2(x)$. 什么样的函数 y 有可能成为方程 (4.2.3) 的特解呢? 由于方程 (4.2.3) 是 y'', y', y 分别乘常数因子后相加等于零, 所以如果函数 y 和它的导数 y', y'' 之间只相差常数因子, 函数 y 便可能是方程 (4.2.3) 的特解, 而指数函数 $y=\mathrm{e}^{rx}$ 的导数是 $y'=r\mathrm{e}^{rx}$, $y''=r^2\mathrm{e}^{rx}$, 它们之间只相差常数因子, 因此, 只要选择适当的 r 的值, 就有可能使 $y=\mathrm{e}^{rx}$ 是方程 (4.2.3) 的解.

设 $y=\mathrm{e}^{rx}$ 是方程 (4.2.3) 的解, 将 $y=\mathrm{e}^{rx}$, $y'=r\mathrm{e}^{rx}$, $y''=r^2\mathrm{e}^{rx}$ 代入 (4.2.3) 得

$$ar^2\mathrm{e}^{rx}+br\mathrm{e}^{rx}+c\mathrm{e}^{rx}=0,$$

即

$$(ar^2+br+c)\mathrm{e}^{rx}=0,$$

因 $\mathrm{e}^{rx}\neq 0$, 故

$$ar^2+br+c=0. \tag{4.2.4}$$

称代数方程 (4.2.4) 为微分方程 (4.2.3) 的特征方程, 其根称为 (4.2.3) 的特征根. 由上可知, 只要常数 r 是 (4.2.3) 的特征根, 则 $y=\mathrm{e}^{rx}$ 就是 (4.2.3) 的特解.

特征方程 (4.2.4) 是一个以 r 为未知数的一元二次方程, 特征根有三种可能情况. 下面就三种情况分别讨论方程 (4.2.3) 的通解形式.

(1) $\Delta=b^2-4ac>0$, 特征方程 (4.2.4) 有两个不相等的实根 r_1 与 r_2, 这时方程 (4.2.3) 有两个特解 $y_1=\mathrm{e}^{r_1x}$, $y_2=\mathrm{e}^{r_2x}$, 并且由于 $\dfrac{y_1}{y_2}=\mathrm{e}^{(r_1-r_2)x}\neq$ 常数, 所以 $y_1=\mathrm{e}^{r_1x}$, $y_2=\mathrm{e}^{r_2x}$ 是 (4.2.3) 的两个线性无关的特解, 因此 (4.2.3) 的通解为

$$y=C_1\mathrm{e}^{r_1x}+C_2\mathrm{e}^{r_2x}.$$

(2) $\Delta=b^2-4ac=0$, 特征方程 (4.2.4) 有两个相等的实根 $r_1=r_2=r$. 这时由特征根只能得到方程 (4.2.3) 的一个特解 $y_1=\mathrm{e}^{rx}$. 要得到方程 (4.2.3) 的通解, 还需设法找出另一个与 y_1 线性无关的特解 y_2. y_2 与 y_1 线性无关, 应满足 $\dfrac{y_2}{y_1}\neq$ 常数, 所以 $\dfrac{y_2}{y_1}$ 应是 x 的某个函数, 设 $\dfrac{y_2}{y_1}=u(x)$, 即 $y_2=u(x)y_1$, 其中 $u(x)$ 待定. 将 y_2, y_2', y_2'' 代入方程 (4.2.3) 得

$$a(u''\mathrm{e}^{rx}+2u'r\mathrm{e}^{rx}+r^2u\mathrm{e}^{rx})+b(u'\mathrm{e}^{rx}+ru\mathrm{e}^{rx})+cu\mathrm{e}^{rx}=0,$$

整理得

$$au''\mathrm{e}^{rx}+(2ar+b)u'\mathrm{e}^{rx}+(ar^2+br+c)u\mathrm{e}^{rx}=0,$$

即

$$au''+(2ar+b)u'+(ar^2+br+c)u=0.$$

由于 $r=r_1=r_2$ 是特征方程的根 (二重根), 所以 $ar^2+br+c=0$, 又由二次方程根与系数的关系可知 $2ar+b=0$, 故上述含 u 的导数的方程化为 $u''=0$. 满足此式而又不是常数的函数 $u(x)$ 很多, 我们取其中最简单的一个: $u(x)=x$. 于是 $y_2=x\mathrm{e}^{rx}$ 就是方程 (4.2.3) 的另一个与 $y_1=\mathrm{e}^{rx}$ 线性无关的特解, 因此 (4.2.3) 的通解为

$$y=C_1\mathrm{e}^{rx}+C_2x\mathrm{e}^{rx}=(C_1+C_2x)\mathrm{e}^{rx}.$$

(3) $\Delta=b^2-4ac<0$, 特征方程有一对共轭复根 $r_1=\alpha+\mathrm{i}\beta$, $r_2=\alpha-\mathrm{i}\beta$. 这时方程 (4.2.3) 有两个线性无关的复函数形式的特解 $y_1=\mathrm{e}^{(\alpha+\mathrm{i}\beta)x}$, $y_2=\mathrm{e}^{(\alpha-\mathrm{i}\beta)x}$, 因此 (4.2.3) 的复函数形式的通解为

$$y=k_1\mathrm{e}^{(\alpha+\mathrm{i}\beta)x}+k_2\mathrm{e}^{(\alpha-\mathrm{i}\beta)x},$$

但在实际应用中往往要求实数形式的通解. 为此, 利用 Euler (欧拉) 公式 $e^{i\beta x}=\cos\beta x+i\sin\beta x$ 得

$$\begin{aligned}&k_1e^{(\alpha+i\beta)x}+k_2e^{(\alpha-i\beta)x}\\=&k_1e^{\alpha x}(\cos\beta x+i\sin\beta x)+k_2e^{\alpha x}(\cos\beta x-i\sin\beta x)\\=&e^{\alpha x}[(k_1+k_2)\cos\beta x+i(k_1-k_2)\sin\beta x]\\=&e^{\alpha x}(C_1\cos\beta x+C_2\sin\beta x),\end{aligned}$$

其中 $C_1=k_1+k_2$, $C_2=i(k_1-k_2)$. 因此 (4.2.3) 的实数形式的通解为

$$y=e^{\alpha x}(C_1\cos\beta x+C_2\sin\beta x),$$

其中 C_1,C_2 是任意常数.

现将上述三种情况汇总列表如下:

微分方程	特征方程	特征根	微分方程通解
$ay''+by'+cy=0$	$ar^2+br+c=0$	$r_1\neq r_2$	$y=C_1e^{r_1x}+C_2e^{r_2x}$
		$r_1=r_2=r$	$y=(C_1+C_2x)e^{rx}$
		$r_{1,2}=\alpha\pm i\beta$	$y=e^{\alpha x}(C_1\cos\beta x+C_2\sin\beta x)$

例 3 求下列方程的通解:

(1) $y''-y'-6y=0$; (2) $y''+2y'+y=0$; (3) $y''+2y'+5y=0$.

解 (1) 特征方程为 $r^2-r-6=0$, 即 $(r-3)(r+2)=0$, 特征方程为 $r_1=3,r_2=-2$, 故所求通解为

$$y=C_1e^{3x}+C_2e^{-2x}.$$

(2) 特征方程为 $r^2+2r+1=0$, 即 $(r+1)^2=0$, 特征根 $r_1=r_2=-1$, 故所求通解为

$$y=(C_1+C_2x)e^{-x}.$$

(3) 特征方程为 $r^2+2r+5=0$, 特征根为 $r_{1,2}=-1\pm 2i$, 故所求通解为

$$y=e^{-x}(C_1\cos 2x+C_2\sin 2x).$$

上述求二阶常系数线性齐次方程通解的方法可推广到 n 阶常系数线性齐次方程上. 设有 n 阶常系数线性齐次方程

$$a_0y^{(n)}+a_1y^{(n-1)}+a_2y^{(n-2)}+\cdots+a_{n-1}y'+a_ny=0, \tag{4.2.5}$$

其中 $a_0,a_1,a_2,\cdots,a_n$ 均为常数. (4.2.5) 的特征方程为

$$a_0r^n+a_1r^{n-1}+a_2r^{n-2}+\cdots+a_{n-1}r+a_n=0, \tag{4.2.6}$$

这是以 r 为未知数的 n 次代数方程, 它有 n 个根. 类似于二阶常系数线性齐次方程, 相应地可得到方程 (4.2.5) 的 n 个线性无关的解, n 个线性无关的解分别乘任意常数后相加即得方程 (4.2.5) 的通解.

在特征根的不同情况下所对应的方程 (4.2.5) 的特解见下表:

特征根		方程 (4.2.5) 通解中的对应项
单根	实根 r	对应一项 Ce^{rx}
	共轭复根 $r=\alpha\pm i\beta$	对应两项 $e^{\alpha x}(C_1\cos\beta x+C_2\sin\beta x)$
重根	k 重实根 r	对应 k 项 $e^{rx}(C_1+C_2x+\cdots+C_kx^{k-1})$
	k 重共轭复根 $r=\alpha\pm i\beta$	对应 $2k$ 项 $e^{\alpha x}[(C_1+C_2x+\cdots+C_kx^{k-1})\cos\beta x+(C_{k+1}+C_{k+2}x+\cdots+C_{2k}x^{k-1})\sin\beta x]$

例 4 求方程 $y^{(5)}+2y^{(4)}-16y'-32y=0$ 的通解.

解 特征方程为

$$r^5+2r^4-16r-32=0,$$

特征根 $r_1=2, r_2=r_3=-2$ (二重根), $r_{4,5}=\pm 2i$, 故所求通解为

$$y=C_1e^{2x}+(C_2+C_3x)e^{-2x}+C_4\cos 2x+C_5\sin 2x.$$

2. 二阶常系数线性非齐次方程的解法

方程

$$ay''+by'+cy=f(x) \tag{4.2.7}$$

称为**二阶常系数线性非齐次方程**, 其中 a,b,c 为常数.

由 4.2.1 节中的定理 3 可知, (4.2.7) 的通解等于它的一个特解 y^* 加上对应齐次方程 (4.2.3) 的通解, 而齐次方程 (4.2.3) 通解的求法已经介绍过了. 因此, 下面将介绍非齐次方程 (4.2.7) 特解的求法.

(1) 待定系数法

首先介绍待定系数法, 当自由项 $f(x)$ 为多项式函数、指数函数、正弦函数、余弦函数, 以及它们的乘积或组合时, 可以采用待定系数法.

1) $f(x)=P_m(x)e^{\alpha x}$, 其中 $P_m(x)$ 是 x 的 m 次多项式. 这时, 方程 (4.2.7) 为

$$ay''+by'+cy=P_m(x)e^{\alpha x}. \tag{4.2.8}$$

方程 (4.2.8) 的右端是多项式 $P_m(x)$ 与指数函数 $e^{\alpha x}$ 的乘积. 要找一特解 y^* 满足方程 (4.2.8), 则 y^* 也应是一个多项式与指数函数 $e^{\alpha x}$ 的乘积, 因此可设

$$y^*=Q(x)e^{\alpha x},$$

其中 $Q(x)$ 是待定的多项式. 上述 y^* 是否是 (4.2.8) 的特解, 就要看能否找到合适的多项式 $Q(x)$. 为此, 将

$$y^*=Q(x)e^{\alpha x},\quad y^{*'}=e^{\alpha x}[Q'(x)+\alpha Q(x)],\quad y^{*''}=e^{\alpha x}[Q''(x)+2\alpha Q'(x)+\alpha^2Q(x)]$$

代入方程 (4.2.8), 并约去 $e^{\alpha x}$ 得

$$aQ''(x)+(2a\alpha+b)Q'(x)+(a\alpha^2+b\alpha+c)Q(x)=P_m(x). \tag{4.2.9}$$

由于 $2a\alpha+b$, $a\alpha^2+b\alpha+c$ 都是常数, 而 $Q(x)$ 是多项式, $Q(x)$ 的导数仍为多项式, 且每求一次导数, 多项式的次数降低一次, 所以 (4.2.9) 式左端是一个多项式, 要使它恒等于 (4.2.9) 式右边的 m 次多项式, 故有

当 $a\alpha^2+b\alpha+c\neq 0$, 即 α 不是方程 (4.2.3) 的特征根时, (4.2.9) 式右端多项式的次数即为 $Q(x)$ 的次数, 所以 $Q(x)$ 应是一个 m 次多项式, 故设

$$Q(x)=Q_m(x)=A_0x^m+A_1x^{m-1}+\cdots+A_{m-1}x+A_m.$$

当 $a\alpha^2+b\alpha+c=0$, 而 $2a\alpha+b\neq 0$, 即 α 是方程 (4.2.3) 的单特征根时, (4.2.9) 式成为

$$aQ''(x)+(2a\alpha+b)Q'(x)=P_m(x),$$

$Q'(x)$ 应为 m 次多项式, 所以 $Q(x)$ 为 $m+1$ 次多项式, 故设

$$Q(x)=A_0x^{m+1}+A_1x^m+\cdots+A_mx+A_{m+1},$$

此时由于

$$Q(x)e^{\alpha x}=e^{\alpha x}x(A_0x^m+A_1x^{m-1}+\cdots+A_{m-1}x+A_m)+e^{\alpha x}A_{m+1},$$

其中 $A_{m+1}e^{\alpha x}$ 是对应齐次方程的解, 故

$$e^{\alpha x}x(A_0x^m+A_1x^{m-1}+\cdots+A_{m-1}x+A_m)$$

仍为非齐次方程 (4.2.8) 的特解, 所以我们可以假设

$$Q(x)=xQ_m(x)=x(A_0x^m+A_1x^{m-1}+\cdots+A_{m-1}x+A_m).$$

当 $a\alpha^2+b\alpha+c=0$, 且 $2a\alpha+b=0$, 即 α 是方程 (4.2.3) 的二重特征根时, (4.2.9) 式成为

$$Q''(x)=P_m(x),$$

$Q(x)$ 应是 $m+2$ 次多项式. 类似于上面的讨论, 可设

$$Q(x)=x^2Q_m(x)=x^2(A_0x^m+A_1x^{m-1}+\cdots+A_{m-1}x+A_m).$$

综上所述, 若 $f(x)=P_m(x)e^{\alpha x}$, 则二阶常系数线性非齐次方程 (4.2.8) 的特解 y^* 具有形式

$$y^*=x^kQ_m(x)e^{\alpha x}.$$

其中 $Q_m(x)$ 是与 $P_m(x)$ 同次但系数待定的多项式, k 按 α 不是特征根、是单根或二重根分别取 0,1 或 2. 把确定形式的特解 y^* 代入方程 (4.2.8), 比较方程两边 x 的同次幂的系数, 就可确定 $Q_m(x)$ 的系数而得到特解 y^*, 因而称这种方法为**待定系数法**.

例 5　求方程 $y''+2y'-3y=3x+4$ 的特解.

解　$f(x)=3x+4$, 原方程对应齐次方程的特征方程为 $r^2+2r-3=0$, 特征根 $r_1=1,r_2=-3$.0 不是特征根, 所以设特解为

$$y^*=A_0x+A_1.$$

将 $y^*,y^{*'}=A_0,y^{*''}=0$ 代入原方程, 得

$$2A_0-3(A_0x+A_1)=3x+4,$$

比较等式两边 x 的同次幂的系数, 得

$$\begin{cases}-3A_0=3,\\ 2A_0-3A_1=4,\end{cases}$$

解得 $A_0=-1,A_1=-2$, 于是所求特解为

$$y^*=-x-2.$$

例 6　求方程 $y''-3y'+2y=3x\mathrm{e}^x$ 的通解.

解　原方程对应齐次方程的特征方程为 $r^2-3r+2=0$, 特征根 $r_1=1,r_2=2$, 故对应的齐次方程的通解为

$$\overline{y}=C_1\mathrm{e}^x+C_2\mathrm{e}^{2x}.$$

自由项为 $f(x)=3x\mathrm{e}^x$, 由于 $\alpha=1$ 为单特征根, 所以设特解为

$$y^*=x(A_0x+A_1)\mathrm{e}^x.$$

代入原方程化简得

$$-2A_0x+(2A_0-A_1)=3x,$$

比较系数得

$$A_0=-\frac{3}{2},A_1=-3,$$

故原方程的特解为

$$y^*=x\left(\frac{-3}{2}x-3\right)\mathrm{e}^x=-3x\left(\frac{1}{2}x+1\right)\mathrm{e}^x,$$

从而原方程的通解为

$$y=\overline{y}+y^*=C_1\mathrm{e}^x+C_2\mathrm{e}^{2x}-3x\left(\frac{1}{2}x+1\right)\mathrm{e}^x.$$

例 7　求方程 $y''+2y'+y=\mathrm{e}^{-x}$ 的通解.

解　原方程对应齐次方程的特征方程为 $r^2+2r+1=0$, 特征根 $r_1=r_2=-1$, 故对应齐次方程的通解为 $\overline{y}=(C_1+C_2x)\mathrm{e}^{-x}.f(x)=\mathrm{e}^{-x},\alpha=-1$ 为二重特征根, 所以设特解为

$$y^*=Ax^2\mathrm{e}^{-x}.$$

代入原方程得

$$(Ax^2-4Ax+2A)\mathrm{e}^{-x}+2(-Ax^2+2Ax)\mathrm{e}^{-x}+Ax^2\mathrm{e}^{-x}=\mathrm{e}^{-x},$$

化简并比较系数得

$$2A=1,\ A=\frac{1}{2},$$

故原方程的特解为

$$y^*=\frac{1}{2}x^2\mathrm{e}^{-x},$$

从而原方程的通解为

$$y=(C_1+C_2x)\mathrm{e}^{-x}+\frac{1}{2}x^2\mathrm{e}^{-x}.$$

2) $f(x)=\mathrm{e}^{\alpha x}[P_m(x)\cos\beta x+P_n(x)\sin\beta x]$, 其中 $P_m(x)$ 和 $P_n(x)$ 分别是 x 的 m 次和 n 次多项式. 利用 Euler (欧拉) 公式可以得到

$$\begin{aligned}f(x)&=\mathrm{e}^{\alpha x}[P_m(x)\cos\beta x+P_n(x)\sin\beta x]\\&=\mathrm{e}^{\alpha x}\left[P_m(x)\frac{\mathrm{e}^{\mathrm{i}\beta x}+\mathrm{e}^{-\mathrm{i}\beta x}}{2}+P_n(x)\frac{\mathrm{e}^{\mathrm{i}\beta x}-\mathrm{e}^{-\mathrm{i}\beta x}}{2\mathrm{i}}\right]\\&=P_m(x)\frac{\mathrm{e}^{(\alpha+\mathrm{i}\beta)x}+\mathrm{e}^{(\alpha-\mathrm{i}\beta)x}}{2}+P_n(x)\frac{\mathrm{e}^{(\alpha+\mathrm{i}\beta)x}-\mathrm{e}^{(\alpha-\mathrm{i}\beta)x}}{2\mathrm{i}}\\&=\frac{P_m(x)-\mathrm{i}P_n(x)}{2}\mathrm{e}^{(\alpha+\mathrm{i}\beta)x}+\frac{P_m(x)+\mathrm{i}P_n(x)}{2}\mathrm{e}^{(\alpha-\mathrm{i}\beta)x}\\&=P_l(x)\mathrm{e}^{(\alpha+\mathrm{i}\beta)x}+\overline{P_l(x)}\mathrm{e}^{(\alpha-\mathrm{i}\beta)x},\end{aligned}$$

记 $l=\max\{m,n\}$, $P_l(x)=\dfrac{P_m(x)-\mathrm{i}P_n(x)}{2}$, $\overline{P_l(x)}$ 表示 $P_l(x)$ 的共轭多项式, $P_l(x)$ 为 l 次复系数多项式.

我们知道方程

$$ay''+by'+cy=P_l(x)\mathrm{e}^{(\alpha+\mathrm{i}\beta)x}$$

的特解具有形式

$$y_1^*=x^kQ_l(x)\mathrm{e}^{(\alpha+\mathrm{i}\beta)x},$$

这里 $Q_l(x)$ 是与 $P_l(x)$ 同次的多项式, k 按 $\alpha+\mathrm{i}\beta$ 不是单特征根或是单特征根依次取 $k=0$ 或 $k=1$.

容易证明如果 $y_1^*=x^kQ_l(x)\mathrm{e}^{(\alpha+\mathrm{i}\beta)x}$ 为微分方程

$$ay''+by'+cy=P_l(x)\mathrm{e}^{(\alpha+\mathrm{i}\beta)x}$$

的特解, 则 $y_2^*=\overline{y_1^*}=x^k\overline{Q_l(x)}\mathrm{e}^{(\alpha-\mathrm{i}\beta)x}$ 必是微分方程

$$ay''+by'+cy=\overline{P_l(x)}\mathrm{e}^{(\alpha-\mathrm{i}\beta)x}$$

的特解. 于是, 根据叠加原理 (定理 4), 微分方程

$$ay''+by'+cy=P_l(x)\mathrm{e}^{(\alpha+\mathrm{i}\beta)x}+\overline{P_l(x)}\mathrm{e}^{(\alpha-\mathrm{i}\beta)x}$$

的特解为

$$\begin{aligned}y^* &= y_1^* + y_2^* \\ &= x^k Q_l(x)\mathrm{e}^{(\alpha+\mathrm{i}\beta)x} + x^k\overline{Q_l(x)}\mathrm{e}^{(\alpha-\mathrm{i}\beta)x} \\ &= x^k\mathrm{e}^{\alpha x}[Q_l(x)(\cos\beta x + \mathrm{i}\sin\beta x) + \overline{Q_l(x)}(\cos\beta x - \mathrm{i}\sin\beta x)] \\ &= x^k\mathrm{e}^{\alpha x}[(Q_l(x) + \overline{Q_l(x)})\cos\beta x + \mathrm{i}(Q_l(x) - \overline{Q_l(x)})\sin\beta x] \\ &= x^k\mathrm{e}^{\alpha x}[2\mathrm{Re}(Q_l(x))\cos\beta x - 2\mathrm{Im}(Q_l(x))\sin\beta x] \\ &= x^k\mathrm{e}^{\alpha x}[R_l^{(1)}(x)\cos\beta x + R_l^{(2)}(x)\sin\beta x],\end{aligned}$$

其中 $\mathrm{Re}(Q_l(x))$ 和 $\mathrm{Im}(Q_l(x))$ 分别表示 $Q_l(x)$ 的实部和虚部, $R_l^{(1)}(x)$ 和 $R_l^{(2)}(x)$ 都是 l 次实系数多项式函数, $l = \max\{m, n\}$.

综上所述, 我们得到如下结论: 二阶常系数线性非齐次微分方程

$$ay'' + by' + cy = \mathrm{e}^{\alpha x}[P_m(x)\cos\beta x + P_n(x)\sin\beta x]$$

的特解 y^* 具有形式

$$y^* = x^k\mathrm{e}^{\alpha x}[R_l^{(1)}(x)\cos\beta x + R_l^{(2)}(x)\sin\beta x],$$

其中 $R_l^{(1)}(x)$ 和 $R_l^{(2)}(x)$ 都是 l 次实系数多项式函数, $l = \max\{m, n\}$, k 按 $\alpha + i\beta$ 不是单特征根或是单特征根依次取 $k = 0$ 或 $k = 1$.

例 8 求方程

$$y'' - 3y' + 2y = 2\mathrm{e}^{-x}\cos 2x$$

的一个特解.

解 在所给方程中, $f(x) = 2\mathrm{e}^{-x}\cos 2x$ 属于 $\mathrm{e}^{\alpha x}[P_m(x)\cos\beta x + P_n(x)\sin\beta x]$ 型方程 (其中 $\alpha = -1$, $\beta = 2$, $P_m(x) = 2$, $P_n(x) = 0$).

原方程对应齐次方程的特征方程为 $r^2 - 3r + 2 = 0$, 特征根 $r_1 = 1, r_2 = 2$, 所以 $\alpha \pm \mathrm{i}\beta = -1 \pm 2\mathrm{i}$ 不是特征根, 故设原方程的特解

$$y^* = x^0\mathrm{e}^{-x}[R_0^{(1)}(x)\cos 2x + R_0^{(2)}(x)\sin 2x] = \mathrm{e}^{-x}(A\cos 2x + B\sin 2x).$$

将其代入原方程得

$$\mathrm{e}^{-x}[(2A - 10B)\cos 2x + (10A + 2B)\sin 2x] = 2\mathrm{e}^{-x}\cos 2x.$$

比较等式两边 $\sin 2x$ 和 $\cos 2x$ 的系数, 得

$$\begin{cases} 2A - 10B = 2, \\ 10A + 2B = 0, \end{cases}$$

解得 $A = \dfrac{1}{26}$, $B = -\dfrac{5}{26}$. 于是求得方程的一个特解为

$$y^* = \mathrm{e}^{-x}\left(\frac{1}{26}\cos 2x - \frac{5}{26}\sin 2x\right).$$

例 9 求方程 $y''+y=x\sin x$ 的通解.

解 特征方程为 $r^2+1=0$, 特征根 $r_{1,2}=\pm\mathrm{i}$, 所以对应齐次方程的通解为

$$\overline{y}=C_1\cos x+C_2\sin x.$$

由于 i 是单特征根, 故所给方程的特解形式为

$$y^*=x[(A_1x+B_1)\cos x+(A_2x+B_2)\sin x].$$

将其代入原方程得

$$(4A_2x+2A_1+2B_2)\cos x+(-4A_1x+2A_2-2B_1)\sin x=x\sin x,$$

比较等式两端 $\sin x$ 和 $\cos x$ 的系数得

$$\begin{cases}A_2=0,\\ 2A_1+2B_2=0,\\ -4A_1=1,\\ 2A_2-2B_1=0.\end{cases}$$

解得 $A_1=-\dfrac{1}{4},\ A_2=B_1=0,\ B_2=\dfrac{1}{4}$. 于是原方程的一个特解为

$$y^*=\frac{1}{4}x(\sin x-x\cos x),$$

所以原方程的通解为

$$y=C_1\cos x+C_2\sin x+\frac{1}{4}x(\sin x-x\cos x).$$

例 10 求方程 $y''-3y'+2y=3x\mathrm{e}^x+2\mathrm{e}^{-x}\cos 2x$ 的通解.

解 原方程对应齐次方程的特征方程为 $r^2-3r+2=0$, 特征根为 $r_1=1, r_2=2$, 故对应齐次方程的通解为 $\overline{y}=C_1\mathrm{e}^x+C_2\mathrm{e}^{2x}$.

原方程的自由项为两项之和的形式. 由例 6 知方程

$$y''-3y'+2y=3x\mathrm{e}^x$$

的特解为 $y_1^*=-3x\mathrm{e}^x\left(\dfrac{1}{2}x+1\right)$, 由例 8 知方程

$$y''-3y'+2y=2\mathrm{e}^{-x}\cos 2x$$

的特解为 $y_2^*=\mathrm{e}^{-x}\left(\dfrac{1}{26}\cos 2x-\dfrac{5}{26}\sin 2x\right)$. 根据叠加原理 (定理 4) 知, 原方程的特解为

$$y^*=-3x\mathrm{e}^x\left(\frac{1}{2}x+1\right)+\mathrm{e}^{-x}\left(\frac{1}{26}\cos 2x-\frac{5}{26}\sin 2x\right).$$

所以原方程的通解为

$$y = C_1\mathrm{e}^{x} + C_2\mathrm{e}^{2x} - 3x\mathrm{e}^{x}\left(\frac{1}{2}x+1\right) + \mathrm{e}^{-x}\left(\frac{1}{26}\cos 2x - \frac{5}{26}\sin 2x\right).$$

(2) 常数变易法

在 (1) 中我们介绍了求二阶常系数线性非齐次方程特解的方法 —— 待定系数法, 但这种方法只适用于具有特殊形式的自由项的方程, 下面我们简单介绍求线性非齐次方程特解的一般方法 —— 常数变易法.

在一阶线性微分方程中, 我们用常数变易法求得了一阶线性非齐次方程的通解公式. 对于二阶 (或更高阶) 的线性微分方程, 也有类似的方法. 这里我们用常数变易法讨论二阶常系数线性非齐次方程

$$ay'' + by' + cy = f(x) \tag{4.2.10}$$

的解. (4.2.10) 所对应的齐次方程 $ay''+by'+cy=0$ 的通解为 $y = C_1y_1(x) + C_2y_2(x)$, 其中 $y_1(x), y_2(x)$ 为齐次方程的两个线性无关的解. 将上式中的两个任意常数 C_1, C_2 分别换成 x 的待定函数 $C_1(x), C_2(x)$, 设法确定 $C_1(x)$ 和 $C_2(x)$, 使

$$y^* = C_1(x)y_1(x) + C_2(x)y_2(x) \tag{4.2.11}$$

为方程 (4.2.10) 的特解.

由 (4.2.11) 得

$$y^{*'} = C_1'(x)y_1(x) + C_2'(x)y_2(x) + C_1(x)y_1'(x) + C_2(x)y_2'(x), \tag{4.2.12}$$

为了使在 $y^{*''}$ 中不出现 $C_1(x), C_2(x)$ 的二阶导数, 可附加下列条件:

$$C_1'(x)y_1(x) + C_2'(x)y_2(x) = 0, \tag{4.2.13}$$

于是 (4.2.12) 式简化为

$$y^{*'} = C_1(x)y_1'(x) + C_2(x)y_2'(x),$$

从而

$$y^{*''} = C_1'(x)y_1'(x) + C_2'(x)y_2'(x) + C_1(x)y_1''(x) + C_2(x)y_2''(x).$$

将 $y^*, y^{*'}, y^{*''}$ 代入 (4.2.10) 并整理得

$$\begin{aligned} a[C_1'(x)y_1'(x) + C_2'(x)y_2'(x)] + C_1(x)[ay_1''(x) + by_1'(x) + cy_1(x)] + \\ C_2(x)[ay_2''(x) + by_2'(x) + cy_2(x)] = f(x). \end{aligned}$$

由于 $y_1(x), y_2(x)$ 为对应齐次方程的解, 故在上式左端中有两个方括号内的部分均为零, 所以有

$$C_1'(x)y_1'(x) + C_2'(x)y_2'(x) = \frac{f(x)}{a}. \tag{4.2.14}$$

由于 $y_1(x), y_2(x)$ 线性无关, 故由 $y_1(x), y_2(x)$ 构成的 Wronski 行列式

$$\begin{vmatrix} y_1(x) & y_2(x) \\ y_1'(x) & y_2'(x) \end{vmatrix} = y_1(x)y_2'(x) - y_2(x)y_1'(x) \neq 0,$$

故由 (4.2.13), (4.2.14) 两式联立后可解得

$$C_1'(x) = \frac{-f(x)y_2(x)/a}{y_1(x)y_2'(x) - y_1'(x)y_2(x)},$$
$$C_2'(x) = \frac{f(x)y_1(x)/a}{y_1(x)y_2'(x) - y_1'(x)y_2(x)},$$

将上面两式分别积分即得 $C_1(x), C_2(x)$(取 $C_1(x), C_2(x)$ 中的任意常数为 0), 再将 $C_1(x), C_2(x)$ 代入 (4.2.11) 式, 就可得到方程 (4.2.10) 的特解 y^*.

例 11 求微分方程 $y'' - 2y' + y = \dfrac{\mathrm{e}^x}{x}$ 的特解.

解 原方程对应齐次方程的特征方程为 $r^2 - 2r + 1 = 0$, 特征根 $r_1 = r_2 = 1$. 因此对应齐次方程的通解为 $\overline{y} = C_1\mathrm{e}^x + C_2x\mathrm{e}^x$. 可设原方程的特解形式为

$$y^* = C_1(x)\mathrm{e}^x + C_2(x)x\mathrm{e}^x,$$

得方程组

$$\begin{cases} C_1'(x)\mathrm{e}^x + C_2'(x)x\mathrm{e}^x = 0, \\ C_1'(x)\mathrm{e}^x + C_2'(x)(x+1)\mathrm{e}^x = \dfrac{\mathrm{e}^x}{x}, \end{cases}$$

解得

$$C_1'(x) = -1, \qquad C_2'(x) = \frac{1}{x}.$$

积分得

$$C_1(x) = -x + k_1, \qquad C_2(x) = \ln|x| + k_2,$$

这里 k_1, k_2 是任意常数. 选 $k_1 = k_2 = 0$, 得原方程的一个特解

$$y^* = -x\mathrm{e}^x + (\ln|x|)x\mathrm{e}^x = x\mathrm{e}^x(\ln|x| - 1).$$

4.2.3 Euler 方程

形如

$$x^n y^{(n)} + a_1x^{n-1}y^{(n-1)} + \cdots + a_{n-1}xy' + a_ny = f(x) \tag{4.2.15}$$

的方程称为 n 阶 Euler 方程, 其中 $a_i(i = 1, 2, \cdots, n)$ 为常数. 这是一个 n 阶线性微分方程, 其系数具有以下特点: k 阶导数 $y^{(k)}$ 的系数为 $a_{n-k}x^k(k = 0, 1, \cdots, n-1)$. Euler 方程是 n 阶变系数线性微分方程中最简单的一种, 它可以通过代换 $x = \mathrm{e}^t$ 变成一个常系数方程.

考虑二阶 Euler 方程

$$x^2y''+a_1xy'+a_2y=f(x), \tag{4.2.16}$$

令 $x=\mathrm{e}^t$, 即 $t=\ln x$, 可得

$$y'=\frac{\mathrm{d}y}{\mathrm{d}x}=\frac{\mathrm{d}y}{\mathrm{d}t}\cdot\frac{\mathrm{d}t}{\mathrm{d}x}=\frac{1}{x}\frac{\mathrm{d}y}{\mathrm{d}t},$$
$$y''=-\frac{1}{x^2}\frac{\mathrm{d}y}{\mathrm{d}t}+\frac{1}{x}\frac{\mathrm{d}}{\mathrm{d}x}\left(\frac{\mathrm{d}y}{\mathrm{d}t}\right)=-\frac{1}{x^2}\frac{\mathrm{d}y}{\mathrm{d}t}+\frac{1}{x^2}\frac{\mathrm{d}^2y}{\mathrm{d}t^2},$$

代入方程 (4.2.16), 则二阶 Euler 方程化为下列二阶常系数线性方程

$$\frac{\mathrm{d}^2y}{\mathrm{d}t^2}+(a_1-1)\frac{\mathrm{d}y}{\mathrm{d}t}+a_2y=f(\mathrm{e}^t).$$

例 12　求方程 $x^2y''-xy'+y=2\ln x$ 的通解.

解　令 $t=\ln x$, 则

$$y'=\frac{1}{x}\frac{\mathrm{d}y}{\mathrm{d}t},\ y''=-\frac{1}{x^2}\frac{\mathrm{d}y}{\mathrm{d}t}+\frac{1}{x^2}\frac{\mathrm{d}^2y}{\mathrm{d}t^2},$$

原方程化为以下二阶常系数线性非齐次方程

$$\frac{\mathrm{d}^2y}{\mathrm{d}t^2}-2\frac{\mathrm{d}y}{\mathrm{d}t}+y=2t, \tag{4.2.17}$$

特征方程为 $r^2-2r+1=0$, 特征根为 $r_1=r_2=1$.

因为 $\alpha=0$ 不是特征根, 故可设方程 (4.2.17) 的特解为

$$y^*=A_0t+A_1,$$

代入 (4.2.17), 比较系数可解得 $A_0=2, A_1=4$, 故 $y^*=2t+4$. 所以方程 (4.2.17) 的通解为

$$y=(C_1+C_2t)\mathrm{e}^t+2t+4,$$

将 $t=\ln x$ 代入上式, 得原方程的通解为

$$y=x(C_1+C_2\ln x)+2\ln x+4.$$

以上这种求解二阶 Euler 方程的方法也适用于高阶 Euler 方程. 利用算子 $D_x=\dfrac{\mathrm{d}}{\mathrm{d}x}$, n 阶 Euler 方程 (4.2.16) 可写成如下形式:

$$(x^nD_x^n+a_1x^{n-1}D_x^{n-1}+\cdots+a_{n-1}xD_x+a_n)y=f(x), \tag{4.2.18}$$

令 $t=\ln x$, 即 $x=\mathrm{e}^t$, 则有

$$xD_xy=\frac{\mathrm{d}y}{\mathrm{d}t}=D_ty,$$
$$x^2D_x^2y=\frac{\mathrm{d}^2y}{\mathrm{d}t^2}-\frac{\mathrm{d}y}{\mathrm{d}t}=D_t(D_t-1)y,$$
$$\cdots\cdots\cdots\cdots$$
$$x^nD_x^ny=D_t(D_t-1)(D_t-2)\cdots(D_t-n+1)y.$$

把它们代入 (4.2.18) 后得到以 t 为自变量的 n 阶常系数线性微分方程, 其特征方程为

$$r(r-1)\cdots(r-n+1)+a_1r(r-1)\cdots(r-n+2)+\cdots+a_{n-1}r+a_n=0.$$

例 13 求方程 $x^3\dfrac{\mathrm{d}^3y}{\mathrm{d}x^3}+x^2\dfrac{\mathrm{d}^2y}{\mathrm{d}x^2}-4x\dfrac{\mathrm{d}y}{\mathrm{d}x}=0$ 的通解.

解 原方程可写为

$$(x^3D_x^3+x^2D_x^2-4xD_x)y=0.$$

令 $t=\ln x$, 则上式可化为

$$D_t(D_t-1)(D_t-2)y+D_t(D_t-1)y-4D_ty=0, \tag{4.2.19}$$

其特征方程为

$$r(r-1)(r-2)+r(r-1)-4r=0,$$

即

$$r(r^2-2r-3)=0,$$

其特征根为 $r_1=0,r_2=-1,r_3=3$. 故 (4.2.19) 的通解为

$$y=C_1+C_2\mathrm{e}^{-t}+C_3\mathrm{e}^{3t},$$

将 $t=\ln x$ 代入上式即得原方程的通解为

$$y=C_1+\frac{C_2}{x}+C_3x^3.$$

习 题 4.2

1. 判断下列函数在 $(-\infty,+\infty)$ 上线性相关还是线性无关:

(1) $\mathrm{e}^{\lambda_1x},\mathrm{e}^{\lambda_2x}\ (\lambda_1\neq\lambda_2)$; (2) $\mathrm{e}^x,\ x\mathrm{e}^x$;

(3) $\ln\dfrac{1}{x^2},\ \ln x^3\ (x>0)$; (4) $\cos 2x,\ \sin^2x$;

(5) $0,\ f(x)(f(x)$为任意函数).

2. 设 $y_1(x)=\sin x,y_2(x)=|\sin x|$, 证明 y_1,y_2 在 $\left[0,\dfrac{\pi}{2}\right]$ 上线性相关, 而在 $\left[-\dfrac{\pi}{2},\dfrac{\pi}{2}\right]$ 上线性无关.

3. 验证 $y=\ln x$ 是方程 $x^2y''+xy'+y=\ln x$ 的一个特解; 又知 $y=C_1\cos\ln x+C_2\sin\ln x$ 是对应齐次方程的通解, 试写出 $x^2y''+xy'+y=\ln x$ 的通解.

4. 已知 $y_1=\mathrm{e}^x,\ y_2=\mathrm{e}^{-x}$ 是方程 $y''+P(x)y'+Q(x)y=0$ 的两个特解, 试写出其通解, 并求满足条件 $y(0)=1,\ y'(0)=-2$ 的特解.

5. (1) 设 $y_1(x)$ 是齐次方程 $y''+P(x)y'+Q(x)y=0$ 的一个特解, 证明此方程与 y_1 线性无关的另一个特解 y_2 为

$$y_2=y_1(x)\int\frac{1}{y_1^2(x)}\mathrm{e}^{-\int P(x)\mathrm{d}x}\mathrm{d}x.$$

(2) 已知 $y_1 = x$ 为方程 $y'' - \frac{1}{x}y' + \frac{1}{x^2}y = 0$ 的特解, 试求该方程的通解.

6. 若 $y_1 = x^2$, $y_2 = x + x^2$, $y_3 = \mathrm{e}^x + x^2$ 都是非齐次方程

$$(x-1)y'' - xy' + y = -x^2 + 2x - 2$$

的解, 求它的通解.

7. 求下列方程的通解:

(1) $y'' + y' - 2y = 0$;

(2) $y'' + y' = 0$;

(3) $y'' + 9y = 0$;

(4) $4y'' + 12y' + 9y = 0$;

(5) $y'' + 4y' + 13y = 0$;

(6) $y^{(3)} - 5y'' + 4y' = 0$;

(7) $y^{(4)} + y^{(3)} + y' + y = 0$;

(8) $y^{(4)} - 2y^{(3)} + y'' = 0$.

8. 求下列方程满足初始条件的特解:

(1) $y'' - 4y' + 3y = 0$, $y(0) = 6$, $y'(0) = 10$;

(2) $4y'' + 4y' + y = 0$, $y(0) = 2$, $y'(0) = 0$;

(3) $y'' - 4y' + 13y = 0$, $y(0) = 0$, $y'(0) = 3$.

9. 求以下列函数为通解的二阶线性齐次方程:

(1) $y = \mathrm{e}^{-x}(C_1 \cos x + C_2 \sin x)$;

(2) $y = (C_1 + C_2 x)\mathrm{e}^{2x}$.

10. 求方程 $y'' + 9y = 0$ 的一条积分曲线, 使它通过点 $(\pi, -1)$, 且在该点和直线 $y + 1 = x - \pi$ 相切.

11. 求方程 $y''' - y'' - 2y' = 0$ 的一条积分曲线, 使它过点 $(0, -3)$, 且在该点处切线的倾角为 $\arctan 6$, 且 $(0, -3)$ 为其拐点.

12. 求下列方程的一个特解:

(1) $y'' + 2y' = -x + 3$;

(2) $y'' + y' - 6y = \mathrm{e}^{2x}$;

(3) $y'' + 9y = 2\cos 3x$;

(4) $y'' + 4y' + 4y = 8(x^2 + \mathrm{e}^{-2x})$;

(5) $y'' - 3y' + 2y = 3x + 5\sin 2x$;

(6) $y'' - 2y' + 2y = \mathrm{e}^{-x}\sin x$.

13. 求下列方程的通解:

(1) $y'' + 2y' = 4\mathrm{e}^{3x}$;

(2) $y'' - 6y' + 9y = 2x^2 - x + 3$;

(3) $y'' - 2y' + y = 5x\mathrm{e}^x$;

(4) $y'' - 4y' + 5y = 2\mathrm{e}^{2x}\sin x$;

(5) $y'' + y = \sin x \sin 2x$;

(6) $2y'' + 5y' = \cos^2 x$;

(7) $y''' - 4y'' + 3y' = x^2$;

(8) $y'' - ay' = 2 + \mathrm{e}^{bx}(a \neq 0, b \neq 0)$.

14. 求解下列方程:

(1) $y'' - 2y' = \mathrm{e}^x(x^2 + x - 3)$, $y(0) = 2$, $y'(0) = 2$;

(2) $y'' + y + \sin 2x = 0$, $y(\pi) = 1$, $y'(\pi) = 1$;

(3) $y'' + 4y' + 4y = \mathrm{e}^{-2x}$, $y(0) = 0$, $y'(0) = 1$;

(4) $y'' + 4y' + 5y = 1 + \mathrm{e}^{2x}$, $y(0) = 0$, $y'(0) = 0$;

(5) $y'' + 9y = \cos x$, $y\left(\frac{\pi}{2}\right) = 0$, $y'\left(\frac{\pi}{2}\right) = 0$;

(6) $y''' - y' = -2x$, $y(0) = 0$, $y'(0) = 1$, $y''(0) = 2$.

15. (1) 设函数 $f(x)$ 所确定的曲线与 x 轴相切于原点, 且满足 $f(x)=2+\sin x-f''(x)$, 试求 $f(x)$;

(2) 设函数 $f(x)$ 的二阶导数连续, 且满足

$$f(x)=1+\frac{1}{3}\int_0^x\left[6t\mathrm{e}^{-t}-2f(t)-f''(t)\right]\mathrm{d}t,$$

又 $f'(0)=0$, 试求 $f(x)$;

(3) 设函数 $f(x)$ 连续, 且满足 $f(x)=\mathrm{e}^x-\displaystyle\int_0^x(x-t)f(t)\mathrm{d}t$, 试求 $f(x)$.

16. 求下列 Euler 方程的通解:

(1) $x^2y''+3xy'+5y=0$;

(2) $xy''+2y'=10x$;

(3) $y''-\dfrac{1}{x}y'+\dfrac{2}{x^2}y=\dfrac{1}{x}\ln x$;

(4) $(x+1)^2y''+5(x+1)y'+3y=0$;

(5) $(2x-3)^2y''+7(2x-3)y'+4y=0$;

(6) $x^3y^{(4)}+2x^2y^{(3)}-xy''+y'=x^3$.

§4.3 一阶常系数线性微分方程组解法举例

一阶微分方程组的一般形式是

$$\begin{cases}\dfrac{\mathrm{d}y_1}{\mathrm{d}x}=f_1(x,y_1,y_2,\cdots,y_n),\\ \dfrac{\mathrm{d}y_2}{\mathrm{d}x}=f_2(x,y_1,y_2,\cdots,y_n),\\ \cdots\cdots\cdots\cdots\\ \dfrac{\mathrm{d}y_n}{\mathrm{d}x}=f_n(x,y_1,y_2,\cdots,y_n).\end{cases}$$

如果 $f_i(x,y_1,y_2,\cdots,y_n)(i=1,2,\cdots,n)$ 为 $y_1,y_2,\cdots,y_n$ 的线性函数, 即方程组为

$$\begin{cases}\dfrac{\mathrm{d}y_1}{\mathrm{d}x}=a_{11}(x)y_1+a_{12}(x)y_2+\cdots+a_{1n}(x)y_n+g_1(x),\\ \dfrac{\mathrm{d}y_2}{\mathrm{d}x}=a_{21}(x)y_1+a_{22}(x)y_2+\cdots+a_{2n}(x)y_n+g_2(x),\\ \cdots\cdots\cdots\cdots\\ \dfrac{\mathrm{d}y_n}{\mathrm{d}x}=a_{n1}(x)y_1+a_{n2}(x)y_2+\cdots+a_{nn}(x)y_n+g_n(x),\end{cases}\tag{4.3.1}$$

则称此方程组为一阶线性微分方程组. 如果 $g_i(x)\equiv0(i=1,\cdots,n)$, 则称方程组为齐次的, 否则称为非齐次的. 如果系数 $a_{ij}(x)(i=1,2,\cdots,n;j=1,2,\cdots,n)$ 都是常数, 则称此方程组为**一阶常系数线性微分方程组**.

如果有一组函数 $y_1(x), y_2(x), \cdots, y_2(x)$ 满足方程组 (4.3.1), 则称这组函数为方程组 (4.3.1) 的解.

对于一阶常系数线性微分方程组, 总可以用消元法把它化为高阶常系数线性微分方程. 下面将通过例题来说明具体的做法.

例 1　求微分方程组

$$\begin{cases} \dfrac{\mathrm{d}y_1}{\mathrm{d}x} = y_1 + 2y_2 + \dfrac{3}{2}x, \\ \dfrac{\mathrm{d}y_2}{\mathrm{d}x} = 4y_1 + 3y_2 \end{cases} \tag{4.3.2}$$

的通解.

解　由 (4.3.2) 中第一式得

$$\frac{\mathrm{d}^2y_1}{\mathrm{d}x^2} = \frac{\mathrm{d}y_1}{\mathrm{d}x} + 2\frac{\mathrm{d}y_2}{\mathrm{d}x} + \frac{3}{2}. \tag{4.3.3}$$

将 (4.3.2) 中第二式代入 (4.3.3) 得

$$\frac{\mathrm{d}^2y_1}{\mathrm{d}x^2} = \frac{\mathrm{d}y_1}{\mathrm{d}x} + 8y_1 + 3\left(\frac{\mathrm{d}y_1}{\mathrm{d}x} - y_1 - \frac{3}{2}x\right) + \frac{3}{2},$$

整理上式, 得以 y_1 为未知函数的二阶常系数线性非齐次方程

$$\frac{\mathrm{d}^2y_1}{\mathrm{d}x^2} - 4\frac{\mathrm{d}y_1}{\mathrm{d}x} - 5y_1 = \frac{3}{2} - \frac{9}{2}x, \tag{4.3.4}$$

对应齐次方程的特征方程为 $r^2 - 4r - 5 = 0$, 特征根为 $r_1 = -1, r_2 = 5$. 又由待定系数法求得方程 (4.3.4) 的一个特解为

$$y_1^* = \frac{9}{10}x - \frac{51}{50},$$

故 (4.3.4) 的通解为

$$y_1 = C_1\mathrm{e}^{-x} + C_2\mathrm{e}^{5x} + \frac{9}{10}x - \frac{51}{50}. \tag{4.3.5}$$

由 (4.3.2), 并将 (4.3.5) 两端对 x 求导得

$$y_2 = \frac{1}{2}\left(\frac{\mathrm{d}y_1}{\mathrm{d}x} - y_1 - \frac{3}{2}x\right) = -C_1\mathrm{e}^{-x} + 2C_2\mathrm{e}^{5x} - \frac{6}{5}x + \frac{24}{25},$$

所以原方程组的通解为

$$\begin{cases} y_1 = C_1\mathrm{e}^{-x} + C_2\mathrm{e}^{5x} + \dfrac{9}{10}x - \dfrac{51}{50}, \\ y_2 = -C_1\mathrm{e}^{-x} + 2C_2\mathrm{e}^{5x} - \dfrac{6}{5}x + \dfrac{24}{25}. \end{cases}$$

例 2　求微分方程组

$$\begin{cases} \dfrac{\mathrm{d}y_1}{\mathrm{d}x} = -2y_1 + y_2 + y_3, \\ \dfrac{\mathrm{d}y_2}{\mathrm{d}x} = 2y_2, \\ \dfrac{\mathrm{d}y_3}{\mathrm{d}x} = -4y_1 + y_2 + 3y_3 \end{cases} \tag{4.3.6}$$

的通解.

解　将 (4.3.6) 中第三式两端对 x 求导, 并将 (4.3.6) 中第一、二式代入得到

$$\begin{aligned}\frac{\mathrm{d}^2y_3}{\mathrm{d}x^2}&=-4\frac{\mathrm{d}y_1}{\mathrm{d}x}+\frac{\mathrm{d}y_2}{\mathrm{d}x}+3\frac{\mathrm{d}y_3}{\mathrm{d}x}\\&=-4(-2y_1+y_2+y_3)+2y_2+3\frac{\mathrm{d}y_3}{\mathrm{d}x}.\end{aligned}$$

由 (4.3.6) 第三式解出 y_1 代入, 得

$$\frac{\mathrm{d}^2y_3}{\mathrm{d}x^2}=-2\left(\frac{\mathrm{d}y_3}{\mathrm{d}x}-y_2-3y_3\right)-4y_2-4y_3+2y_2+3\frac{\mathrm{d}y_3}{\mathrm{d}x}=\frac{\mathrm{d}y_3}{\mathrm{d}x}+2y_3. \tag{4.3.7}$$

(4.3.7) 是一个以 y_3 为未知函数的二阶常系数线性齐次方程, 特征方程为 $r^2-r-2=0$, 特征根为 $r_1=-1,r_2=2$, 故

$$y_3=C_1\mathrm{e}^{-x}+C_2\mathrm{e}^{2x},$$

又由 $\dfrac{\mathrm{d}y_2}{\mathrm{d}x}=2y_2$ 得

$$y_2=C_3\mathrm{e}^{2x},$$

将 y_2,y_3 代入 (4.3.6) 第三式得

$$\begin{aligned}y_1&=-\frac{1}{4}\left(\frac{\mathrm{d}y_3}{\mathrm{d}x}-y_2-3y_3\right)\\&=-\frac{1}{4}(-C_1\mathrm{e}^{-x}+2C_2\mathrm{e}^{2x}-C_3\mathrm{e}^{2x}-3C_1\mathrm{e}^{-x}-3C_2\mathrm{e}^{2x})\\&=C_1\mathrm{e}^{-x}+\frac{1}{4}C_2\mathrm{e}^{2x}+\frac{1}{4}C_3\mathrm{e}^{2x},\end{aligned}$$

所以原方程组的通解为

$$\begin{cases}y_1=C_1\mathrm{e}^{-x}+\dfrac{1}{4}C_2\mathrm{e}^{2x}+\dfrac{1}{4}C_3\mathrm{e}^{2x},\\y_2=C_3\mathrm{e}^{2x},\\y_3=C_1\mathrm{e}^{-x}+C_2\mathrm{e}^{2x}.\end{cases}$$

习　题　4.3

1. 求下列方程组的通解:

(1) $\begin{cases} \dfrac{\mathrm{d}x}{\mathrm{d}t}=y, \\ \dfrac{\mathrm{d}y}{\mathrm{d}t}=-x; \end{cases}$ (2) $\begin{cases} \dfrac{\mathrm{d}x}{\mathrm{d}t}=7x-y, \\ \dfrac{\mathrm{d}y}{\mathrm{d}t}=2x+5y; \end{cases}$

(3) $\begin{cases} \dfrac{\mathrm{d}x}{\mathrm{d}t}+\dfrac{\mathrm{d}y}{\mathrm{d}t}+2x+y=0, \\ \dfrac{\mathrm{d}y}{\mathrm{d}t}+5x+3y=0; \end{cases}$ (4) $\begin{cases} \dfrac{\mathrm{d}x}{\mathrm{d}t}=y, \\ \dfrac{\mathrm{d}y}{\mathrm{d}t}=z, \\ \dfrac{\mathrm{d}z}{\mathrm{d}t}=x; \end{cases}$

(5) $\begin{cases} \dfrac{\mathrm{d}x}{\mathrm{d}t}=y+z, \\ \dfrac{\mathrm{d}y}{\mathrm{d}t}=z+x, \\ \dfrac{\mathrm{d}z}{\mathrm{d}t}=x+y; \end{cases}$ (6) $\begin{cases} \dfrac{\mathrm{d}x}{\mathrm{d}t}+\dfrac{\mathrm{d}y}{\mathrm{d}t}=-x+y+3, \\ \dfrac{\mathrm{d}x}{\mathrm{d}t}-\dfrac{\mathrm{d}y}{\mathrm{d}t}=x+y-3; \end{cases}$

(7) $\begin{cases} \dfrac{\mathrm{d}x}{\mathrm{d}t}-\dfrac{\mathrm{d}y}{\mathrm{d}t}=t, \\ \dfrac{\mathrm{d}y}{\mathrm{d}t}=x+y; \end{cases}$ (8) $\begin{cases} \dfrac{\mathrm{d}x}{\mathrm{d}t}+y-2x=6\mathrm{e}^{-t}, \\ \dfrac{\mathrm{d}^2x}{\mathrm{d}t^2}+\dfrac{\mathrm{d}^2y}{\mathrm{d}t^2}-2\dfrac{\mathrm{d}x}{\mathrm{d}t}=0. \end{cases}$

2. 求下列方程组满足初始条件的特解:

(1) $\begin{cases} \dfrac{\mathrm{d}x}{\mathrm{d}t}+5x+y=0, \\ \dfrac{\mathrm{d}y}{\mathrm{d}t}-2x+3y=0, \end{cases}$ $x(0)=0, y(0)=1;$

(2) $\begin{cases} \dfrac{\mathrm{d}x}{\mathrm{d}t}=y+x, \\ \dfrac{\mathrm{d}y}{\mathrm{d}t}=y-x+1, \end{cases}$ $x(0)=0, y(0)=0;$

(3) $\begin{cases} \dfrac{\mathrm{d}x}{\mathrm{d}t}=3x-2y+\sin t, \\ \dfrac{\mathrm{d}y}{\mathrm{d}t}=5x-3y, \end{cases}$ $x(0)=0, y(0)=\dfrac{3}{4}.$

§4.4 微分方程应用举例

微分方程是数学理论联系实际的重要渠道之一. 在 20 世纪以前, 微分方程问题主要来源于几何学、力学和物理学, 而现在则几乎来源于各个领域, 如医学、生物学、经济学甚至日常生活各方面.

例 1 (混合问题) 一容器盛有盐水 100 cm^3, 含盐 50 g. 现将浓度为 $\rho_1=2\ \mathrm{g/cm^3}$ 的盐水以流量 $\Phi_1=3\ \mathrm{cm^3/min}$ 注入容器, 同时混合均匀的溶液又以流量 $\Phi_2=2\ \mathrm{cm^3/min}$ 流出, 问 30 min 后, 容器内含盐多少?

解 设在 t 时刻容器内盐含量为 $x(t)$ g, 此时容器内的盐水 (单位: cm^3) 为

$$100+(3-2)t=100+t,$$

流出的混合溶液的浓度为

$$\rho_2=\frac{x(t)}{100+t}\ \mathrm{g/cm^3}.$$

考虑从 t 到 $t+\Delta t$ 这小段时间内容器内含盐量的变化, 应有以下等量关系:

$$\text{容器内盐的改变量}=\text{盐的流入量}-\text{盐的流出量},$$

而容器内盐的改变量为 $x(t+\Delta t)-x(t)$, 盐的流入量为 $\varPhi_1\rho_1\Delta t=2\cdot 3\Delta t=6\Delta t$.

由于从 t 到 $t+\Delta t$ 这段时间内, 流出的混合溶液的浓度 ρ_2 是不断变化的, 所以要精确地求出盐的流出量是比较困难的, 但当 Δt 很小时, 可把 t 时刻的混合溶液的浓度近似地作为这段时间内每一刻的浓度, 于是可得

$$\text{盐的流出量}\approx\varPhi_2\rho_2\Delta t=\frac{2x(t)}{100+t}\cdot\Delta t,$$

故

$$x(t+\Delta t)-x(t)\approx 6\Delta t-\frac{2x(t)}{100+t}\cdot\Delta t,$$

即

$$\frac{x(t+\Delta t)-x(t)}{\Delta t}\approx 6-\frac{2x(t)}{100+t},$$

令 $\Delta t\to 0$, 取极限得

$$\frac{\mathrm{d}x}{\mathrm{d}t}=6-\frac{2x}{100+t}.$$

这是一个一阶线性非齐次方程, 其中 $p(t)=\dfrac{2}{100+t}, q(t)=6$, 由通解公式得

$$\begin{aligned}x(t)&=\mathrm{e}^{-\int\frac{2}{100+t}\mathrm{d}t}\left(\int 6\mathrm{e}^{\int\frac{2}{100+t}\mathrm{d}t}+C\right)\\&=\frac{1}{(100+t)^2}\left[\int 6(100+t)^2\mathrm{d}t+C\right]\\&=\frac{1}{(100+t)^2}\left[2(100+t)^3+C\right],\end{aligned}$$

又由题设条件知初始条件为

$$x(0)=50.$$

将初始条件代入 $x(t)$ 可解得 $C=-1.5\times 10^6$, 从而得初值问题的解为

$$x(t)=2(100+t)-\frac{1.5\times 10^6}{(100+t)^2}.$$

当 $t=30$ min 时, $x(30)=2(100+30)-\dfrac{1.5\times 10^6}{(100+30)^2}\approx 171$ (g), 即经过 30 min 后, 容器内约含盐 171 g.

例 2 (种群模型) 英国人口学家 Malthus (马尔萨斯, 1766—1834) 研究了百余年的人口统计资料后认为: 在人口自然增长的过程中, 人口的相对增长率 (指单位时间内人口的增长量与当时人口总数之比) 是常数. Malthus 于 1798 年提出了人口指数增长模型, 设 t 时刻人口总数为 $x(t)$, 相对增长率为 k, 又已知 $t = t_0$ 时人口总数为 x_0, 于是

$$\begin{cases} \dfrac{\mathrm{d}x}{\mathrm{d}t} = kx, \\ x(t_0) = x_0. \end{cases} \tag{4.4.1}$$

(4.4.1) 也称为 Malthus 模型, $\dfrac{\mathrm{d}x}{\mathrm{d}t} = kx$ 是一个可分离变量的方程, 容易求得初值问题 (4.4.1) 的解为

$$x(t) = x_0 \mathrm{e}^{k(t-t_0)}.$$

上式表明人口将以指数规律无限增长.

对 Malthus 模型中 "人口的相对增长率为常数" 这一假设进行修正, 现假设人口的相对增长率是人口总数 $x(t)$ 的线性递减函数, 即

$$\frac{1}{x}\frac{\mathrm{d}x}{\mathrm{d}t} = k - ax,$$

由于 $x(t)$ 是不断增长的, 故相对增长率最终会下降到零, 此时

$$k - ax = 0, x = \frac{k}{a},$$

$\dfrac{k}{a}$ 是人口的极限值, 称为环境的承载量, 表示自然资源和环境条件所能允许的最大人口数, 记 $L = \dfrac{k}{a}$, 从而 $a = \dfrac{k}{L}$, 故有

$$\frac{\mathrm{d}x}{\mathrm{d}t} = kx\left(1 - \frac{x}{L}\right), \tag{4.4.2}$$

上式及 $x(t_0) = x_0$ 称为 logistic (逻辑斯谛) 模型.

由分离变量法可得 (4.4.2) 满足初始条件 $x(0) = x_0$ 的解为

$$x(t) = \frac{L}{1 + \left(\dfrac{L}{x_0} - 1\right)\mathrm{e}^{-kt}}.$$

Malthus 模型和 logistic 模型有着非常广泛的应用, 如存款连续复利、新产品的推销和广告、传染病的传播等问题均可应用这两个模型.

例 3 (振动问题) 设有一弹簧上端固定, 下端挂重物 A. 如图 4.1(a) 所示, $y = 0$ 对应于 A 的平衡位置. 如果将重物向下拉一小段距离 y_0, 见图 4.1(b), 然后放手, 重物的初始速度为 0. 在不考虑其他因素的情况下, 求物体的运动规律.

根据 Hooke (胡克) 定律, 弹簧的恢复力 $F = -mg - ky$, 其中 k 为劲度系数, y 为物体运动到点 P 的坐标. 根据 Newton 第二运动定律, $F = ma = \dfrac{aw}{g}$, 其中 w 是物体 A 的重量, a 是物体

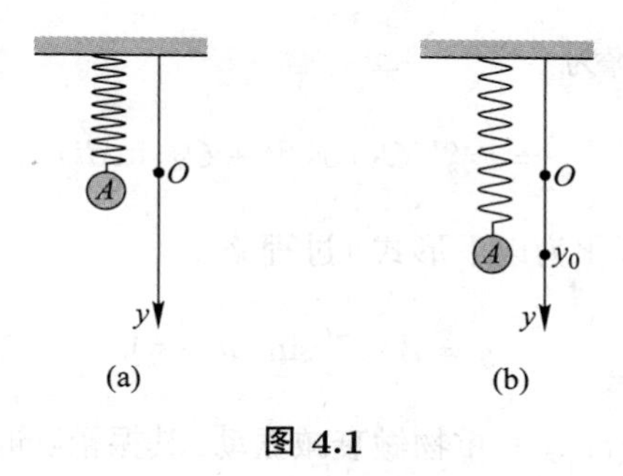

图 4.1

在点 P 的加速度, g 是重力加速度. 因此物体的运动规律满足方程

$$\frac{w}{g}\frac{\mathrm{d}^2y}{\mathrm{d}t^2}=-ky,\quad k>0,$$

同时满足初始条件 $y(0)=y_0$ 和 $y'(0)=v_0=0$, y_0 和 v_0 是物体的初始位置和初始速度. 令 $B^2=kg/w=k/m$, 则方程可写为

$$\frac{\mathrm{d}^2y}{\mathrm{d}t^2}+B^2y=0,$$

该方程的通解为

$$y=C_1\cos Bt+C_2\sin Bt,$$

由初始条件得到 $C_1=y_0$ 和 $C_2=0$. 故物体的运动规律为

$$y=y_0\cos Bt,$$

这是以 y_0 为振幅, $\frac{2\pi}{B}$ 为周期的**简谐振动**.

上面是一种最简单的情况, 没有考虑阻力. 假设阻力与物体的运动速度 $\frac{\mathrm{d}y}{\mathrm{d}t}$ 成正比, 则此时物体的运动规律满足方程

$$\frac{w}{g}\frac{\mathrm{d}^2y}{\mathrm{d}t^2}=-ky-q\frac{\mathrm{d}y}{\mathrm{d}t},\quad k>0,\ q>0,$$

令 $E=qg/w$ 和 $B^2=kg/w$, 则方程可写为

$$\frac{\mathrm{d}^2y}{\mathrm{d}t^2}+E\frac{\mathrm{d}y}{\mathrm{d}t}+B^2y=0,$$

其特征方程为 $r^2+Er+B^2=0$, 特征根为

$$r_{1,2}=\frac{-E\pm\sqrt{E^2-4B^2}}{2}.$$

按 E^2-4B^2 的符号分情况讨论如下:

情况 1 若 $E^2-4B^2<0$, 此时特征方程是一对共轭复根

$$r_{1,2}=-\frac{E}{2}\pm\frac{\mathrm{i}}{2}\sqrt{4B^2-E^2}=-\alpha\pm\beta\mathrm{i},$$

其中 $\alpha, \beta > 0$, 因此方程的通解为

$$y = \mathrm{e}^{-\alpha t}(C_1 \cos \beta t + C_2 \sin \beta t),$$

由初始条件及三角函数公式可化为以下形式 (过程略):

$$y = A\mathrm{e}^{-\alpha t} \sin(\beta t + \gamma).$$

此时称为**小阻尼情况**, $\lim\limits_{t \to +\infty} y(t) = 0$, 重物做衰减振动, 其振幅随时间的增加而衰减, 最后趋于平衡位置.

情况 2 若 $E^2 - 4B^2 = 0$, 此时特征方程有相同的实根 $r_1 = r_2 = -\dfrac{E}{2} = -\alpha(\alpha > 0)$, 因此方程的通解为

$$y = (C_1 + C_2 t)\mathrm{e}^{-\alpha t}.$$

此时称为**临界阻尼情况**, $\lim\limits_{t \to +\infty} y(t) = 0$, 但重物无振动.

情况 3 若 $E^2 - 4B^2 > 0$, 此时特征方程有两个不相同的实根, 记为 $-\alpha_1$ 和 $-\alpha_2(\alpha_1, \alpha_2 > 0)$, 因此方程的通解为

$$y = C_1\mathrm{e}^{-\alpha_1 t} + C_2\mathrm{e}^{-\alpha_2 t}.$$

此时称为**超阻尼情况**, $\lim\limits_{t \to +\infty} y(t) = 0$, 但重物无振动, 这种情况发生在系统有较大阻力的时候.

习 题 4.4

1. 一容器盛有含某化学物品 10 g 的溶液 20 L. 现将浓度为 2 g/L 的该溶液以流量 3 L/min 注入容器, 同时混合均匀的溶液又以相同的流量流出. 问需要进出多少溶液后, 容器内溶质含量可以提高到 15 g?

2. 设 t 时刻一物品中含辐射物 $x(t)$, 当 $t = 0$ 时含辐射物 x_0, T 为该辐射物的半衰期. 证明 $x(t) = x_0 2^{-t/T}$.

3. 一物质的半衰期是 700 年. 某时刻该物品为 10 g, 300 年后它还有多少?

4. 现从某时刻研究一辐射物, 两天后它有 15.231 g, 八天后有 9.086 g. 问它的半衰期是多少?

5. 设一个容积为 10800 m^3 的化工车间, 开始时其空气中含有 0.12% 的 CO_2, 为了保证工人的身体健康, 用一台风量为 1500 m^3/min 的鼓风机通入含有 0.04%CO_2 的新鲜空气, 同时以相同风量将车间中的空气排出, 问鼓风机开动 10 min 后, 车间中 CO_2 的百分比降低到多少?

6. 假设一物体从倾角为 θ 的平面以速度 v_0 滑下, 物体与平面之间的摩擦系数为 μ. 证明在时刻 t 物体的位移为

$$s = \frac{1}{2}g(\sin\theta - \mu\cos\theta)t^2 + v_0 t.$$

7. 设有一弹簧上端固定, 下端挂 2 kg 重物. 已知弹簧伸长 0.5 m 需要 6 N 的力. 物体在运动的过程中受到的摩擦力与物体运动的速度成正比, 比例系数为 14. 现将弹簧拉长 1 m, 然后放手, 物体的初速度为 0. 求物体的运动规律, 并求重物质量为何值时会出现临界阻尼的情况.

总习题四

1. 求下列方程的通解:

(1) $y'\tan x+y=-3$;

(2) $\cos y\mathrm{d}x+(1+\mathrm{e}^{-x})\sin y\mathrm{d}y=0$;

(3) $y^2\mathrm{d}x-(xy-x^2)\mathrm{d}y=0$;

(4) $xyy'=x^2+y^2$;

(5) $xy'-y=\dfrac{x}{\ln x}$;

(6) $y\mathrm{d}x-x\mathrm{d}y+x^3\mathrm{e}^{-x^2}\mathrm{d}x=0$;

(7) $(2\mathrm{e}^y-x)y'=1$;

(8) $y\mathrm{d}x-(x-y^2\cos y)\mathrm{d}y=0$;

(9) $(x+1)y''+y'=\ln(x+1)$;

(10) $yy''=2[(y')^2-y']$;

(11) $y''-4y'+5y=0$;

(12) $y''+6y'+9y=0$;

(13) $y''-8y'+3y=4$;

(14) $y''-y'=2x^2+1$;

(15) $y''+25y=3\cos 5x$;

(16) $y''+7y'+10y=18\mathrm{e}^x-8\mathrm{e}^{-5x}$;

(17) $t^2\dfrac{\mathrm{d}^2x}{\mathrm{d}t^2}+3t\dfrac{\mathrm{d}x}{\mathrm{d}t}+x=0$;

(18) $y''-\dfrac{1}{x}y'+\dfrac{y}{x^2}=\dfrac{2}{x}$.

2. 设二阶方程 $y''+p(x)y'+q(x)y=f(x)$ 的三个特解为

$$y_1=x,\ y_2=\mathrm{e}^x,\ y_3=\mathrm{e}^{2x},$$

求此方程满足初始条件 $y(0)=1,y'(0)=3$ 的特解.

3. 设 $y=\mathrm{e}^{2x}+(1+x)\mathrm{e}^x$ 是方程 $y''+\alpha y'+\beta y=\gamma\mathrm{e}^x$ 的特解, 试确定 α,β,γ, 并求此方程的通解.

4. 设二阶可微函数 $f(x)$ 满足方程 $\displaystyle\int_0^x(x+1-t)f'(t)\mathrm{d}t=x^2+\mathrm{e}^x-f(x)$, 求 $f(x)$;

5. 已知 $f(0)=0$ 及 $f'(x)=1+\displaystyle\int_0^x\left[6\sin^2 t-f(t)\right]\mathrm{d}t$, 求 $f(x)$.

6. 设 $f(x)$ 连续, 满足 $f(0)=0,f(1)=1$ 且 $f(x)>0\,(x>0)$, 曲线 $y=f(x),x=x$ 及 x 轴所围成曲边三角形的面积与 $f(x)$ 的 $n+1$ 次幂成正比, 求此曲线.

7. 设连续曲线 $y=f(x)$ 过点 $\left(1,\dfrac{1}{3}\right)$, 且 $f(x)>0\,(x>0)$. 由 $y=f(x)$, $x=1$, $x=t(t>1)$ 和 $y=0$ 所围图形绕 x 轴旋转所得的旋转体的体积为 $\dfrac{\pi}{6}\left[t^2f(t)-\dfrac{1}{3}\right]$, 求 $f(x)$.

8. 设当 $x>0$ 时曲线 $y=f(x)$ 在 $(x,f(x))$ 处的切线在 y 轴的截距为 $\dfrac{1}{x}\displaystyle\int_0^x f(t)\mathrm{d}t$. 求 $f(x)$.

9. 设 $f(x)$ 和 $g(x)$ 满足 $f'(x)=g(x)$, $g'(x)=2\mathrm{e}^x-f(x)$, 且 $f(0)=0$, $g(0)=2$, 求积分

$$\int_0^{\pi}\left[\frac{g(x)}{1+x}-\frac{f(x)}{(1+x)^2}\right]\mathrm{d}x.$$

10. (1) 已知 $y=\dfrac{\sin x}{x}$ 是方程 $y''+\dfrac{2}{x}y'+y=0$ 的一个特解, 试求方程的通解;

(2) 求方程 $(1-x^2)y''-2xy'+2y=0$ 的通解.

第四章
部分习题答案